风力机结构设计与实验研究

代元军　著

吉林科学技术出版社

图书在版编目（CIP）数据

风力机结构设计与实验研究 / 代元军著. -- 长春：
吉林科学技术出版社，2019.12
ISBN 978-7-5578-6545-0

Ⅰ. ①风… Ⅱ. ①代… Ⅲ. ①风力发电机－机构综合
－研究②风力发电机－实验－研究 Ⅳ. ① TM315

中国版本图书馆 CIP 数据核字 (2019) 第 286206 号

风力机结构设计与实验研究 FENGLIJI JIGOU SHEJI YU SHIYAN YANJIU

著　者	代元军	
出 版 人	李 梁	
责任编辑	朱 萌	
封面设计	刘 华	
制　版	王 朋	
开　本	185mm×260mm	
字　数	440 千字	
印　张	19.75	
版　次	2019 年 12 月第 1 版	
印　次	2019 年 12 月第 1 次印刷	
出　版	吉林科学技术出版社	
发　行	吉林科学技术出版社	
地　址	长春市福祉大路 5788 号出版集团 A 座	
邮　编	130118	
发行部电话／传真	0431—81629529　　81629530　　81629531	
	81629532　　81629533　　81629534	
储运部电话	0431—86059116	
编辑部电话	0431—81629517	
网　址	www.jlstp.net	
印　刷	北京宝莲鸿图科技有限公司	
书　号	ISBN 978-7-5578-6545-0	
定　价	80.00 元	

前　言

我国幅域宽广，风能资源丰富，利用风能具有悠久的历史。随着科学技术的发展，"四化"建设的需要，能源供需矛盾日益尖锐，积极开发利用洁净丰富的风力资源具有重要的意义。尤其是高山、高原、草原、海岛等边远地区的照明、广播、电视、气象预报、航标灯、邮电通讯，以及铁路道班、边防哨所、微波中继站、电视调频差转台和驻军部队等特殊场所，利用风能发电为重要能源解决生活、生产问题，既有现实的经济价值，又有显著的社会效益。人们迫切需要有一本能为设计、试制、应用风力机具有一定指导作用的中级读物。为此我们风能利用的高速发展，引起全球的关注。我国在短短几年间，跃居风电装机容量全球第一，在世界十大风电机组制造商中，我国有四家。但对于这一新兴的交叉学科领域，我国在人才、技术、装备等方面基础薄弱，风电机组的自主设计仍然是我国风电行业的"短板"，急需从理论方法、经验以及学科交叉的角度提供指导和支持。

另外，风电机组单机容量和尺寸也在快速增大，从 20 年前单机额定功率约 6000 kW、叶轮直径约 50 m 增大到今天的单机容量为 6.5 MW、叶轮直径约为 150m 的规模。结构柔性加大，流构耦合效应更加突出，气流非稳态流动的影响增大，结构与控制系统之间、子结构与子结构之间、机组与电网之间耦合增强。这些变化给大型风电机组的设计运行和维护带来了空前的困难。

本书系统地叙述了我国风力资源在世界上的重要地位及其利用前最；介绍了国内外风力机的发展和分类方法；综述了我国近年来风力机具研制应用取得的新进股，新成果；指出了空气动力学原理基础知识在风力机具设计中的重要性，本书深入地介绍了风特性、湍流理论和湍流模型，为非稳态流动条件下风力机载荷分析奠定基础。湍流是风的特性之，也是在风力机上产生动载荷的主要来源。我国地城辽阔，风况多变，风湍流的形式可能会不同。因此，不同地域运行的风电机组所受的动态载荷可能差别较大。设计风力机时应运用对应的湍流模型，预估载荷。若干学者正在研究风湍流，拟针对我国典型风况，建立相应的湍流模型。

最后，感谢国家自然科学基金项目（51966018，51466015）对本著作的资助。

目　录

第一章 风力机概述

一般说来，凡在气流中能产生不对称力的几何构形都能成为风能接收或者利用装置，它以旋转、平移或摆动运动而产生机械功。目前，最主要的应用是并网型的水平轴或垂直轴风力发电机（以下简称风力机）。风力机研究可以归为不同的学科领域。首先作为一种重要的发电设备或动力驱动机械，它可以归入动力机械的研究领域；作为典型的叶片式旋转机械，叶片与周围空气相互作用，它又可以归入流体机械的研究领域；此外，风力机可以作为一种热源无穷远的单级无蜗壳动力机械，其流场与叶片的相互作用规律很多本质上与工程热物理学科相关。

第一节 风能利用发展趋势

一、风车及风电早期历史

风车是早期风能利用的主要装置，可视为一种将风能转变为机械能的动力机，其采用可调节叶片或梯级横木轮收集风能。简单的风车由带有风篷的风轮、支架及传动装置等构成。风轮的转速和功率根据风力的大小，通过适当改变风篷的数目或受风面积调整，但当风向改变时，则必须搬动前支架使风轮面向风。完备的风车一般带有自动调速和迎风装置等。近代以后，随着电力技术的出现，一般把具备发电用途的风车称为风力发电机，简称风力机。为了较系统、全面地对风力机技术作以理解，下面简要介绍风车的早期历史。

（一）风车在国外的早期历史

在 19 世纪蒸汽机发明以前，以风力和水力为代表的最为传统的机械能源成为除人力和畜力以外的人类唯一可以利用的能源形式。据史书记载，古巴比伦皇帝汉莫拉比（Hammurabi）早在公元前 17 世纪就将风车作为一种重要的灌溉工具，在两河流域广泛使用。随后，波斯发明家发明了较巴比伦先进很多的立轴翼板式风车。公元 7 世纪阿拉伯地理学家在阿富汗旅行时曾记载了一种垂直轴风车。直到 20 世纪 80 年代，这种垂直轴风车仍在伊朗和阿富汗的部分地区使用，它能产生大约 75 马力，在 1 h 内能研磨 1t 谷物。

风车传入欧洲后，于 15 世纪得到广泛应用。荷兰、比利时等国为排水建造了功率达

1

66 kW 以上的风车。18 世纪末期以来，随着工业技术的发展，风车的结构和性能都有了很大提高，已能采用手控和机械式自控机构改变叶片桨距以调节风轮转速。到 19 世纪中叶，风车的使用达到全盛时期。据有关资料记载，当时仅荷兰就有一万多架风车，美国西部农村就一百多万架多翼风车在运行。甚至有资料显示直到蒸汽机发明 130 年后，在以德国为代表的先进工业化国家中仍有近半数的动力机械为传统的风力机和水轮机，这些以风车为代表的传统能源转换机械显示出极强的生命力。

（二）风车在中国的早期历史

一般认为，中国是最早利用风能的国家。风车提水、乘帆远航等很早就成为普遍使用的技术。例如，中国西汉墓葬出土文物就有陶制风车和舂碓模型，西汉末期又出现了有文字记载的风扇或扇车。尤其是距今 1 700 年前的辽阳三道壕东汉晚期汉墓壁画表明，至少在这一时期中国已出现风车，该风车用薄片制成，挥舞则生风。随后，中国先民曾建造了各种形式的简易风车用于碾米磨面、提水灌溉和制盐。

有文献证明、较公认的中国利用风车的历史，应不晚于 13 世纪中叶。明代科学家宋应星的《天工开物》中记载"杨郡以风帆数页，侯风转车，风息则止"。明末另一位科学家方以智的《物理小识》则记载有"用风帆六幅，车水灌田，淮阳海皆为之"，描述利用风车驱动水车灌田的场景。古老而具有中国特色的立轴风力机"走马灯"式风车，直到 20 世纪 50 年代仍在江苏、吉林等省广泛使用。

新中国成立初期，为解决分散居住农牧民的用电问题，国家大力支持小型风力发电机的研制和推广应用。经过几十年发展，小风电不仅解决了大量偏僻农牧民家庭供电问题，而且逐步进入城市照明等领域，成为现代化电力体系的重要补充能源。50 年代末期兴起的农具技术革新热潮中，为摆脱原始的劳动方式和改善生活条件而研制了许多类型的风力机，主要用于发电或提水。2016 年，仅江苏省还在运行的风力提水机组约 20 万台，这些机组都是农民自制的木结构布篷传统简易风车，主要用于提水、制盐和农田灌溉等。

（三）风电的早期发展

近代风力机技术与电力工业发展息息相关。美国的 Charles F.Brush（1849—1929）和丹麦的 Poul la Cour（1846—1908）是风电领域最杰出的两位学者。

Charles F.Brush 不仅是现代风力发电机的先驱，也是美国电力工业的奠基人之一。1887-1888 年前后，他安装了世界第一台风力发电机，该风力机风轮直径为 17 m，由 144 片雪松木制成其叶轮，当时可为 12 组电池、350 盏白炽灯、2 盏碳棒弧光灯和 3 个发动机提供电力。这台风力机运行约 20 年，用来为其家地窖里的蓄电池充电。

Poul la Cour 不仅是现代风力发电机的先驱与现代空气动力学的鼻祖，同时也是一名气象学家。他不仅建造了自己的风洞用以试验风力发电机，而且还创刊了世界上第一个

风力发电期刊 Journal of Wind Electricity o Poul la Cour 的试验风力机至今仍保留在丹

麦的 Askovo 1957 年，Poul la Cour 的学生 Johannes Juul 改进并制造的 Geder 风力机，已初具现代风力机的雏形：由一个发电机和三个旋转叶片组成，被称为丹麦式风力机。

基于以上两位学者的研究工作，风力发电在 20 世纪早期取得了迅猛的发展。1918 年，丹麦约有 120 个地方公用事业部门拥有风力发电机，通常的单机容量是 20 ~ 35 kW，总装机约 3MW。这些风电容量占当时丹麦电力消耗量的 3%。第一次世界大战后，制造飞机螺旋桨的先进技术和近代气体动力学理论，为风轮叶片的设计创造了条件，出现了现代高速风力机。

（四）风电的近代发展

第二次世界大战前后，由于能源需求量大，欧洲一些国家和美国相继建造了一批大型风力发电机。

1931 年苏联在克里米亚半岛建造了 100 kW 机组，其额定风速 10 m/s、风轮直径 30 m、两叶片、每分钟 30 转。

美国人 Putnam 在麻省理工学院著名空气动力学教授冯·卡门的帮助下，于 1939 年 10 月建造了一台 1 250 kW、风轮直径达 53.3 m、重量为 16 t、不锈钢两叶片、额定风速为 13.5 m/s、同步发电机、塔架高 33.5 m 的大型风力发电站。1941 年 10 月投入运行，1945 年 3 月发生桨叶折断事故告终，期间共运行了 1 100 h。

英国在 50 年代建造了三台功率为 100 kW 的风力发电机。其中一台结构颇为独特，它由一个 26 m 高的空心塔和一个直径 24.4 m 的翼尖开孔的风轮组成。风轮转动时造成的压力差迫使空气从塔底部的通气孔进入塔内，穿过塔中的空气涡轮再从翼尖通气孔溢出。

法国在 50 年代末到 60 年代中期相继建造了三台功率分别为 800 ~ 1 000 kW 的大型风力发电机。现代风力机增强了抗风暴能力，风轮叶片广泛采用轻质材料并运用近代航空动力学理论，使风能利用系数提高到 0.45 左右，同时由于采用微处理机控制，使风力机保持在最佳运行状态。

风电发展史上所不幸的是，随着化石燃料的大规模开发及广泛采用，廉价高效的能源开始日益挤占原风能利用领域。

（五）现代风力机的出现及发展

20 世纪 70 年代先后爆发的两次石油危机，引发了人们对未来化石能源短缺的忧虑，同时也催生了现代风力发电技术。自 1980 年开始，现代风力机制造业逐渐发展起来，以美国和丹麦最为重视。

美国在 1974 年就开始实行"联邦风能计划"，其内容主要是：评估国家风能资源、研究风能开发中的社会和环境问题、改进风力机的性能并降低造价等。该计划主要研究为农业和其他用户小于 100 kW 的风力机、为电力公司及工业用户设计兆瓦级的风力发电机组。美国已于 80 年代成功地开发了 100 kW、200 kW、2 000 kW、2 500 kW、6 200 kW

及 7 200 kW 的 6 种风力机组。

丹麦在 1978 年即建成了日德兰风力发电站，装机容量 2 000 kW。三片风叶的扫掠直径为 54 m，混凝土塔高 58 m。

德国在 1980 年就在易北河口建成了一座风力电站，装机容量为 3 000 kW。

日本在 1991 年 10 月在轻津海峡青森县修建了其国内最大的风力发电站，5 台风力发电机可为 700 户家庭提供电力。

20 世纪 90 年代中期欧盟进入风电规模化阶段。21 世纪初，美国、中国和印度也都先后跟随欧洲进入了风电的规模发展阶段。

显然，风能的清洁性、可再生性及其大规模应用技术的日益成熟，使风力发电日益成为新能源领域中除核能外，技术最成熟、最具开发条件和最有发展前景的发电方式。因此，各国已纷纷视风能为新能源战略中最重要的组成部分，如美国预期到 2030 年风力发电占其总能源需求的 20%。在丹麦环境能源部的长远计划中，2030 年风电占该国电力供应总量的比重预计达到 50%。特别是对沿海岛屿、交通不便的边远山区、地广人稀的草原牧场，以及远离电网和近期内电网还难以达到的农村、边疆，风电作为解决生产和生活能源的一种可靠途径，有着不可替代的地位。

二、风力发电与风能的其他领域利用

风能利用有很多种形式，从其转化特性出发主要可以分为三大类：

第一类是将风力机作为原动机，利用其转轴直接驱动各种机械。由于风的间断性，所以仅适用于非连续工作的场合，如提水。

第二类是利用阻尼效应，将风力机的机械能转化为热能。如制热、干燥或者用热能进一步制冷等。

第三类是将风力机的机械能转换为其他形式的能，如电能。然后再利用电便利的转化特性，转化为其他需要的能，如化学能、声能、磁能等。

一般将前两类称为风能的直接利用。因为这类风力机不需安装发电机及复杂的调节控制系统。随着分布式能源概念的提出，风能的直接利用会越来越广泛。

（一）并网、离网与提水机组

目前，商用风力机组主要分为并网型风力发电机组、离网型风力发电机组和风力提水机组三种。

1. 并网型风力发电机组

安装在有电网且风力资源丰富地区，所发电力并入电网。目的是节约常规能源、减少环境污染。

2. 离网型风力发电机组

一般组成独立运行的小型风力发电系统，主要解决偏远无电地区（如电网达不到的广大农村、牧区、海岛及微波通信站、铁路道班和电视差转台等）用电需要。因为一些地区通过常规电网延伸的办法来解决供电问题不现实，而离网风电则是一种解决的有效途径。其可解决当地居民的照明、电视、电冰箱、微波器材及小型加工机械等电器的用电需求。近年来，小型风力发电机组制造业有些萎缩，此除并网风电迅速发展原因外，还有以下几方面的因素：一是小型风力发电机组产品价格偏低，加上缺乏市场监督机制，造成产品质量不稳定，运行可靠性差；二是由于用户居住的分散性，给产品售后服务带来困难；三是离网风电市场主要定位在偏远无电地区，小型风力发电机组制造企业很难开拓市场。实际上，随着社会经济的发展、技术进步和环保需求，独立运行的小型风力发电机组的应用范围也在扩展和延伸，市场前景很好。其除了与其他能源组成互补系统，用于道路照明、通信电源等之外，小型风力发电机组还可以作为分布式电源系统的重要电源之一，进行并网应用。

3. 风力提水机组

又分为北方型和南方型两种。北方型是指高扬程、小流量机组，主要用于解决广大农牧民的人、畜饮水及小面积的草场灌溉。南方型是指低扬程、大流量机组，主要用于农田灌溉、制盐、海水养殖、滩涂改造和盐碱地排咸等的提水作业。

（二）风能其他利用

1. 风力制热和干燥

风力制热系统的优点是，对风的质量要求不高，制热装置结构一般比较简单，容易满足与风力机最佳匹配的要求，并能在很宽的风速范围内正常工作。多应用于禽舍、温室和水产养殖的加温，农产品干燥以及建筑采暖等方面。风能制热装置按制热方式不同可分为两大类。

①直接制热方式

包括固体与固体摩擦制热装置、搅拌液体制热装置、油压阻尼式制热装置和压缩气体制热装置。

②间接制热方式

包括风能转换电能的电阻制热、涡电流制热、电解水制氢取热等装置。

风能直接制热装置的效率要比间接制热装置的效率高，制热系统也简单。由于避免了在风能转化为电能中的损失，风力制热的综合效率一般比风力发电和风力提水的综合效率高。如多数风力发电综合效率低于35%，而风力制热的综合效率在40%以上。

2. 风力制冷除湿

风力机制冷除湿具体原理是利用风能产生的电，带动制冷机械或者半导体制冷设备制冷，进而进行相应的除湿。还可以风能产生的动能直接制冷，将产生的冷量以冷水或冰的形式储存，当需要给房屋降温时直接释放。目前，效率比较高的风力制冷方式是风能驱动的热声制冷机。它具有风能驱动装置和热声制冷装置，风能驱动装置包括相连接的收缩风管、中央柱管和扩散风管。热声制冷装置具有第一驻波热声制冷机单元、第二驻波热声制冷机单元、第三驻波热声制冷机单元和第四驻波热声制冷机单元。每个制冷机单元包括相连接的谐振管、冷端换热器、热声回热器和室温换热器等。在谐振管前端依次设有冷端换热器、热声回热器和室温换热器；谐振管后端与中央柱管出风口相连接。因为整个系统没有运动部件，所以制造和维护成本低。制冷机除可对外输出制冷量外，还可以利用热声回热器两端的温差驱动热电半导体发电，是一种比较有前景的风能利用技术。

3. 风能的海水淡化与电解制备氢氧

海水淡化又称"海水脱盐"，是通过物理、化学或物理化学方法从海水中获取淡水的技术和过程。从海水中取出淡水，或除去海水中的盐，都可以达到淡化的目的。目前，实际应用的海水淡化技术主要为蒸信法和膜法两大类。蒸馏法主要有多级闪急蒸僧法（MSF）、多效蒸发法（MED）和机械压缩蒸馅法（MVC）。膜法主要有反渗透法（RO）和电渗析法（ED）。

风能海水淡化分为直接风能海水淡化和间接风能海水淡化。直接风能海水淡化就是直接将风力的机械能用于海水淡化，也就是将风轮的旋转能直接驱动 R0 单元或 MVC 单元。间接风能海水淡化就是利用风能发电产生的电能来驱动后续的脱盐单元，后续脱盐单元可以是 R0 单元、MVC 单元或者 ED 单元。间接风能海水淡化是目前主要的风能海水淡化技术途径。风能电解制备氢氧的原理与电渗析法类似。风能驱动的海水淡化未来会与海洋化工技术结合或者融合，此将大大降低原有产业的能耗和成本，也是一个值得重视的研究领域。

4. 风力曝气增氧

此为利用风能作为解决湖泊和池塘化学、生物污染的最佳方案。利用风能带动气泵给鱼塘增氧或者给湖泊"曝气"，防止水体富营养化。风车泵站充气系统原理非常简单，即利用风力机产生的旋转运动，通过连杆往复运动，驱动气泵隔膜，然后空气通过管道泵入所需区域。风车泵站充气可以维持蓄水的清新，压缩气体将水从水面压入湖底，然后气体又裹挟底部水流冲向水面，大量气泡对湖水起到很好的充氧作用。因为以上气泵机械转速要求不高，可以直接使用机械传动方式。直接由风力机拖动需要使用的机械，选择的原则是根据用户的使用需要配以不同的皮带轮组或者是动力轴方式，以达到被拖动的机械正常工作而定。这种方式大幅度地降低了成本。

此外，风力曝气增氧技术还可广泛应用于大量的城市污水处理和饮用自来水厂的水处理过程。自来水厂用于曝气罗茨风力机的能耗占厂总能耗的 80% ~ 90%。而一般这类厂址多在郊区，风受城市建筑影响较小加之风能直接利用对风质量要求不高，风力曝气增氧技术将在这些领域发挥重要作用。

5. 离散充电

目前，大量移动通信基站与偏远农村或农牧地区的供电仍然是未解问题。可以在公路、集市等交通方便的空旷处设置各种低成本风力发电机，建立蓄电池更换站和充电站，利用风力机产生的大量廉价风电事先充毕一批蓄电池，供应有需要的电动自行车更换，可以长期地解决农村的交通用能源问题。

总之，风能的利用形式多种多样，随着各种设备的高效化，所需要的驱动功率会进一步降低，同时，又随着能源需求的日益多样化与分布式能源技术的进一步发展，风能利用领域会越来越广泛，且形式也会更加多样化。

三、现代风力机研究领域

（一）现代风力机主要研究领域

现代风力机由各种部件和子系统构成，其设计技术涉及多方面，包括转子气动力学、机械系统、控制系统和电力系统等领域。

1. 风力机整机动力学问题

风力机工作环境大多比较复杂和恶劣，处于距地面 300 m 以下的剪切风、阵风之中，且其运行时产生的弹性力、惯性力、气动力及塔影效应影响，使其容易发生振动。因此，整机动力学问题是设计风力发电机组时必须考虑的问题，也是风力机设计与研究的核心问题。

2. 风力机相关控制机理研究与控制系统实现

风力发电机由多个部分组成，而控制系统则贯穿于每个部分，相当于风电系统的神经。因此，控制系统的好坏直接关系到风力发电机的工作状态、发电量的多少以及设备的安全。目前，风力发电亟待研究解决的两个问题——发电效率和发电质量都与风电控制系统密切相关。风力发电控制系统的基本目标分为三个层次：保证风力发电机组安全可靠运行、获取最大能量、提供良好的电力质量。

风力发电系统中的控制技术和伺服传动技术是其中的关键技术。因为自然风速的大小和方向随机变化，风力发电机组的并网和脱网、输入功率的限制、风轮的主动对风以及对运行过程中故障的检测和保护必须能够自动控制。同时，风力资源丰富的地区通常都地处边远地区或是海上，分散布置的风力发电机组通常要求能够无人值班运行和远程监控，这就对风力发电机组的控制系统的自动化程度和可靠性提出了很高的要求。与一般工业控制过程不同，风力发电机组的控制系统是综合性控制系统。它不仅要监视电网、风况和机组运行参数，对机组运行进行控制。而且还要根据风速与风向的变化，对机组进行优化控制，以提高机组的运行效率和发电量。

随着风电机组单机容量的不断增大和风电场规模的不断扩大,风电机组与电网间的相互影响日趋严重。一旦电网发生故障,将迫使大面积风电机组因自身保护而脱网,严重影响电力系统的运行稳定性。因此,随着接入电网的风力发电机容量的不断增加,电网对其要求越来越高。通常,要求发电机组在电网出现电压跌落故障情况时不脱网运行(Fault Ride-through),并在故障切除后能够尽快帮助电力系统恢复稳定运行,即,要求风电机组具有一定的低电压穿越(Low Voltage Ride-through,LVRT)能力。随着风力发电装机容量的不断增大,很多国家的电力系统运行导则对风电机组的 LVRT 能力作出了规定。中国的风电机组在电网电压跌落情况下,也必须采取相应的应对措施,确保风电系统的安全运行并实现 LVRT 功能。中国已有多家企业的风电机组产品通过了低电压穿越性能试验。

目前,绝大多数风力发电机组的控制系统都采用集散型或称分布式控制系统(DCS)。采用分布式控制的最大优点是许多控制功能模块可以直接布置在控制对象的位置,可就地进行采集、控制和处理,避免了各类传感器、信号线与主控制器之间的连接。同时 DCS 现场适应性强,便于控制程序现场调试及在机组运行时可随时修改控制参数,并与其他功能模块保持通信,发出各种控制指令。随着智能仪表和基于现场总线(FCS)的技术日益成熟,有可能会取代部分 DCS 架构的风力机控制系统。

鉴于风电机组的极限载荷和疲劳载荷是影响风电机组及部件可靠性和寿命的主要因素之一,近年来,风电机组制造厂家与有关研究部门积极研究风电机组的最优运行和控制规律,通过采用智能化控制技术与整机设计技术结合,努力减少和避免风电机组运行于极限载荷和疲劳载荷工况下,并逐步成为风电控制技术的主要发展方向。

3. 风力机状态检测与故障诊断

机械故障诊断技术指通过对设备在运行中(或相对静态条件下)状态信息的处理和分析,结合诊断对象的历史状况,识别设备及其部件的实时技术状况,并预知有关异常、故障和预测其未来技术状况,从而确定必要对策的技术。机械故障诊断技术是一门以近代数学、电子计算机理论与技术、自动控制理论、信号处理技术、仿真技术、可靠性理论等有关学科为基础的应用型多学科交叉的学科。用于设备故障诊断的方法很多,常用的检测手段有振动检测诊断法、噪声检测诊断法、温度检测诊断法、声发射检测诊断法、油液分析诊断法等。

由于中国北方地区具有沙尘暴、低温、冰雪、雷暴,东南沿海具有台风、盐雾,西南地区具有高海拔等恶劣气候特点,已对风电机组造成了很大影响,包括增加维护工作量,减少发电量,严重时甚至导致风电机组损坏。为了确保风力机叶片安全,原来应用于大型设备的状态监测设备也安装在风电机组上,以便在叶片结构中的裂纹发展成致命损坏之前或风电机组整机损坏之前预警。对于海上风电机组来说,这种监测设备已经成为随机备品。

4. 海上风力机及其相关研究

根据海上风能资源分布与欧美国家风电发展趋势分析，浅海域风电场的建设已经逐渐不能满足风能发展要求，风电场有向深海域发展的趋势与必要。海上风电场将从 30 ~ 60 m 浅海域向 60 ~ 200 m 深海域过渡（甚至更深），届时全球能源将会极大丰富，供电能力也将迅速提高。但是按照目前近海风电场采用各种固定在海底的贯穿桩结构的（如重力基础、单桩基础或多脚架基础）传统施工方法，整个风力机基础制作成本将随着海水深度增加而急剧上升，使深海风电场建设在经济上不可行。

将风力机安装在漂浮式平台上是解决该问题的有效途径。采用这种形式安装的离岸风力机称为海上漂浮式风力机（Floating Offshore Wind Turbine，FOWT），其最大特点是能够克服在海床底部安装风力机的基础结构受水深影响的缺点。

由于海上漂浮式风力机承受水动力和空气动力双重载荷作用，为解决耦合问题必须有相应的理论、技术方法用于分析和设计漂浮式风力机，根据其运行环境和受力情况，气动、水动力特性及其耦合特性自然成为三个主要研究方向。此外，整个系统的安装与维护特性也非常重要，由于整个设备处于远离陆地的深海环境中，因此从开始的部件安装，到设备运行后的维修维护完全不同于岸上风力机，即便简单的吊装问题，亦与陆上有着很大不同。目前，海上漂浮式风力机已经成为风力机研究的最新最重要方向。

5. 风力机其他相关研究

此外，风力机的传动机构、偏航与变桨技术、风力发电机本身与相关电力电子技术研究也是非常重要的研究领域。限于篇幅，不再赘述。

（二）风力机整机动力学问题及相关研究

风力机整机动力学问题主要包括风场模型、翼型与风力机空气动力学、结构与整机动力学三个方面。

1. 风资源及其评估方法

在进行风能资源数值模拟时，为得到风能资源评价要求的多年平均（20 ~ 30 年）区域风能资源分布状况，国内外目前一般采用两种方法。一种是 MCP（Measure Correlate Predict）方法，即将短时间序列的数值模拟结果与长时间序列的台站观测资料进行统计相关分析，得到多年平均的风能资源分布状况；另一种是基于大气动力学和热力学基本原理、动力 - 统计相结合的数值模拟方法。

2. 风场建模

风力发电领域风能主要是指流动空气中所具有的动能，其大小与风速三次方成正比。因此，风速变化对风力发电机组能量输出特性影响很大。理想状态下，空气流动遵循大气动力学和热力学变化规律，但实际风场中，由于季节、地貌、周围建筑物以及地球自转等因素的影响，风场里的风速往往是变化的，风速变化通过风力发电机组能量转化的三次方关系放大，使得风力机组的发电品质及可控性与水电、火电和核电相比，具有较大差别；此外，风速变化还会引起风力发电机组结构风载的变化，在变载荷激励下，风力机系统的动力学行为将发生改变，由此导致了一系列振动、稳定性问题。这些问题随着风力发电机组单机容量的不断增长呈加剧之势，以往风力发电机组简化设计中所采用的一致性风速模型已不能很好地反映实际运行工况，建立适用于兆瓦级风力发电机组的风速模型对风力发电的各个方面，如风力发电机组的设计、安装、维护，以及风电场选址和技术经济评价具有重要意义，并越来越成为风力发电技术领域的重要课题。

3. 翼型气动特性

叶片作为风力机的关键部件，其气动性能的优劣直接影响着风力机的功率输出和风能利用效率。风力机叶片翼型作为叶片的基本组成部分，提高升阻力比，优化风力机叶片气动性能，提高风能利用效率自然成为研究的重点之一。为克服航空翼型用于风力机的种种弊端，从 20 世纪 80 年代起，欧美风电发达国家就开始研究和设计风力机专用翼型。目前，已初步解决最大升力系数大、升阻比高、气动性能对前缘表面粗糙度变化敏感性低，且在失速工况下起动性能稳定等诸多要求。

目前，针对中低雷诺数下翼型气动特性的数值模拟主要分为两种：①雷诺时均方程辅以湍流模型计算方法。该方法主要缺点在于湍流模型在预测转换点位置存在不足，只能根据实验结果指定转换点位置，因而其模拟的翼型气动特性结果与实验所得存在一定差异。②边界层耦合计算方法。此类方法采用无黏流方程与边界层方程间的互相迭代求解流场。耦合计算方法又可分为两种，一是欧拉方程与边界层方程耦合，例如 MIT 的 Drela 教授，成功地开发出了用于叶栅流动的软件 MISES 以及孤立翼型分析软件 MSES；第二种则是利用势流方程与边界层方程进行耦合，例如 Cebeci，势流流动采用 Hess-Smith 方法，将翼型的流动模拟为表面足够数量的点源和一个绕流环量，势流与边界层通过迭代边界位置逐步进行修正。同样由 Drela 教授开发的著名的翼型分析和设计软件 XFOIL 也是采用该方法，并运用了 eF 法来预测边界层转振，该软件被广泛地应用于风力机翼型的分析与设计。

4. 风力机气动特性与计算

气流通过旋转的风轮时产生动量损失，会在风轮转子下游形成风速下降的局部黏性区域，该区域称为尾迹。风力机尾迹流动是一种典型的紊流剪切流，是以旋涡流动为主导的流动。翼型几何形状、附面层演化、流动压力梯度等，均对风力机尾迹流动具有显著影响。风力机尾迹结构，最终表征在作用于风力机叶片上的空气载荷。在分析风力机气动载荷时，首先必须正确计算风力机叶片处的诱导速度。对于叶片尾迹区流动的准确分析是正确计算叶片处诱导速度的关键。目前，大多数分析和预估水平轴风力机性能的方法中，对于尾迹流动都进行过于简单的简化和假设，根据对尾迹处理方法不同，风力机气动计算方法主要可以分为三类：第一，叶素动量理论（BEMT）；第二，涡流环量理论；第三，计算流体力学（CFD）数值计算。

（1）叶素动量理论

将叶片看成由无限多的叶片微段或叶素构成，假设每个叶片剖面作为一个二维翼型产生气动作用，通过诱导速度计入尾迹影响。在各叶片微段上，可应用二维翼型特性确定叶片剖面的气动力和力矩，风轮气动性能取决于剖面的来流特性和升阻特性，而升阻特性与攻角和当地诱导速度密切相关。因此，使用叶素理论确定风轮气动特性，关键是必须得到准确的诱导速度分布和准确地计算当地诱导速度。叶素动量理论的缺陷在于：①稳定流动假设，缺乏动态失速和动态来流模型；②气流轴向流动假设，缺乏偏航流动模型；③二维流动假设，缺乏三维效应修正；④将风轮看作桨盘，未考虑叶尖损失；⑤忽略了风轮周围的逆向流动，在风轮承受较高轴向载荷和风轮具有较高尖速比的情况下都必须进行修正。

（2）涡流理论

涡流理论是通过计算各种涡流轨迹进行性能分析的方法，该方法考虑了叶片出现失速、诱导速度较大、偏航来流、动态来流等方面影响，优于叶素动量理论。利用涡流理论分析风轮尾迹流动的关键在于尾迹涡系模型的选取，可分为固定尾迹、预定尾迹和自由尾迹。

①固定尾迹涡流理论

Glauert 固定尾迹涡流模型指出，对于有限长度的叶片，风轮叶片下游存在尾迹涡，形成两个涡区，一个在轮毂附近，一个在叶尖。由涡流引起的风速可看成由三个涡流系统叠加而成：①中心涡，集中于转轴上；②每个叶片的边界涡；③每个叶片肩部形成的螺旋涡。

②预定尾迹涡流理论

基于流动显示实验，总结出叶尖涡和内段涡面结构随风轮参数变化的半经验公式，用于确定风轮尾迹的几何形状，从而可考虑涡线实际膨胀并改进涡系轴向位移。

③自由尾迹涡流理论

自由尾迹允许涡线随当地气流速度自由移动，其主要缺点在于耗费机时较大，是预定尾迹方法耗时的数百倍以上，因此应用较少。

（3）CFD 数值计算

CFD 数值计算通过求解 N-S 方程组对风力机流场进行数值模拟，按对尾迹的不同处理，风力机流场的求解分为两类：①求解时将流场控制方程与尾迹模型耦合，称为 Lagrange 方法；②求解流场 N-S 方程，不附加尾迹模型，尾迹作为解的一部分存在，称为 Euler 方法。前者计算结果与尾迹模型的准确度有很大关系，而后者因其网格生成难度较大，计算更为复杂。

5. 风力机结构动力学与气动弹性

结构动力学特性分析的主要任务是研究工程机械的固有频率和固有振型，从而分析其在外载荷作用下的动态响应特性。结构动力学着重研究结构对于动载荷的响应（如位移、应力等的时间历程），确定结构的承载能力和动力学特性，或为改善结构的性能提供依据。结构动力学与结构静力学的主要区别在于它要考虑结构因振动而产生的惯性力和阻尼力，而与刚体动力学之间的主要区别在于它要考虑结构因变形而产生的弹性力。风力机结构动力学主要涉及内容有振动响应及稳定性、气动弹性响应及稳定性。风力机部件中主要的弹性振动体是叶片和塔架，由于机舱刚性较好，主要以质量惯性参与振动。在研究叶片动力学时，可变桨距风力机的变桨结构对叶片动力学特性也有重要影响。风力机非线性动力特性主要研究动力响应、动力稳定性及疲劳失效等问题。

模态分析是近年来结构动力学研究的主要手段，分为计算模态分析和实验模态分析。国内风力机领域在这方面的研究多是进行有限元分析及通过降阶进行数值求解的计算模态分析，实验模态分析的研究还比较缺乏。实验模态分析是通过对输入和响应信号的参数识别获得模态参数——频率、阻尼比及振型的实验方法。对风力机叶片进行实验模态分析能较精确地确定风力机叶片的固有频率和振型，有助于对计算模态分析的计算模型和边界条件进行校核和修正。同时避免低阶固有频率与转速频率重合，为风力机叶片设计计算提供必要的实验参数依据。

大型化是风力机发展的必然趋势，随着风力机叶片长度的增加，叶片柔性增强，此时叶片除在摆振方向和挥舞方向发生振动外，在扭转方向也可能发生振动，当叶片挥舞和扭转振动耦合时，就会发生颤振，导致叶片产生破损。因此，确保叶片扭转刚度是叶片设计的重要环节，同时叶片质心位置调整也至关重要。此时，在非定常、随机载荷作用下的风力机作为一种大柔度多体系统，其动态特性十分重要。风力机动态特性研究包括两个方面：①准确预测作用在风力机上，特别是作用在风轮上的载荷，主要为定常空气动力载荷和非定常空气动力载荷；②对风力机结构动力特性（包括结构响应和结构稳定性）进行分析。

随着各类新型复合材料在大型风力机制造中的广泛采用，其风力机结构动力响应、稳定性、抗疲劳失效和长寿命分析不仅是中国亟待研究的重要课题之一，也是其他国家风力发电进一步发展需要研究的关键问题。开展这方面的研究无疑对促进风力发电技术的发展、提高中国风力机制造水平、推动风能的大规模利用具有重要意义。

四、风能利用未来趋势

据世界气象组织（WMO）和中国气象局气象科学研究院分析，地球上可利用的风能资源为 200 亿 kW，是地球上可利用水能的 20 倍。中国风能总储量达 32.26 亿 kW，居世界第一位。其中，陆地 10 m 高度层可利用的风能为 2.53 亿 kW，50m 高度层可利用的风能是 10m 高度层的 2 倍，中国近海可开发和利用的风能储量约 7.25 亿 kW，远海风能储量则更多。与国外相比，中国风能储量是印度的 30 倍、德国的 5 倍，这一切预示着中国的风能利用有着非常光明的未来，就现有技术条件看，以下趋势值得重视。

（一）深海漂浮式能源中心

自 20 世纪 90 年代起，国外开始建设海上风电场。海上风电场以它更多的优势，正日益成为风力发电的未来发展方向。由于绝大部分海上风能集中于超过 60 m 水深的区域，所以海上风力场的建设由浅水的近海区域到深水的远海区域是必然趋势。但是，按照目前近海风电场的采用各种固定在海底的贯穿桩结构（如重力基础、单桩基础或多脚架基础）传统方法，整个风力机基础的制作成本将随着海水深度增加而急剧上升，使深海风电场的建设在工程和经济两方面变得均不可行。同时，由于漂浮式海洋工程平台造价高昂，在漂浮式风力机平台上集成海流和波浪发电从而形成深海漂浮式能源中心成为合理的选择，国外已有相关研究。深海漂浮式能源中心不仅可利用两者的发电设备作为平台的压载物，同时可以共用一套海底电缆装置将所发电量输送到负荷侧。海洋能种类繁多且储量巨大，其种类至少有海水温度差能、波浪能、潮汐与潮流能、海流能、盐度差能、海洋生物能和海洋地热能等。欧洲可再生能源委员会（EREC）发布的一份研究报告中指出：目前，全球海洋能的理论发电量预计可达到每年 1.0×10^5 TW·h，而目前全球的电力消耗约为每年 1.6×10^4 TW·h，仅海洋能这一项就能完全满足人类的用电需求。

深海漂浮式能源中心（Floating Offshore Energy Center，FOEC）是深海能源开发利用的装备，也是深海风电场和大容量波流电站应用的基本核心，同时更是产品技术含量高的综合集成式成套发电设备。深海漂浮式能源中心相关技术是新能源技术和海洋工程两大重点学科领域相结合的研究课题，其实际应用可在相当程度上缓解中国的能源分布与需求格局间存在的巨大矛盾，因此成为一种具有战略意义的新能源形式。对其深入研究有利于充分利用中国广阔的海洋国土、缓解中国东部发达地区能源严重紧缺的现状，具有重大的理论、经济和社会意义。

（二）高空漂浮式风力发电机

目前，风力机大型化的发展趋势使得很高的塔架才能达到距地面近百米的高度，而且这一高度的风力较小，同时也不稳定。美国风能公司阿尔泰罗能源公司研制出可飘浮在空中的风力发电机（AWT）原型，能够在距地面 350 ft（约合 100 m）的高度发电。

AWT 借助一个充满氮气的充气壳升入高空，利用绳索固定。最终的商用 AWT 作业高度可达到 1 000 ft（约合 300 m），这一高度的风力更强，也更为稳定。

电力最大的特点是不能存储，电力的生产与消费同时进行。因此，电站一般是按基本负荷设计并运行，而实际情况是电力需求有波峰波谷的差异。调峰机组建立的目的是增强电网的调峰调频能力。对于风力发电系统而言，在用电负荷需求较低的时段，机组出力可能随风速的加大急剧升高，正是提高机组出力的最好时机。为解决电网负荷峰谷峰底的差异，国内外提出了多种能源互补发电系统。但是，这些互补发电系统都有一定局限，因此，在考虑风能与其他各种能源组成互补系统之外，国内外也进行了一些风能储能系统方面的研究与试验。通过合理的设计与调度，风能储能系统能够给风电场的稳定运行以及提高整个系统的经济性提供保障，从另一方面也更能促进风能的大规模开发，进一步降低成本。

目前，已开发的风能储能技术主要有抽水储能、压缩空气储能和化学媒介储能等形式，已开始应用的主要是化学媒介储能。抽水储能主要是利用电力系统负荷低谷时的多余电能，将水从低水位抽至高水位，将吸收的电能以水能形式储存起来，待负荷高峰时，利用高水位所储水量发电，将水能转变为电能。压缩空气储能是利用电力系统低负荷时的多余电能，将空气压缩储存起来，需要时用于发电，以供峰谷负荷需要。化学储能主要是指通过蓄电池、可再生燃料电池和液流电池等媒介储能。

（四）风能与其他可再生能源或清洁常规能源互补系统

互补系统被认为是在技术、经济上最可行的改善风能上网电能质量的有效途径。目前，这类系统主要有风水互补发电系统、风柴互补发电系统、风光互补发电系统、风能与燃气轮机互补发电系统等。如，风水互补发电系统是风力发电系统与水力发电系统的有机结合与调度，当风电场对电网的出力随机波动时，水电站可快速调节发电机的出力，对风电场出力进行补偿。此外，在资源分布上二者有着天然的时间互补性。在中国的大部分地区，夏秋季节风速小，风电场的出力较低，而这时候正是雨量充沛的时期，水电站可多承担相应的负荷。进入冬春时节，水库的水位较低，水电站的出力不足，而这时风电场的风速较大，能够承担更多的负荷。实验证明，这种互补方式提高了风电输送容量，突破了传统风电装机容量不能超出电网容量 5% ~ 10% 的限制。

第二节　风力机国内外发展现状

一、国外风能研究机构

近 30 年来，国际上在风能利用方面，无论是理论研究还是应用研究都取得了重大进步。总体上欧洲领先于美国，风能研究比较强的欧洲国家分别是丹麦、荷兰、德国和瑞典等。

（1）丹麦

丹麦最著名的风能研究实验室为设立在丹麦科技大学（DTU）的丹麦可再生能源实验室（丹麦瑞索国家实验室）。自 1979 年丹麦瑞索国家实验室就开始负责批准和认证风力机设计，以保证产品可靠性、达到风力机安全运行标准。实验室风能研究分为风力发电与气象、气弹模型、新概念元件和材料、风力发电和能源系统、海上风力发电等不同方向。在风力机叶片气动与结构及风力机控制方面具备较强优势。

（2）荷兰

荷兰风能研究主要集中在荷兰能源研究中心（ECN）、海事研究所（MARIN）和代尔夫特技术大学（TU Delft），并在新兴研究领域如深海风能、高空风能利用等方面具有较多成果。

（3）德国

德国风能研究主要集中在德国风能研究所（DEWI）、风能和能源系统技术研究所

（IWES）、太阳能技术研究所、布莱梅大学、汉诺威莱布尼兹大学（LUH）、斯图加特大学及卡塞尔大学等研究机构，德国风电研究在驱动链和机电制品方面具有传统优势，并在超大型风力机开发方面走在其他国家前列。

（4）瑞典

瑞典风能研究主要集中在瑞典皇家理工大学、吕勒奥理工大学和查尔姆斯理工大学等研究机构，目前瑞典已在近海风能实践中取得很多成果。

由以上研究机构中的多家单位联合发起成立了欧洲风能研究院（European Academy of Wind Energy，EAWE），该研究院成立的目的是在欧洲范围内，系统地完成风能方面的研究与开发项目，并相互支持协调完成高质量的教育和科研工作。主要发起单位有丹麦Risoe 国家实验室、丹麦水力研究所、丹麦科技大学和丹麦奥尔堡（Aalborg）大学，德国ISET、卡塞尔大学，希腊国家可再生能源中心（CRES）、希腊雅典科技大学（NTUA）和派图拉斯大学（Patras），荷兰 ECN、代尔夫特技术大学等。

（5）美国

美国的风能研究主要集中在美国国家可再生能源实验室（NREL）的国家风能技术中心（NWTC）以及桑地亚国家实验室（SANL）。其中 NREL 的风电技术中心（NWEL），拥有按照 A2LA 和 IEC 国际标准建立的 50 m 风力机叶片测试设备（正在添加 70～100 m 叶片的测试设备）、2.5 MW 测力计实验台（带齿轮箱和发电机直接测试）以及风力机现场测试设备。

此外麻省理工学院、犹他大学、爱荷华大学、佐治亚理工大学、弗吉尼亚理工大学也有相关独具特色的实验室。

二、国内主要风能研究机构

1. 中科院工程热物理所国家能源风电叶片研发（实验）中心

该中心的目标是建设兆瓦级以上大型及超大型风电叶片设计、制造及工艺技术为主的核心技术研发创新平台。以建设高水平、可持续的科技创新能力为主线，为风电叶片产业的发展提供核心技术和装备。建设世界级的风电叶片研发中心及公共实验平台，成为国际知名的风电叶片检测中心。成为风电叶片研究与制造领域有影响的国际合作科研平台，并成为国际重要的风电技术研究基地和高层次人才培养基地。

2. 中国科学院电工研究所

主要研究工作包括：独立运行光伏、风力发电、风 / 光互补、风 / 柴系统及其控制逆变技术；大型并网光伏发电系统集成技术、控制逆变技术及其关键设备的研制（包括各种类型的控制逆变器）、大型并网风电机组控制及变流技术（包括失速型风电机组控制系统、变速恒频风电机组控制系统及变流器）、变桨距控制技术以及风电场集中和远程监控技术等。

3. 中国电力科学研究院新能源所风能实验室（风电并网研究和评价中心）

中国电力科学研究院下属从事风力发电等新能源发电关键技术、新能源发电接入系统运行、规划和控制技术研究的专业研究所。其前身可再生能源发电研究室成立于1994年，是国内最早专门从事风力发电研究与咨询工作的机构之一。目前，研究所下设并网技术研究室、资源评价研究室、可再生能源发电实验室和太阳能发电研究室等4个专业研究室。在区域电网接纳风电能力研究、风电场接入电网工程研究等方面的研究工作国内领先。

4. 清华大学

20世纪90年代早期就从事风能研究，在气动和结构领域都有系列研究成果。目前研究除传统气动和结构外，主要集中于电机，并开发出了相关变频装置。拥有校正风洞试验台、叶栅风洞试验台、振荡流体力学试验台、强度与振动试验台等装置。

5. 上海交通大学

在动态失速和非定常空气动力学、电机方面有系统研究，其风力发电研究中心受上海交通大学和上海电气风力发电设备公司组成的管理委员会领导，致力于整合上海交通大学风力发电研究领域的相关学科资源，构建统一风电研究平台，开展多学科交叉研究，解决国内风力发电领域的关键技术问题。同时，还在风电研究和教学领域进行广泛国际交流。

6. 浙江大学

主要与浙江运达公司合作，在风力机控制系统方面具有很好的研究成果，此外，流体传动及控制国家重点实验室承担了与刹车系统有关的研究课题。

7. 西北工业大学

在气动研究方面具有传统优势，独立开发了国内自主知识产权的WA风力机翼型。目前，风力机研究集中在中德旋转机械与风能装置测控研究所（与柏林工业大学合作），建有9个不同规模的专业实验室，并拥有PIV三维粒子图像测速仪、热成像仪、热线风速仪、电子压力扫描阀、信号数据采集仪、多通道振动信号分析仪和数据采集与处理系统等上百台（套）先进测试仪器。

8. 南京航空航天大学

气动研究方面与西北工业大学类似，承担唯一的高校973项目"大型风力机的空气动力学基础研究"。目前，在非定常空气动力学条件下风力机气动计算有很好的研究成果。

除上述科研院所及高校，华中科技大学与地方政府联合成立了武汉新能源研究院，并计划建立相应的新能源技术创新体系。主要包括太阳能、风能、生物质能、智能电网、新能源电池、碳减排及资源化利用等六大技术平台，一个新能源学院，一个能源政策与低碳经济研究中心等。复旦大学成立的新能源研究院，将围绕国家中长期科技发展规划，结合节能减排、可再生能源开发、能源新技术和能源经济战略研究，开发新的技术和产品，全面提升新能源开发利用领域的科技创新能力。风能发电和太阳能的利用将是近期研究的重点内容。

此外，沈阳工业大学和汕头大学都设有风能研究所，在国内风能研究领域起步较早，设备师资力量完善，而且沈阳工业大学早在 2006 年就开发出了 1.5 MW 样机，并实现技术转化，同时两校均承担过多项国家级风能相关课题。

哈尔滨工业大学早在 20 世纪 80 年代初即开始了风力发电研究，并研制出小型风力机样机，可惜当时风能利用未能得到广泛重视，因而虽然该校在热力叶轮机械气动实验与理论方面处于国内领先水平，该方向研究也未能持续。

第三节　风力机设备及设计过程

一、风力机主要组成部分

现代风力机结构比较复杂，最常用的现代并网型水平轴风力发电机组的结构与组成如图 1-1 所示。

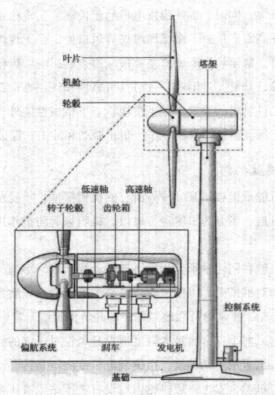

图 1-1　现代并网型风力发电机组各部件

（一）风轮（叶片和轮毂）

风轮是风力发电机组中最重要的核心部件，是捕获风能的关键设备，很大程度上决定了风力机的性能和成本，负责将风能转变为机械能，所捕获的风能大小直接决定于风轮的转速。目前多为上风式，三叶片，叶片由复合材料（玻璃钢或者其他材料）制作。也有下风式，两叶片。叶片与轮毂的连接方式有固定式（定桨距）和可动式（变桨距）。变桨距机构又可以进一步分为电动变矩和液压变矩两种。为保证风轮安全，防止过速飞车，设有制动（刹车）系统，可使风轮减速和停止运转。

（二）传动系统

传动系统由风力发电机中的旋转部件组成，是风轮与发电机的连接纽带，将风轮的转速提升到发电机的额定转速是传动系统的主要功能。

齿轮箱是其关键部件。通过满足设计传动比的齿轮箱，风轮的低转速才能使发电机以接近额定的转速旋转，达到并网发电的目的。主要包括低速轴、齿轮箱和高速轴，以及支撑轴承、联轴器和机械或液力刹车。

风电用齿轮箱有两种：平行轴式和行星式。大型机组中多用行星式（具有重量和尺寸优势）。有些机组无齿轮箱，即直驱式。传动系的设计按传统的机械工程方法，主要考虑特殊的受载荷情况。齿轮箱可以将很低的风轮转速（17 ~ 48 r/min）变为很高的发电机转速（通常为 1 500 r/min）。同时，也使得发电机易于控制，实现稳定的频率和电压输出。由于风电机组常安装在高山、荒野、海滩和海岛等风口处，受无规律的变向变负荷的风力作用以及强阵风的冲击，常年经受酷暑严寒和极端温差的影响，齿轮箱安装在塔顶的狭小空间内，一旦出现故障，修复非常困难，故对其可靠性和使用寿命都提出了比一般机械高得多的要求。例如对构件材料的要求，除了常规状态下机械性能外，还应该具有低温状态下抗冷脆性等特性；应保证齿轮箱平稳工作，防止振动和冲击；保证充分的润滑条件等。

（三）机舱与偏航机构

风力发电机组的机舱承担容纳除叶片外所有的机械部件，承受所有外力（包括静负载及动负载）的作用，可进一步分为机舱盖与底板。机舱盖起防护作用，底板支撑着传动系部件。

偏航机构是驱动机舱在回转轴承上相对塔架转动的装置，小型风力机也称对风装置，其作用是够快速平稳地对准风向，以便风轮获得最大的风能。偏航系统的主要部件是一个连接底板和塔架的大齿轮，使风轮可靠地迎风转动并负责解缆（防止只向一个方向偏航）。使风轮的扫掠面始终与风向垂直，以最大限度地提升风轮对风能的捕获能力，并同时减少风轮的载荷。上风式机组采用主动偏航，由偏航电机或液压马达驱动，由偏航控制系统控制。偏航刹车用来固定机舱位置。一般机舱内均设有液压站或液压系统，为变桨距机构或制动系统提供动力来源。

（四）发电机

发电机的作用是将风轮的机械能转化为电能。目前投入商业运行的并网风力发电机组可分为定桨定速型和变桨变速型两大类。主要采用笼式异步发电机、双馈异步发电机和永磁同步发电机三种发电机。

笼式异步发电机一般用于小型定桨定速失速调节型风力机，为提高发电机的效率，多采用双绕组发电机（大/小发电机）。控制系统根据不同的风速切换大/小电机，低风速时切入小发电机，高风速时大发电机工作。为了减小风力机并网时对电网的冲击，定桨定速型风力机采用晶闸管软并网，再由并网开关（或接触器）来旁路晶闸管，将并网冲击减少到最低。

双馈异步发电机的核心是变频系统，采用交-直-交电压型变频器（用电容器组作为直流环节缓冲元件）。由于双馈型风力机要求变频器具备四象限运行能力，所以变频器均采用双 PWM（Pulse Width Modulation，脉冲宽度调制）变流器。双馈异步发电机由变频装置为其提供交流励磁，交流励磁与直流励磁不同，它不仅可以调节励磁电流的幅值，还可以改变励磁电流的频率和相位。通过调节励磁电流的频率，可保证风力机在变速运行的情况下发出恒定频率的电能。改变励磁电流的幅值和相位，可达到调节输出有功功率和无功功率的目的。机组的功率因数本身是可调的，不需要另外增加功率因数补偿装置。

永磁同步发电机一般用于低速直驱式风力机。低速永磁同步电机设计极对数 P40 ~ 80 对，因此发电机额定转速可低至每分钟十几转到二十转。由于风轮转速随着风速变化，发电机发出电能的频率是波动的，而永磁同步电机没有转子绕组，所以不能采用类似于双馈电机转子的变频装置来稳定输出频率。解决的方法是采用全功率变频器，即首先将永磁同步发电机输出的频率不稳定的交流电进行整流，然后通过逆变器逆变，输出恒定频率的电能。当然，这就要求变频器的功率大于等于发电机的额定功率。

（五）控制系统

控制系统包括控制和监测两部分，是现代风力发电机的神经中枢。由于现代风力机无人值守，控制部分是风力机在各种自然条件与工况下正常运行的保障机制，可实现调速、调向和安全控制等功能。以 1.5MW 风力机为例，一般在 3 ~ 4 m/s 的风速自动起动，在 12 ~ 14 m/s 达到额定功率。此后，如风速增加，控制系统使其在额定功率附近运行，直到风速达到 25 m/s 时自动停机。现代风力机要求在 60 ~ 70 m/s 的大风速下不会损坏（通常所说的 12 级飓风，其风速范围也仅为 32.7 ~ 36.9 m/s）。风力机的控制系统，就是要在这样恶劣的自然条件下，根据风速、风向对系统加以控制，在稳定的电压和频率下运行、自动并网和脱网。

监测部分将采集到的数据送到控制器，控制器以此为依据完成对风力发电机组的偏航控制、功率控制和开停机等控制功能。此外，监测系统有时也具有故障监测与诊断功能。

如，可实时监视齿轮箱、发电机的运行温度，液压系统的油压，对出现的任何异常进行报警，必要时自动停机。

（六）塔架与基础

塔架是风力发电机组的支撑部件，使风轮到达设计高度。塔架内部还是动力电缆、控制电缆、通信电缆布置和人员进出的通道。风力机的基础多为钢筋混凝土结构，承载整个风力发电机组的重量。基础周围设置有预防雷击的接地系统。

二、风力机分类

风力机的分类方法很多。从气动角度可将风力机分为水平轴和垂直轴风力机；按功率调节方式可将风力机分为定桨距与变桨距风力发电机；此外，对于市场上主流的变速变桨恒频型风电机组，从其变速箱特点又可分为双馈式和直驱式风力机两大类。

（一）水平轴与垂直轴风力机

由外观与来流的位置分类，主要可分为水平轴式风力机（Horizontal Axis Wind Turbines，HAWT）与垂直轴式风力机（Vertical Axis Wind Turbines，VAWT）两种。

1.水平轴式风力机

水平轴（风轮）风力发电机组，是指风轮轴线基本与地面平行安置在垂直地面的塔架上，是当前使用最广泛的机型。水平轴式风力机均为升力型风力机，如图1-2所示。

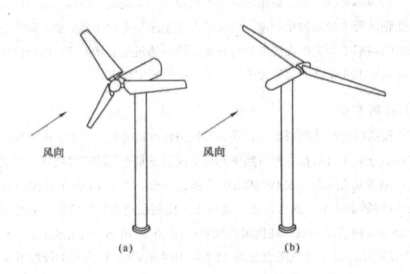

图1-2　水平轴式风力机示意图

（a）上风型；（b）下风型

水平轴式风力机按风向可分为上风型（Upwind）与下风型（Downwind）两种。下风型风轮在风下方，受塔影效应影响较大。一方面影响风能利用系数，同时也使疲劳载荷的幅值增大。故下风向机型的叶片疲劳寿命较上风向机型低，因此下风向机组当前较少采用。目前使用最普遍的为三叶式上风型。水平轴风力机风轮旋转轴与风向平行，在低风速状况下即可起动。按叶片的多少可分为两叶、三叶或多叶。两叶片风力机在同样风轮直径（扫掠面积）的情况下产出相同的功率必须提高其转速，要求叶片的寿命（循环次数）比三叶片机型高。由于转速快、叶尖速度高，导致风轮的噪声水平也高，对周围环境影响大。两叶片相对三叶片的质量平衡及气动力平衡都比较困难，功率和载荷波动较大。其优点是叶片少，成本相对低，对于噪声要求不高的离岸型风力发电机，两叶片比较合适。

2. 垂直轴式风力机

垂直轴式风力机叶片旋转轴与风向垂直，可以接受来自任何风向的风。垂直轴式风力机，主要分为萨渥纽斯（Savonius Rotor）、达里厄（Darrieus Rotor）和 H 型（H Rotor）等型式，如图 1-3 所示。垂直轴风轮按形成转矩的流动机理又可分为阻力型和升力型，其中萨渥纽斯属于阻力型风力机，达里厄与 H 型均为升力型风力机。阻力型的气动力效率远小于升力型，故当今大型并网型垂直轴风力机的风轮全部为升力型。

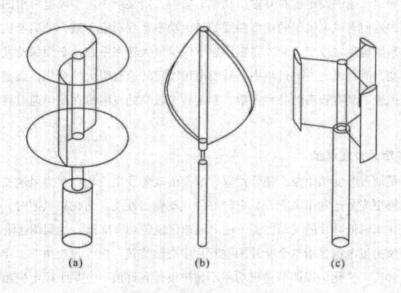

图 1-3 垂直式风力机示意图

（a）萨渥纽斯型；（b）达里厄型；（c）H 型

垂直轴式风力机主要优点为适应各种风向、结构简单、发电机可安装于地面、安装与维修方便且噪声低等；缺点是低风速下起动困难。

（二）定桨距与变桨距风力发电机

1. 定桨距风力发电机组

其主要结构特点是，叶片与轮毂连接固定，当风速变化时，叶片节距角不能随之变化。这一特点使得当风速高于风轮的设计点风速（额定风速）时，叶片气动特性变差，从而能够自动地将功率限制在额定值附近，叶片的这一气动特性称为失速性能。运行中的风力发电机组在突甩负载的情况下，叶片自身必须具备制动能力，使风力发电机组能够在大风情况下安全停机。20世纪70年代失速性能良好叶片的出现，解决了风力发电机组自动失速性能的要求。20世纪80年代叶尖扰流器的应用，解决了在突甩负载情况下的安全停机问题。这些使得定桨距失速型风电机组在过去20年的风能开发利用中始终处于主导地位，目前主力的兆瓦级风电机组仍有机型采用该项技术。定桨距失速型风电机组的最大优点是控制系统结构简单，制造成本低，可靠性高。但失速型风电机组的风能利用系数低，叶片上分布有复杂的液压传动机构和扰流器，叶片质量重，制造工艺难度大，当风速跃升时，会产生很大的机械应力，需要比较大的安全系数。

其输出功率的特点为：风力发电机组的输出功率主要取决于风速，同时也受气压、气温和气流扰动等因素的影响。定桨距风力机叶片的失速性只与风速有关，直到达到叶片气动外形所决定的失速调节风速，不论是否满足输出功率，叶片的失速性能都要起作用。定桨距风力机的主动失速性能使得其输出功率始终限定在额定值附近。同时，定桨距风电机组中发电机额定转速的设定也对其输出功率有影响。定桨距失速型风电机组的节距角和转速固定不变，这使得风电机组的功率曲线的最大功率系数对应于某一叶尖速比。当风速变化时，功率系数也随之改变。而要在变风速下保持最大功率系数，必须保持发电机转速与风速之比不变，而在风力发电机组中，其发电机额定转速有很大的变化，额定转速较低的发电机在低风速下具有较高的功率系数，额定转速较高的发电机在高风速时具有较高的功率系数。

2. 变桨距风力发电机

其运行是通过改变桨距角，使叶片翼型截面的攻角发生变化以适应风速变化，从而在低风速时能够更充分地利用风能，具有较好的气动输出性能。而在高风速时，又可通过改变攻角的变化来降低叶片的气动性能，使高风速区风轮功率降低，达到调速限功的目的。

变桨距风力发电机是指整个叶片围绕叶片中心轴旋转，使叶片攻角在一定范围内（一般为0°～90°）变化，以调节输出功率不超过设计容许值。变桨距风电机组出现故障需停机时，一般先使叶片顺桨，使之减小功率，在发电机与电网断开之前，功率减小至零。这使得当发电机与电网脱开时，无转矩作用于风力发电机组，避免了定桨距风力发电机组每次脱网时的突甩负载过程。由于变桨距叶片一般弦长小，叶片轻，机头质量比失速机组小，不需要很大的刹车，所以其起动性能较好。变桨距风电机不需要昂贵的刹车系统，却增加了一套变桨距机构，从而增加了故障发生的概率，而且在处理变桨距机构叶片轴承故障时，难度很大，所以其安装、维护费用相对偏高。变桨距风力发电机组根据变距系统所起的作用可分为三种运行状态，即风力发电机的起动状态（转速控制）、欠功率状态（不控制）和额定功率状态（功率控制）。

①起动状态

当变桨距风电机的风轮从静止到起动，且发电机未并入电网时都称为起动状态，这时变桨距的节距给定值由发电机转速信号控制。转速控制器按一定的速度上升斜率给出速度参考值，变桨距系根据给定的速度参考值调整节距角，进行所谓的速度控制，在这个控制过程中，转速反馈信号与给定值进行比较，当转速超过发电机同步转速时，叶片节距角就向迎风面积减小的方向转动一个角度；反之，则向迎风面积增大的方向转动一个角度。

②欠功率状态

当转速在同步转速附近保持一定的时间后发电机即并入电网，这时如果风速低于额定风速，那么这种状态就是欠功率状态。这时的变桨距风力发电机与定桨距风力发电机组相同，其功率输出完全取决于叶片的气动性能。

③额定功率状态

当发电机并入电网，且风速大于额定风速时，风力发电机组就进入额定功率状态，这时变桨距控制方式由转速控制切换到功率控制：功率反馈信号与给定值（额定功率）进行比较，当功率超过额定功率时，叶片节距就向迎风面积减小的方向转动一个角度；反之，则向迎风面积增大的方向转动一个角度。

（三）双馈式和直驱式风力机

目前，主流的变速变桨恒频型风电机组技术分为双馈式和直驱式两大类。双馈式变桨变速恒频技术的主要特点是，风轮可变速变桨运行，传动系统采用齿轮箱增速和双馈异步发电机并网。而直驱式变速变桨恒频技术，风轮与发电机直接耦合传动，发电机多采用多极同步电机，通过全功率变频装置并网。直驱技术的最大特点是可靠性和效率都进一步得到了提高。此外，还有一种介于二者之间的半直驱式，风轮通过单级增速装置驱动多极同步发电机，是直驱式和传统型风力发电机的混合。

直驱式风力发电机由风力机直接驱动发电机，亦称无齿轮风力发动机。这种发电机采用多极电机与风轮直接连接驱动，免去齿轮箱这一传统部件。由于齿轮箱是目前在兆瓦级风力发电机中属易过载和过早损坏率较高的部件，因此，无齿轮箱的直驱式风力发电机，具备低风速时高效率、低噪声、高寿命、机组体积小、运行维护成本低等诸多优点。

直接驱动式变速恒频（Direct Drive Variable Speed Constant Frequency，DDVSCF）风力发电系统框图如图 1-4 所示。其工作原理如下：

风轮与同步发电机直接连接，无须升速齿轮箱。首先将风能转化为频率、幅值均变化的三相交流电，经过整流后变为直流，然后通过逆变器变换为恒幅恒频的三相交流电并入电网。通过中间电力电子变流器环节，对系统有功功率和无功功率进行控制，实现最大功率跟踪，最大效率地利用风能。与双馈式风力发电系统相比，直驱式风力发电系统的优点在于：传动系统部件的减少，提高了风力发电机组的可靠性和利用率；变速恒频技术的采用提高了风电机组的效率；机械传动部件的减少降低了风力发电机组的噪声，提高了整机效率；可靠性的提高降低了风力发电机组的运行维护成本；部件数量的减少，使整机的生产周期大大缩短；利用现代电力电子技术可以实现对电网有功功率、无功功率的灵活控制；发电机与电网之间采用全功率变流器，使发电机与电网之间的相互影响减少，电网故障时对发电机的损害较小。缺点是：由于功率变换器与发电机组和电网全功率连接，功率变换器造价昂贵，控制复杂；用于直接驱动发电的发电机，工作在低转速、高转矩状态，电机设计困难、极数多、体积大、造价高、运输困难。

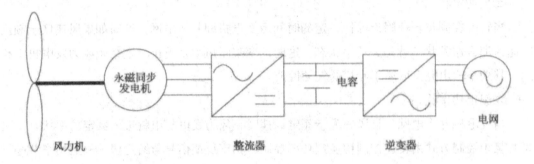

图1-4　直接驱动式风力发电系统框图

直驱式风力发电系统（Direct Drive Wind Energy Generation System，DDWEGS）的发电机主要有两种类型：转子电励磁的集中绕组同步发电机（图1-5）及转子永磁材料励磁的永磁同步发电机（图1-6）。

转子电励磁式DDWEGS由于需要为转子提供励磁电流，需要滑环和电刷，这两个部件故障率很高，需要定期更换。因此，维护量大，相对双馈式风力发电系统（Double Fed Wind Energy Generation System，DFWEGS）只省去了齿轮箱设备。

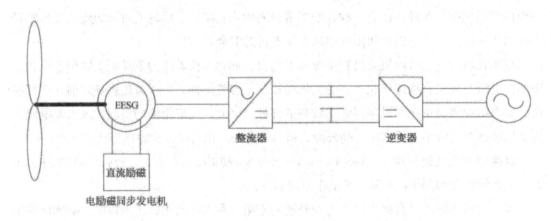

图1-5　电励磁式直驱风力发电机结构图

而转子永磁体励磁式DDWEGS采用永磁材料建立转子磁场，省去了滑环和电刷等设备，也省去了齿轮箱，无须定期维护，系统结构紧凑、整机可靠性和效率很高。因此，永磁式DDWEGS系统最优、效率最高、维护量最小。尽管直驱式风力发电系统变流器以及永磁同步发电机造价昂贵，但是由于其可靠性和能量转换效率高、维护量小、整机生产周期小等优点，特别适合于海上风力发电机组，这种结构具有很好的应用前景。

直驱式风力发电系统使用永磁同步发电机发电，无须励磁控制，电机运行速度范围宽、电机功率密度高、体积小。随着永磁材料价格的持续下降、永磁材料性能的提高以及新的永磁材料的出现，在大、中、小功率，高可靠性，宽变速范围的风力发电系统中其应用越来越广泛。

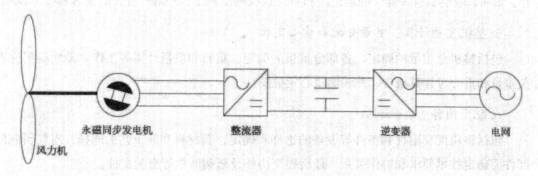

图1-6 永磁材料励磁式直驱风力发电机结构图

三、风力机设计过程

风力发电机组设计分为四个阶段：总体设计、整机结构动力学与可靠性校核、部件设计与采购技术指标确定、零件和细节设计与采购技术指标确定等。这里仅简单介绍前三个阶段。

（一）总体设计阶段

该阶段将解决全局性的重大问题，要尽可能充分利用已有经验，以求总体设计阶段中的重大决策建立在可靠的理论分析和试验基础上，避免以后出现不应有的重大反复。

1. 气动布局方案

包括对各类构形、型式和气动布局方案的比较和选择，模型吹风，性能及其他气动特性的初步计算，确定整机和各部件（系统）主要参数、各部件相对位置等。最后，绘制整机设计图，提交有关的分析计算报告。

2. 整机总体布置方案

包括整机各部件、各系统、附件和设备等布置。要求布置合理、协调、紧凑，保证正常工作和便于维护等，并考虑合理的重心位置。最后绘制整机总体布置图，并编写有关报告和说明书。

3. 整机总体结构方案

包括对整机结构承力件的布置，传力路线的分析，主要承力构件的承力型式分析，设计分离面和对接型式的选择及各种结构材料的选择等。整机总体结构方案可结合总体布置一起进行，并在整机总体布置图上加以反映，也可绘制一些附加图。需要有相应的报告和技术说明。

4. 各部件和系统方案

应包括对各部件和系统的要求、组成、原理分析、结构型式、参数及附件的选择等工作。最后，应绘制有关部件的理论图和有关系统的原理图，并编写有关的报告和技术说明。

5. 整机重量计算、重量分配和重心定位

包括整机总重量的确定、各部分重量的确定、重心和惯量计算等工作。最后应提交有关重量和重心等计算报告，并绘制重心定位图。

6. 配套附件

包括整机配套附件和备件等设备的选择和确定，新材料和新工艺的选择，对新研制的部件要确定技术要求和协作关系。最后提交协作及采购清单等有关文件。

此阶段的结果是应给出风力发电机组整机三面图，整机总体布置图，重心定位图，整机重量和重心计算报告，性能计算报告，初步的外负载计算报告，整机结构承力初步分析报告，各部件和系统的初步技术要求，部件理论图，系统原理图，新工艺、新材料等协作要求和采购清单等，以及其他有关经济性和使用性能等应有明确文件。

（二）整机结构动力学与可靠性校核阶段

风力发电机组的主要动力学问题大体有动负载、振动及动力稳定性等几个方面。

1. 动负载

作用于风轮叶片上的周期性气动负载会引起叶片动响应，而此响应又反馈于外部气动负载。因此，这实质上是一个气弹耦合的响应问题，是导致风轮疲劳的根源。各叶片动负载合成为风轮动负载，是风力发电机组振动的主要振源。

2. 振动

风轮振动负载作用在机体上引起其振动响应，风力发电机组在运行时始终要承受持续的周期性振动。因此，除风轮外，电机、传动系统及其支撑结构等设计都应考虑振动问题。振动会引起结构疲劳、降低设备可靠性及增加维护工作量。

3. 动力稳定性

多方面的复杂耦合关系导致了各种动力稳定性问题。在风力发电机组发展史上，运行时风轮／机体耦合的机构不稳定性问题（即所谓整机动力不稳定性）造成过许多严重后果。风轮动力不稳定性包括变距／挥舞不稳定性（经典颤振）、变距／摆振不稳定性，以及挥舞／摆振不稳定性等。

4. 可靠性校核

风力发电机组可靠性量化指标以机组运行可利用率度量，属广义可靠性范畴，包括风力发电机组可靠性和维修性。因此，风力发电机组可利用率是固有可靠性和使用管理可靠性的综合度量指标。电控系统、安全系统和液压系统等元器件选择应考虑平均故障间隔时间（MTBF）、平均维修间隔时间（MTBM）和平均维修时间，以满足整机可靠性要求。对重要承力零部件，还应规定使用寿命，也是可靠性要求不可缺少的指标。为保护风力发电机组的安全，对重要的安全系统可采取冗余设计。

（三）部件设计与采购技术指标确定阶段

1. 叶片设计与采购

叶片是风力发电机组最关键的部件。在风力发电机组设计中，叶片外形设计尤为重要，它涉及机组能否获得所希望的功率。由于要承受较大的风负载，而且是在地球引力场中运行，重力变化相当复杂，叶片疲劳特性十分突出。以 600 kW 风力发电机组为例，其额定转速约为 27 r/min，在 20 年寿命期内，大约转动 2×108 次，叶片由于自重而产生相同次数的弯矩变化。对于复合材料叶片，每种复合材料或多或少存在疲劳特性问题，当受到交变负载时，会产生很高的负载变化次数。如果材料所承受的负载超过其相应的疲劳极限，将限制材料的受力次数。当材料出现疲劳失效时，部件就会产生疲劳断裂。疲劳断裂通常从材料表面开始，然后是截面，最后到材料彻底破坏。在叶片结构强度设计中要充分考虑所用材料的疲劳特性，首先要了解叶片所承受的力和力矩，以及特定运行条件下的风负载情况。受力最大的部位最危险，在这些部位负载很容易达到材料承受极限。目前，叶片多为玻璃纤维增强复合材料（GRP），基体材料为聚酯树脂或环氧树脂。环氧树脂比聚酯树脂强度高，材料疲劳特性好，且收缩变形小。聚酯材料较便宜，固化时收缩大，因此在叶片连接处可能存在潜在危险，即由于收缩变形在金属材料与玻璃钢之间可能产生裂纹。

2. 塔架与机舱等结构件的设计与采购

结构件主要包括塔架、轮毂、主轴、机舱以及回转支承。其采购技术要求主要为：满足结构强度与刚度要求，对暴露部件还有防腐技术要求。

3. 控制与安全系统的设计与采购

控制与安全系统是风力发电机组安全运行的指挥中心，控制系统的安全运行是机组安全运行的重要保证。风力发电机组运行所涉及的内容相当广泛，包括起动、停机、功率调解、变速控制和事故处理等。风力发电机组在启停过程中，机组各部件将受到剧烈的机械应力变化，而对安全运行起决定因素的是风速变化引起的转速变化，因此，转速控制是机组安全运行的关键。风力发电机组的运行是一项复杂的操作，涉及问题很多，如风速变化、转速变化、温度变化、振动等都直接威胁风力发电机组的安全运行。

此外，在风电机组设计和运行时，必须具有一定的防范措施，以提高风电机组抗恶劣气候环境的能力，减少损失。因此，近年来中国的风电机组研发单位在防风沙、抗低温、防雷击、抗台风、防盐雾等方面进行了研究，以确保风电机组在恶劣气候条件下能够可靠运行，提高发电量。

第二章　翼型气动设计原理

作为捕获风能的主要部件，风力机转子叶片表现为细长结构，气流流向速度分量远小于展向速度分量。因此，在诸多风力机气动模型尤其是经典气动模型中，均假设给定位置处的流动为二维形式，其目的主要在于可使用相应的二维翼型数据。换句话说，二维翼型气动特性决定了整个转子叶片的气动特性，了解风力机气动理论，必须首先了解翼型气动理论。

第一节　翼型绕流及其升阻效应

一、翼型几何参数

翼型的几何参数是描述翼型几何形状的具体数据，其主要功能如下：

第一，用于描述翼型几何形状，根据这些参数可以对其建模，为数值计算、实验研究和加工制造提供数据；

第二，便于不同翼型间气动特性的比较；

第三，翼型是风力机叶片的一个截面，其几何参数是叶片安装时的主要参考数据；

第四，翼型几何参数对其气动特性产生重要作用。

图 2-1 给出了用于描述翼型形状的主要几何参数。图中各几何参数定义如下：

中弧线：与翼型上弧线（表面）和下弧线（表面）距离相等的曲线。

前缘：翼型中弧线的最前点。

后缘：翼型中弧线的最后点。

弦线：连接前缘与后缘的直线。

弦长（ c ）：弦线的长度。

最大弯度（ f ）：中弧线在 y 坐标上的最大值（简称弯度）。

最大弯度位置（ x_f ）：最大弯度点的 x 坐标。

最大厚度（ t ）：上下弧线（表面）在 y 坐标上的最大距离。

最大厚度位置（ x_t ）：最大厚度点的 x 坐标。

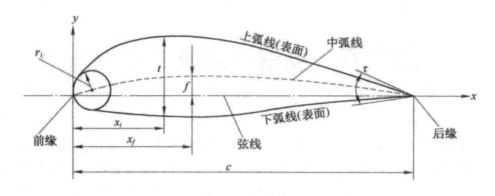

图 2-1　翼型几何参数示意图

前缘半径（r_1）：构成翼型前缘区域形状的圆弧半径。

后缘角（τ）：翼型后缘上下两弧线（表面）切线的夹角。

注：对称翼型的弯度 f =0，上下弧线（表面）关于 x 轴对称，中弧线与弦线重合。

二、升力效应和阻力效应

对于风力机而言，翼型绕流的实质为空气动力学中气体外部绕流问题，如图 2-2 所示。图中 U_∞ 表示水平方向上的自由来流速度，由于翼型的存在，使得流线在前缘附近开始发生弯曲，弯曲的流线分别经翼型上下表面至尾缘重新汇合。显而易见，翼型的存在阻碍了气流前进，或者从相对运动的观点说，气流静止而翼型以 U_∞ 速度向左运动，则气流的存在阻碍了翼型前进，该效应称为阻力效应；同时，在翼型绕流过程中，气流会对翼型产生垂直于自由来流方向上的提升作用，该效应称为升力效应。

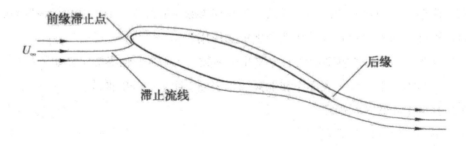

图 2-2　翼型绕流示意图

翼型绕流大致具备三种形式：①气流静止而翼型运动；②气流运动而翼型静止；③气流和翼型均运动，但运动形式不同。总而言之，气流与翼型之间应当产生相对运动。

翼型绕流问题的重点在于，研究翼型周围流体的速度、压强等气动参数的分布与变化规律，其主要目的在于获取作用在翼型表面上的气动载荷。

（一）阻力效应

法国数学家、理学家达朗贝尔在《试论流体阻力的新理论》中忽略流体黏性与可压缩性，得出在高雷诺数情况下，理想流体运动中物体受到的阻力为零的结论。该结论显然不符合实际物理现象，却无法给出正确的解释，因此称为达朗贝尔疑题。

德国著名力学家普朗特在《论黏性很小的流体的运动》中第一次提出了"边界层"概念。普朗特认为：在高雷诺数物体绕流运动中，小黏度流体的黏性对流动的影响仅限于紧贴物体壁面的薄层中，该薄层即称为边界层；而在边界层之外，流体黏性对流动的影响非常小，完全可以忽略不计。普朗特的边界层理论仅在边界层内考虑流体黏性影响，可利用动量方程得到近似解，而在边界层外将流体视为理想流体，可按势流理论求解。该理论为解决黏性流体绕流问题开辟了新途径，并使得流体绕流运动中的复杂物理现象最终得以解释。

图2-3给出了边界层沿翼型上表面的发展趋势，当然，翼型下表面边界层也呈类似分布。图中 u 为边界层内的流体速度。

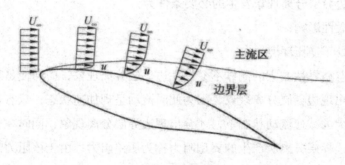

图2-3 翼型绕流上表面边界层发展示意图

由图2-3可知：

第一，由于流体具有黏性，壁面处的流体必然附着于翼型表面，且速度为零。

第二，边界层内的流体受到摩擦阻力而减速，且由于摩擦阻力的持续作用，减速区域逐渐扩大，因此边界层厚度逐渐增大，但距离壁面越远，摩擦阻力作用越小，因此减速作用逐渐减弱。

第三，边界层内沿壁面法向的速度梯度很大，其黏性力与惯性力属于同一数量级，因此不可忽略，必须按照黏性流体处理；而边界层外速度梯度很小，因此可忽略黏性力，按照理想流体处理。

第四，此外，边界层内的流体也存在层流和湍流两种流态，这里不作详细介绍。

虽然翼型属于流线型物体，但在某些特定情况下也会发生边界层分离现象，即边界层在某个位置开始脱离翼型表面，并在翼型表面附近出现与主流方向相反的回流，如图2-4所示。

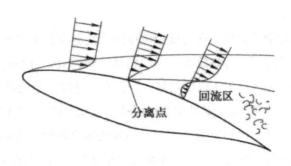

图 2-4　翼型绕流边界层分离示意图

由图 2-4 可知：

第一，由于黏性作用，在翼型表面"分离点"处，流体动能衰竭，速度降为零；

第二，同时，由于逆压作用，流体回流而使边界层脱离翼型表面；

第三，在主流带动下流体流向下游，从而形成旋涡。

由此可见，边界层分离现象发生的必要条件为：

第一，流体黏性影响；

第二，流体处于逆压环境。

换句话说，忽略黏性效应的流体不会发生边界层分离现象；而即使是黏性流体，在顺压环境下也不会出现边界层分离现象，因为此时流动呈现加速状态；只有逆压环境下的黏性流体，在足够大的减速流动状态下，才会出现边界层分离现象，同时在分离部位产生回流，形成旋涡。边界层分离所产生的翼型阻力称为压差阻力；由于该阻力与翼型形状直接相关，因此又可称为形状阻力。

综上所述，翼型绕流所产生的阻力由两部分组成，即摩擦阻力和压差阻力：

第一，摩擦阻力是黏性力的直接作用结果，与流体黏性直接相关；

第二，压差阻力是边界层分离的直接作用结果，且与翼型形状直接相关；

第三，当边界层未发生分离时，翼型绕流阻力完全表现为摩擦阻力；

第四，当边界层发生分离时，分离点越接近翼型前缘，压差阻力越大，且成为翼型绕流阻力的主要阻力源。

（二）升力效应

1. 理想流体的翼型绕流

首先考察理想流体的翼型绕流情况，如图 2-5 所示。

①理想流体进行翼型绕流时，会沿着表面形状流过翼型，在 A、B 两点形成滞止点（驻点）；

②流过翼型后，其速度与流线均逐渐恢复至原值；

③流线分布虽不对称，但流体施加于翼型上的合力为零。

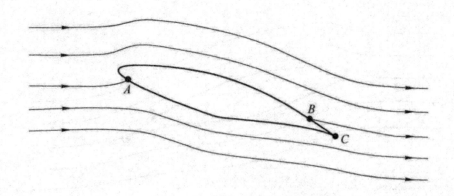

图 2-5　理想流体翼型绕流示意图

2. 黏性流体的翼型绕流

接下来考察黏性流体的翼型绕流情况，如图 2-6 所示。

第一，黏性流体进行翼型绕流时，翼型表面存在边界层。

第二，边界层的存在使得流体绕过后缘点 C 流向 B 点时产生剧烈扩压，从而导致边界层分离，进而形成旋涡，该旋涡离开翼型表面，称为起动涡。

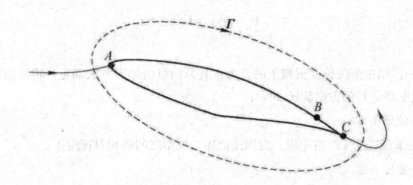

图 2-6　黏性流体翼型绕流起动涡示意图

第三，根据凯尔文定理，必然在翼型表面产生与起动涡大小相等、旋转方向相反的另一旋涡，称为附着涡。附着涡的作用相当于图中虚线所示的环流，其环量（亦称为速度环量）$\tilde{A}$ 的大小刚好使得后驻点 B 移至后缘点 C，流体在后缘点 C 汇合后，平顺地流过翼型，如图 2-7 所示。

第四，附着涡（环流）的存在，使得翼型上表面流体速度增加，压强相应降低；而翼型下表面流体速度降低，压强相应增加，如此一来便会在翼型上下表面产生压强差，该压强差即为翼型主要升力源。

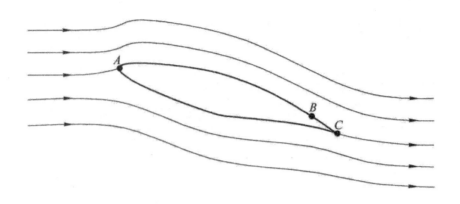

图 2-7　黏性流体翼型绕流示意图

3. 翼型绕流所产生的升力描述

翼型绕流所产生的升力可用库塔条件以及库塔 - 儒可夫斯基升力公式进行描述：

①库塔条件。流体绕流翼型时，一定存在一个速度环量，其大小刚好使得流体由翼型上表面的后驻点移至后缘点，并与下表面流体汇合离开翼型。

②库塔 - 儒可夫斯基升力公式：

$$\mathbf{F}_L = \rho \mathbf{V} \times \mathbf{\Gamma} \quad (2\text{-}1)$$

式中：

$\mathbf{F}_L$ ——作用在单位长度翼型上的升力，其方向可由如下方法确定：将来流速度 $\mathbf{V}$ 的方向反着速度环量 $\mathbf{\Gamma}$ 的方向旋转 90°；

ρ ——流体密度；

$\mathbf{V}$ ——来流速度（严格地说，应当是流体与翼型之间的相对速度）；

$\mathbf{\Gamma}$ ——速度环量。

第二节　翼型气动特性

一、表面压强分布及压力中心

在翼型绕流过程中，由前缘至后缘的上下表面各点压强均不一致。为了便于论述，首先引出一个影响翼型表面压强分布的重要气动参数——攻角（也称迎角）α，如图 2-8 所示。

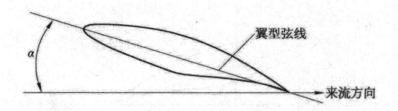

图 2-8　翼型绕流攻角示意图

图 2-9 给出了雷诺数 R_e =3×10^5、攻角 α =13° 工况下，NACA4415 翼型表面压强分布。图中，U_∞ 表示来流速度，p_∞ 表示环境压强，p 表示翼型表面压强，ρ_∞ 表示来流流体密度。

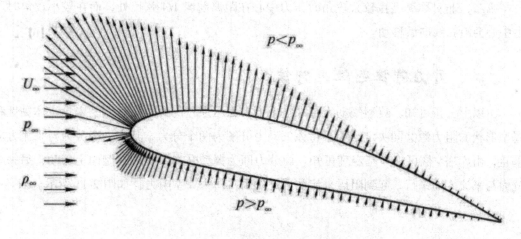

图 2-9　翼型表面压强分布示意图

由图可知：

第一，翼型上表面的压强小于来流压强（上表面各点处垂直于表面的直线段长度，表示该点处上表面压强与来流压强之差）；

第二，翼型下表面的压强大于来流压强（下表面各点处垂直于表面的直线段长度，表示该点处下表面压强与来流压强之差）；

第三，翼型前缘区域上下表面压强差大于翼型后缘区域上下表面压强差。

翼型表面压强分布可用一无因次参数进行描述，称为翼型压强（压力）系数 K_p，其表达式如下：

$$K_p = \frac{p - p_\infty}{\frac{1}{2}\rho_\infty U_\infty^2} \quad （2\text{-}2）$$

如果将各点处的压强沿翼型上下表面积分求和，该合力的作用线与翼型弦线的交点即称为翼型压力中心，如图 2-10 所示。

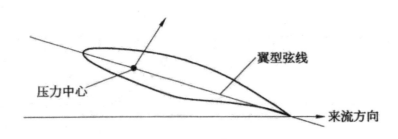

图 2-10　翼型压力中心示意图

一般情况下：

第一，对称翼型压力中心在距离前缘 1/4 弦长处；

第二，非对称翼型在较大攻角时压力中心在距离前缘 1/4 弦长处，而在较小攻角时压力中心会沿弦线向后移动。

二、升力特性与阻力特性

由以上分析可知，翼型气动力由来自上下表面压强差的升力源，以及来自流体黏性和翼型形状的阻力源共同决定。如果将该气动力分解为两个分力，其中一个分力与来流方向垂直，由库塔 - 儒可夫斯基定理可知，此分力即为翼型升力，使得翼型向上运动；另一个分力与来流方向平行，起到阻碍来流前进的作用，即为翼型阻力，如图 2-11 所示。

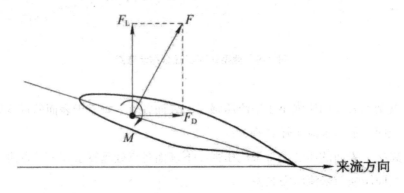

图 2-11　翼型升力、阻力示意图

①单位长度的翼型气动力可表示为

$$F = C_{\mathrm{T}} \cdot \frac{1}{2} \rho_{\infty} U_{\infty}^2 \cdot c \quad （2\text{-}3）$$

②单位长度的翼型升力可表示为

$$F_{\mathrm{L}} = C_{\mathrm{L}} \cdot \frac{1}{2} \rho_{\infty} U_{\infty}^2 \cdot c \quad （2\text{-}4）$$

③单位长度的翼型阻力可表示为

$$F_{\mathrm{D}} = C_{\mathrm{D}} \cdot \frac{1}{2} \rho_{\infty} U_{\infty}^{2} \cdot c \quad (2\text{-}5)$$

④此外，对于翼型而言，还需要获取气动力对于某一点（压力中心除外）的力矩，该力矩以顺时针方向使得翼型抬头为正方向。通常是指气动合力对于翼型前缘点的力矩，亦称翼型俯仰力矩，可表示为

$$M = C_{\mathrm{M}} \cdot \frac{1}{2} \rho_{\infty} U_{\infty}^{2} \cdot c^{2} \quad (2\text{-}6)$$

以上四式中，F、F_L、F_D 和 M 分别表示单位长度的气动力、升力、阻力和俯仰力矩；C_T、C_L、C_M 和方分别称为气动力系数、升力系数、阻力系数和俯仰力矩系数。

由式（2-3）、式（2-4）和式（2-5）可得如下关系式：

$$\left.\begin{array}{l} F_{\mathrm{L}}^{2} + F_{\mathrm{D}}^{2} = F^{2} \\ C_{\mathrm{L}}^{2} + C_{\mathrm{D}}^{2} = C_{\mathrm{T}}^{2} \end{array}\right\} \quad (2\text{-}7)$$

将式（2-4）、式（2-5）和式（2-6）稍加变形，可得

$$C_{\mathrm{L}} = \frac{F_{\mathrm{L}}}{\frac{1}{2} \rho_{\infty} U_{\infty}^{2} \cdot c}, \quad C_{\mathrm{D}} = \frac{F_{\mathrm{D}}}{\frac{1}{2} \rho_{\infty} U_{\infty}^{2} \cdot c}, \quad C_{\mathrm{M}} = \frac{M}{\frac{1}{2} \rho_{\infty} U_{\infty}^{2} \cdot c^{2}}$$

（2-8）

作用在翼型上的升力、阻力和俯仰力矩很难通过理论计算求得，因此，在实际应用中，经常通过实验手段获取某种翼型的升力系数 C_L、阻力系数 C_D 和俯仰力矩系数 C_M，而此三个系数均为无因次气动参数，一旦获取，即可方便地结合来流风速和实际需要的弦长求得对应翼型的升力、阻力和俯仰力矩。

对于特定来流条件下的特定翼型，其升力系数 C_L、阻力系数 C_D 和俯仰力矩系数 C_M 主要与翼型攻角 α 有关，如图 2-12 所示。

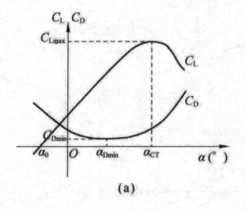
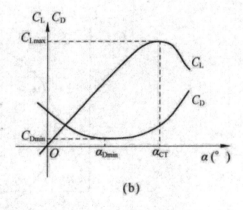

(a)　　　　　　　　　　　　　(b)

图 2-12　翼型升阻特性曲线示意图

（a）非对称翼型；（b）对称翼型

由图可知：

第一，非对称翼型升阻特性曲线与对称翼型升阻特性曲线的主要区别在于，非对称翼型的零升力攻角 $\alpha_0 < 0°$，而对称翼型的零升力攻角 $\alpha_0 = 0°$。

第二，随着攻角 α 逐渐增大，升力系数 C_L 由某一数值开始逐步增大，且基本呈线性变化。

第三，当攻角 α 增至某一角度时，升力系数达最大值 $C_{L\max}$，此时的攻角称为临界攻角 α_{CT}。

第四，当 $\alpha > \alpha_{CT}$ 时，升力系数 C_L 开始随攻角 α 增加而迅速减小，而阻力系数则随攻角 α 增加迅速增大，翼型处于失速状态，故 α_{CT} 也称为失速攻角；失速状态下，流体将不再附着于翼型表面流过，而是在上表面发生边界层分离，前缘后方产生涡流，从而导致噪声突然增大，并且引起风力机叶片的振动及运行不稳定等现象。

第五，阻力特性曲线具备两个特征参数，即最小阻力系数 $C_{D\min}$ 及其对应的最小阻力攻角 $\alpha_{D\min}$。

第六，任意攻角 α 下的翼型升力 F_L 与阻力 F_D 之比称为升阻比 K，可由下式表示：

$$K = \frac{F_L}{F_D} = \frac{C_L}{C_D} \quad (2\text{-}9)$$

对于风力机而言，升力使得风力机获得有效扭矩，而阻力则形成对风轮的正面压力。因此，为了使风力机高效工作，就需要叶片翼型具备尽量大的升力及尽量小的阻力，即升阻比 K 值最大。但由图 2-12 可知，翼型的最大升力攻角 $\alpha_{D\min}$ 与最小阻力攻角 $\alpha_{D\min}$ 并不相等，这说明翼型最大升阻比所对应的攻角既不是最大升力攻角 α_{CT}，也不是最小阻力攻角 $\alpha_{D\min}$，而是介于两者之间。

如果以阻力系数 C_D 为横坐标，以升力系数 C_L 为纵坐标，则翼型升阻特性曲线可转化为另一种形式，称为翼型极曲线或埃菲尔极曲线，如图 2-13 所示。

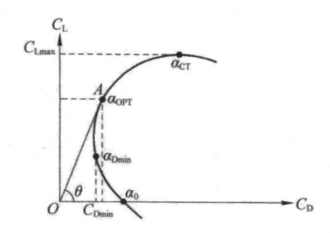

图 2-13　翼型极曲线示意图

由图可知：

第一，翼型极曲线上的每一个点均表示一攻角状态，翼型升阻特性曲线上特征参数均可在翼型极曲线上表示。

第二，从原点 O 至曲线上任意点 A 的连线 OA 长度，代表相应攻角下的气动力系数 C_T：

$$C_T = \sqrt{C_L^2 + C_D^2} \quad （2\text{-}10）$$

第三，OA 的斜率即为该攻角下的升阻比 K：

$$K = \tan\theta = \frac{C_L}{C_D} \quad （2\text{-}11）$$

第四，当 OA 与极曲线相切，即 A 点为切点时，升阻比 K 达最大值：

$$K_{\max} = \tan\theta_{\max} \quad （2\text{-}12）$$

此外，如果将翼型气动力 F 分解在翼型弦线及其垂直方向（弦线法向）上，则可得翼型弦向力 F_t 和翼型法向力 F_n，如图 2-14 所示。图中，t 表示翼型弦线方向，n 表示弦线法向。

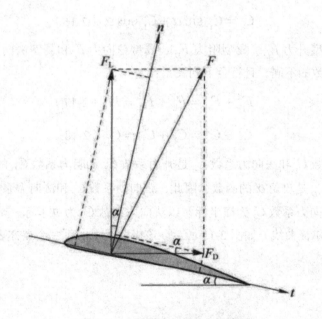

图 2-14 翼型弦向与法向示意图

如前所述，翼型气动力 F 可分解为翼型升力 F_L 和翼型阻力 F_D。因此，可通过分别将翼型升力 F_L 和翼型阻力 F_D 分解在弦向和法向的方式，来获取翼型弦向力 F_t 和翼型法向力 F_n。由图 2-14 中的简单几何关系可得：

$$F_t = F_D \cos\alpha - F_L \sin\alpha$$

$$= \left(C_\mathrm{D} \cdot \frac{1}{2} \rho_\infty U_\infty^2 \cdot c \right) \cos \alpha - \left(C_\mathrm{L} \cdot \frac{1}{2} \rho_\infty U_\infty^2 \cdot c \right) \sin \alpha$$

$$= \left(C_\mathrm{D} \cos \alpha - C_\mathrm{L} \sin \alpha \right) \cdot \frac{1}{2} \rho_\infty U_\infty^2 \cdot c \qquad （2\text{-}13）$$

$$= C_t \cdot \frac{1}{2} \rho_\infty U_\infty^2 \cdot c$$

$$F_n = F_\mathrm{D} \sin \alpha + F_\mathrm{L} \cos \alpha$$

$$= \left(C_\mathrm{D} \cdot \frac{1}{2} \rho_\infty U_\infty^2 \cdot c \right) \sin \alpha + \left(C_\mathrm{L} \cdot \frac{1}{2} \rho_\infty U_\infty^2 \cdot c \right) \cos \alpha$$

$$= \left(C_\mathrm{D} \sin \alpha + C_\mathrm{L} \cos \alpha \right) \cdot \frac{1}{2} \rho_\infty U_\infty^2 \cdot c \qquad （2\text{-}14）$$

$$= C_n \cdot \frac{1}{2} \rho_\infty U_\infty^2 \cdot c$$

以上两式中的 C_t 和 C_n 分别称为翼型弦向力系数和翼型法向力系数，其表达式如下：

$$C_t = C_\mathrm{D} \cos \alpha - C_\mathrm{L} \sin \alpha \qquad （2\text{-}15）$$

$$C_n = C_\mathrm{D} \sin \alpha + C_\mathrm{L} \cos \alpha \qquad （2\text{-}16）$$

显而易见，翼型升力 F_L、翼型阻力 F_D、翼型弦向力 F_t 和翼型法向力 F_n 表达式的区别仅在于相应力系数的不同，且符合下列关系：

$$F_t^2 + F_n^2 = F_L^2 + F_D^2 = F^2 \qquad （2\text{-}17）$$

$$C_t^2 + C_n^2 = C_L^2 + C_D^2 = C_\mathrm{T}^2 \qquad （2\text{-}18）$$

由于弦向力系数 C_t 和法向力系数 C_n 是升力系数 C_L 和阻力系数 C_D 的函数，而升力系数 C_L 和阻力系数 C_D 是攻角 α 的函数，因此，弦向力系数 C_t 和法向力系数 C_n 也是攻角 α 的函数。如果以弦向力系数 C_t 为横坐标，以法向力系数 C_n 为纵坐标，则可得另一形式的极曲线，即李连塞尔极曲线，如图 2-15 所示。该极曲线上的每一个点亦表示一攻角状态。

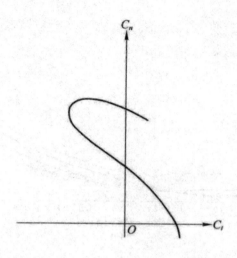

图 2-15 李连塞尔极曲线示意图

第三节 翼型气动特性影响因素

如前所述,对于特定来流条件下的特定翼型,其升力系数 C_L、阻力系数 C_D 和俯仰力矩系数 C_M 主要与翼型攻角 α 有关。这里所说的特定来流条件与特定翼型,主要包括来流风速、黏度与温度以及翼型本身几何结构等。需要指出的是,这些特定条件之间相互联系、相互制约,本节仅分别针对某一条件的单独作用进行分析,旨在说明这些条件对翼型气动特性的一般影响效果。

一、雷诺数影响

图 2-16 分别给出了不同雷诺数 Re 下,S809 翼型气动特性随攻角的变化关系。

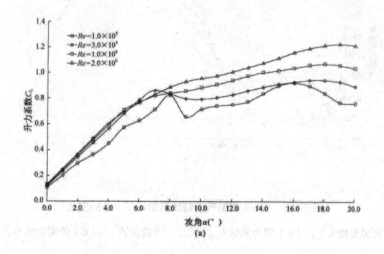

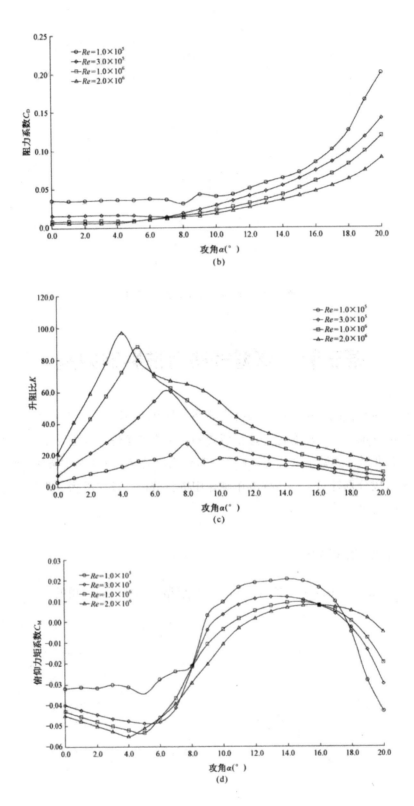

图 2-16 S809 翼型气动特性随雷诺数 Re 的变化

（a）升力系数 C_L；（b）阻力系数 C_D；（c）升阻比 K；（d）俯仰力矩系数 C_M

由上图可知：

第一，S809 翼型升力系数 C_L 总体上随雷诺数 Re 的增大而增大。

第二，当雷诺数 Re 增大到一定程度时，翼型完全附着流区（线性区域）的升力线斜率基本保持一致。

第三，随着攻角 α 增大，翼型升力特性进入非线性区，升力线斜率开始减小；在雷诺数 Re 相对较大情况下，翼型上表面边界层在某点由层流状态直接发展为湍流状态（ Re $=1.0 \times 10^6$、Re $=2.0 \times 10^6$ ）；而在雷诺数 Re 相对较小情况下，翼型上表面层流边界层在某点开始发生分离，分离后流动转振为湍流，湍流混合作用使得边界层从外部主流中吸收能量，流动再附着，形成分离泡，分离泡后为湍流边界层（ Re $=1.0 \times 10^5$、Re $=3.0 \times 10^5$ ）；总体而言，边界层发生转振所对应的攻角 α 随雷诺数 Re 的增大而减小。

第四，随着攻角 α 继续增大，翼型进入失速状态；由图中可以看出，翼型临界攻角 a_{CT} 随雷诺数 Re 的增大而增大。

第五，S809 翼型阻力系数 C_D 总体上随雷诺数 Re 的增大而减小；这种升力系数 C_L 增大而阻力系数 C_D 减小的现象，主要是因为随着雷诺数 Re 的增加，翼型边界层流体黏性作用力减小而造成的。

第六，S809 翼型升阻比 K 总体上随雷诺数 Re 的增大而增大；雷诺数 Re 越大，翼型最大升阻比 K_{max} 越大，但最大升阻比 K_{max} 所对应的攻角 α_{OPT} 越小。

第七，S809 翼型俯仰力矩系数 C_M 随雷诺数 Re 的变化呈阶段性趋势；如图 2-16 所示，在小攻角范围内（ $\alpha < 6°$ ），俯仰力矩系数 C_M 随雷诺数 Re 的增大而减小；随着攻角 α 继续增大（ $6° < \alpha < 16°$ ），俯仰力矩系数 C_M 开始随雷诺数 Re 的增大而增大；当攻角 α 增大到一定程度（ $\alpha > 16°$ ），俯仰力矩系数 C_M 又开始随雷诺数 Re 的增大而减小。

二、相对厚度影响

图 2-17 给出了不同相对厚度 S8O9 翼型的几何结构；而图 2-18 给出了相应厚度下翼型气动特性随攻角的变化关系，Re $=5.0 \times 10^5$。

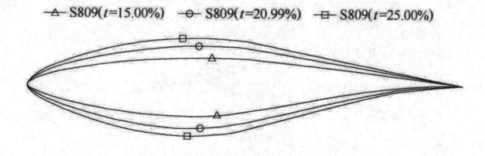

图 2-17 不同相对厚度的 S809 翼型几何结构

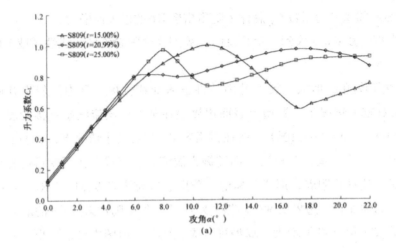

(a)

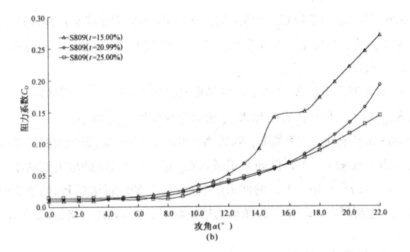

(b)

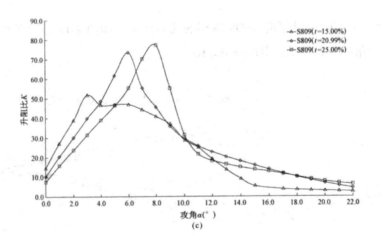

(c)

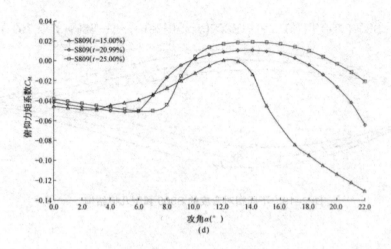

图 2-18 不同相对厚度 S809 翼型的气动特性曲线 (Re =5.0×10⁵)

（a）升力系数 C_L ；（b）阻力系数 C_D ；（c）升阻比 K ；（d）俯仰力矩系数 C_M

由上图可知：

第一，三种不同厚度 S809 翼型的最大升力系数 $C_{L\max}$ 基本一致，但相对厚度 t =20.99% 的 S809 翼型最大升力系数 $C_{L\max}$ 所对应的临界攻角 α_{CT} 最大。

第二，三种不同厚度 S809 翼型完全附着流区（线性区域）的升力线斜率基本保持一致。

第三，在小攻角范围内（ $\alpha < 6°$ ），三种不同厚度 S809 翼型的阻力系数 C_D 差别不大；但随着攻角 α 的进一步增大， t =15.00% 的 S809 翼型阻力系数 C_D 开始迅速增大。

第四，S809 翼型最大升阻比 $K_{\max}$ 随厚度增大而增大，且最大升阻比 $K_{\max}$ 所对应的攻角 α_{OPT} 亦随厚度增大而增大。

第五，当攻角 α 小于 α_{OPT} 时，翼型升阻比 K 随厚度增大而减小；而当攻角 α 增大至一定程度时（ $\alpha > 10°$ ）， t =20.99% 的 S809 翼型表现出更大的升阻比 K 。

第六，小攻角范围内（ $\alpha < 4°$ ），三种不同厚度 S809 翼型的俯仰力矩系数 C_M 相差不大；但当攻角 $\alpha > 10°$ 时，俯仰力矩系数 C_M 则随厚度的增大而增大，且 t =15.00% 的 S809 翼型俯仰力矩系数 C_M 随攻角 α 增大而迅速减小。

综上所述，S809 翼型应当存在一最佳厚度值，使得该翼型气动特性最优，例如本例中， t =20.99% 厚度的翼型优于其他两种厚度的翼型。需要指出的是，翼型厚度与其他气动参数和几何参数是相互联系的，因此不同的翼型会对应不同的最佳厚度值，在进行翼型结构优化设计时，应当结合具体的气动参数以及其他几何参数综合分析。

三、相对弯度影响

图 2-19 给出了不同相对弯度 S809 翼型的几何结构；而图 2-20 给出了相应弯度下翼型气动特性随攻角的变化关系， Re =5.0×10⁵ 。

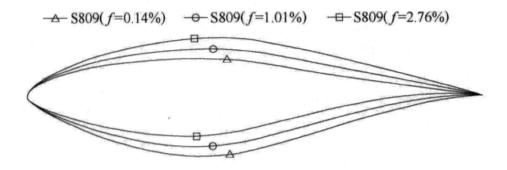

图 2-19　不同相对弯度的 S809 翼型几何结构

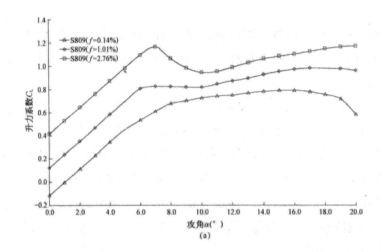

(a)

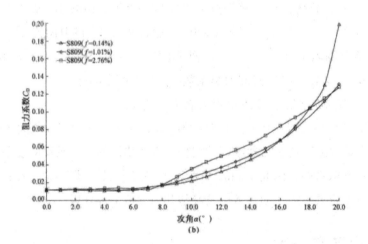

(b)

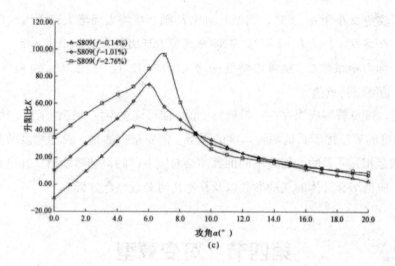

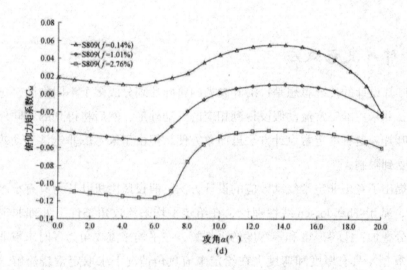

图 2-20 不同相对弯度 S809 翼型的气动特性曲线（Re=5.0 × 10⁵）

（a）升力系数 C_L ；（b）阻力系数 C_D ；（c）升阻比 K ；（d）俯仰力矩系数 C_M

由上图可知：

第一，S809 翼型升力系数 C_L 总体上随相对弯度 f 的增大而增大。

第二，三种不同弯度 S809 翼型完全附着流区（线性区域）的升力线斜率基本保持一致；但边界层转振所对应的攻角随弯度的增大而增大；f =2.76% 的 S809 翼型最大升力系数 $C_{L\max}$ 最大，但其非线性区域的升力系数 C_L 波动也最大。

第三，在小攻角范围内（$\alpha < 8°$），三种不同弯度 S809 翼型的阻力系数 C_D 差别不大；但随着攻角 α 的进一步增大，f =2.76% 的 S809 翼型阻力系数 C_D 增大较快；当 $\alpha > 16°$，f =0.14% 的 S809 翼型阻力系数 C_D 迅速增大。

第四，S809 翼型最大升阻比 $K_{\max}$ 随弯度增大而增大，且最大升阻比 $K_{\max}$ 所对应的攻

角 α_{OPT} 旳亦随厚度增大而增大。

第五，当攻角 α 小于 α_{OPT} 时，翼型升阻比 K 随弯度增大而增大；而当攻角 α 增大至一定程度时（ $\alpha > 9°$ ）， f =1.01% 的 S809 翼型表现出更大的升阻比 K 。

第六，俯仰力矩系数 C_M 随翼型弯度的增大而减小，且 f =2.76% 的 S8O9 翼型俯仰力矩系数 C_M 始终保持负值。

综上所述，S809 翼型应当存在一最佳弯度值，使得该翼型气动特性最优，例如本例中， f =1.01% 弯度的翼型优于其他两种弯度的翼型。需要指出的是，翼型弯度与其他气动参数和几何参数是相互联系的，因此不同的翼型会对应不同的最佳弯度值，在进行翼型结构优化设计时，应当结合具体的气动参数以及其他几何参数综合分析。

第四节　可变翼型

一、叶片变形效应

风力机叶片设计的传统思想是：沿叶高方向将叶片划分成多个不同剖面，每个剖面采用相应翼型，并采用准定常流动假设得到相应的气动外形，然后将得到的不同外形光滑连接构成整体叶片。这种准定常设计方法虽简单方便，但由于未考虑非定常气动效应，其适用范围必然受到限制。

为此，提出了考虑非定常气动效应的设计方法：假设风力机叶片为具有小厚度和小弯度的瘦叶片，基于 Theodorsen 线性理论，在给定平均来流攻角条件下处理非定常问题，即采用两部分叠加：①零厚度和零弯度的平板翼，在平均来流攻角为零时求取非定常运动解；②给定翼型（具有厚度和弯度）在给定来流攻角情况下求取定常绕流解。然而，对于叶片变形引起的非定常气动载荷，上述叠加解的第二部分已不再是定常解，直接应用 Theodorsen 理论与实际情况差别较大。

因此，又提出了现有设计方法：在翼型结构不变情况下，考虑展向弯曲与扭转，此时翼型沿展向完全相似，未考虑微元段翼型变形。因此，整个叶片的气动性能仍基于固定结构翼型的气动特性，理论上只是将叶片弯曲与扭转转化为固定结构翼型的攻角变化，技术上则通过失速或变桨距角等方法来调节攻角，以改善风轮输出功率稳定性。

现代风力机发展的两个主要趋势是：①大型化：高容量与大尺寸（4.5 MW 风力机叶轮直径已超过空客 A380 ）；②由陆地向海洋：7 ~ 10MW 级巨型级海上风力机已成为具有战略意义的新能源形式。其共同特征是结构尺寸的大型化。大型化虽可提高风力机功率，增加气动收益（风能利用率），但由此带来的尺寸效应也愈发明显：①由于叶轮尺寸的增大，使叶片的柔性和几何非线性增加、结构刚度降低，在气动载荷作用下易产生变形，轻则减弱控制系统效能，重则可导致叶片结构失效甚至断裂，尤其当遭受阵风或极限载荷时，产生失效破坏直虽可提高叶片刚度来改善结构，但将付出高昂的重量、可靠性和维修代价，从而削弱甚至抵消相应的气动收益回。②大展弦比叶片的气动布局，轻质、柔性、变参数复合材料的应用，在减轻结构重量和改善性能的同时，使得叶片的结构非线性增强，导致弹性结构与气动载荷间的耦合作用增强，从而引发强烈的非线性气动弹性问题。有资料表明，当叶片长度增加至 30 m 以上时，其几何非线性特性明显增强，必须采用新型复合材料，或在危险应力界面处缠绕碳纤维材料，这使得叶片结构非线性进一步加强；而当叶片长度增加至 60 m 以上时，由于气动和工艺的要求，其后缘表现出更大的柔性，不仅会对叶片气动性能产生重要影响，而且其非定常气动载荷在较大程度上决定了叶片颤振、工况运行范围以及功率输出稳定性因此，不论从经济性还是安全性角度，在设计时就必须考虑叶片变形及其非定常气动载荷响应。

二、智能叶片技术

事实上，针对叶片变形所产生的非定常气动载荷控制技术，在航空航天领域已有应用，称为智能叶片技术，即通过调整翼型几何形状，使叶片的几何和物理属性均发生变化，达到改变翼面非定常流场结构、优化翼型气动特性的目的。

目前，用于翼型流场主动控制的智能结构一般是将传感器、作动器嵌入翼段主体结构之内，而将微控制器、信号处理以及功放等置于翼段主体结构之外，通过通信和控制网络连接，形成闭环系统，使结构能够感知翼面流场环境变化，并能针对这种变化做出适当反应，如图 2-21 所示。

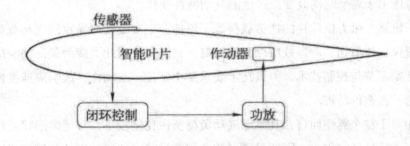

图 2-21　智能叶片结构控制示意图

智能叶片源于智能变形机翼。美国宇航局（NASA）于 20 世纪 70 年代率先进行了智能变形机翼研究，先后开展了自适应机翼（Mission Adaptive Wing，MAW）、主动柔性机翼（Active Flexible Wing，AFW）、主动气动弹性机翼（Active Aeroelastic Wing，AAW）、智能机翼（Smart Wing，SW）和可变体飞机结构（Morhping Aircraft Structures，MAS）等一系列研究计划回。由美国空军研究实验室（AFRL）和美国宇航局（NASA）联合主持的"自适应机翼"，成功实现了柔性复合材料机翼外形的连续变化，以获得最大气动效益，并成功安装在 59 架 F-111 上。NASA 兰利研究中心与 Rockwen 公司的"主动柔性机翼"研究，技术上已达到可用于新型多用途战斗机。作为 AFW 技术研究的拓展，多家著名机构又联合开展了"主动气动弹性机翼"计划：将整个机翼作为控制面，利用有效的扭转提升飞机总体性能并向实际工程转化。20 世纪 90 年代中期，美国国防高级研究规划局（DARPA）、NASA、空军等机构联合开展了"智能机翼"研究计划更进一步提出"可变体飞机"概念，由洛克希德·马丁公司、雷声公司和 Hypercomp/NextGen 航空技术公司开展"变体飞机结构"研究计划□幻，通过大幅改变机翼展弦比、后掠角和翼面积等气动布局参数，以期达到实现全航程最优性能的目的。

欧盟、日本等也相继开展了相关研究。国内相关高校与科研院所，如南京航空航天大学、北京航空航天大学、中国科学技术大学、哈尔滨工业大学、西北工业大学、中国航空工业集团公司沈阳飞机设计研究所（601 所）、中国航天科工集团第三研究院和第十一研究院等单位，从 20 世纪 80 年代末以来陆续开展了包括智能材料结构、主动气动弹性机翼、智能旋翼和可变体飞行器等相关研究工作，采用智能叶片技术在微型飞行器变形机翼和扑翼方面取得了较多研究成果。

三、刚性襟翼

如前所述，在风力机领域，目前考虑叶片变形情况的基本设计思路是：整个叶片的升阻力和力矩基于微元段翼型的气动特性计算，而将叶片变形引起的非定常气动效应转化为固定结构翼型的攻角变化。但风力机实际运行时，由于叶片的大型化、湍流风载及其瞬态效应，即使是在工作风速范围内，亦不可避免地导致翼型自身结构产生较大变形。因此，如需进一步提高风力机气动性能、运行安全性、瞬态风载反应能力和抗极端载荷能力，就必须充分考虑由于翼型结构改变而产生的气动特性变化。

类似于机翼，风力机叶片的疲劳载荷源于流体非定常流动而导致的气动载荷波动，主要包括湍流风、风剪切、塔影效应以及偏航等。目前，针对此类疲劳载荷的响应措施主要是风力机变桨调节与控制技术，但该技术要求整个叶片一起动作，故响应速度慢，存在时间滞后问题，且造价昂贵。

由于相对于整个翼型而言，其尾缘气动负荷所占比例较小，且尾缘形状或位置变化对整个翼型气动特性影响很大。因此可通过改变尾缘形状或位置，以达到调节或适应风力机运行工况的目的。

图 2-22 给出了某对称翼型尾缘变化示意图，整个翼型在距尾缘 c /4 处分为主体段和尾缘段。实际运行时，翼型主体段与尾缘段铆接，其中主体段位置固定，而尾缘段则可以饺接点为中心作不同角度的摆动。尾缘段摆动角度的不同，使得整体形状发生改变，从而引起翼型气动特性的变化。由于尾缘段仅位置变化而形状固定，因此称为刚性襟翼。

图 2-22 对称翼型尾缘摆动示意图

第一，刚性襟翼俯仰运动（摆动）过程中，其自身压力场及上下表面压强分布呈周期性变化；

第二，由于刚性襟翼摆动位置的不同，使得整个翼型形状发生改变，导致翼型主体段压力场及上下表面压强分布产生很大变化；

第三，刚性襟翼的摆动改变了翼型整体流场结构，但相对于整个翼型表面的气动载荷而言，刚性襟翼部分所占比例很小，因此可极大提高调节与控制机构的响应速度。

四、柔性襟翼

通过刚性襟翼的摆动，可以改变整个翼型的气动特性，但由于其表面的不连续性，在主体段与尾缘段铰接处将产生较大的压力突变，这将导致翼型整体升阻特性波动，从而影响功率输出特性以及引发额外噪声。而如果既能够将主体段与尾缘段合为一体，又能够保证尾缘段的顺利变形，则可消除以上不利因素，同时达到改变或改善翼型整体流场结构和气动特性的目的，如图 2-23 所示。

(a)   (b)   (c)

图 2-23 翼型变形及其后缘涡系非定常演化

（a）原始结构；（b）结构小变形；（c）结构大变形

事实上，使用作动系统和柔性蒙皮技术的翼型结构在航空航天领域已有应用，如图 2-24 所示。

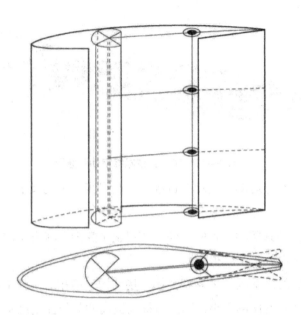

图 2-24　作动系统和柔性蒙皮模型示意图

图中，作动系统置于柔性蒙皮内部，整个翼型表面连续光顺，可通过尾缘段的调节与控制，改变翼型整体气动特性。在尾缘段的调节与控制过程中，可使翼型型线保持在某一状态，也可实现翼型型线的持续变化。由于尾缘段的位置与形状均发生了改变，故称为柔性襟翼。

将 S8O9 翼型的柔性襟翼以距尾缘 $c/4$ 处为中心下摆 15°，则变形后得到的新翼型称为 S8O9-15 翼型。图 2-25 给出了 S8O9 翼型和 S809-15 翼型的几何结构。

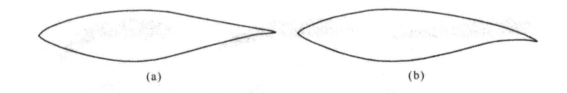

(a)　　　　　　　　　　　　　　　(b)

图 2-25　不同相对弯度的 S809 翼型几何结构

（a）S809；（b）S8O9-15

第一，柔性襟翼俯仰运动（摆动）过程中，其自身压力场及上下表面压强分布呈周期性变化；

第二，较之于刚性襟翼，柔性襟翼与翼型主体段之间不会出现表面压强分布的不连续现象；

第三，由于柔性襟翼摆动位置的不同，使得整个翼型形状发生改变，导致翼型主体段压力场及上下表面压强分布产生很大变化；

　　第四，较之于刚性襟翼，柔性襟翼摆动使这种变化幅度更为剧烈，甚至可使整个翼型上下表面压强系数完全反向，这可为风力机叶片气动性能的调节与控制提供更大的灵活度；

　　第五，较之于刚性襟翼，柔性襟翼表面的气动载荷强度较大，从而在更大程度上影响了整个翼型的气动特性；

　　第六，对于特定翼型而言，由其柔性襟翼摆动而产生的动态气动特性不仅与静态气动特性完全不同，而且与整体刚性襟翼俯仰动态气动特性亦差别很大，有待进一步深入研究。

第三章　风力机结构动力学

风力机结构设计不仅涉及空气动力学，还与气动弹性力学、结构动力学和材料力学密切相关。所以，风力机结构动力学是除气动力学、气动弹性力学、水动力学（海上风力机）和控制理论外的风力机重要设计理论，其目的主要是保证风力机的安全运行。

风力机结构动力学主要涉及振动的响应和稳定性、气动弹性的响应和稳定性。风力机的主要弹性体是叶片和塔架，机舱因其刚性大，主要以质量惯性参与振动。可变桨距风力机的变桨机构对叶片的动力特性也有影响，但由于各种风力机变桨机构不同，因此尚难以给出统一的定量研究。

第一节　风力机载荷

一、风力机结构设计的重要性

设备的零部件、整机都存在不同程度的振动，或言振动是任何机械设备的普遍现象。机械设备的振动往往会影响其工作精度，加剧设备的磨损，加速疲劳破坏；而随着磨损的增加和疲劳损伤的加重，机械设备的振动将更加剧烈，如此恶性循环，直至设备发生故障、破坏。风力机作为人类目前建造最大的旋转动力机械，载荷条件多变且无法提前预知，工作环境恶劣，如暴雨、雷电、暴风雨、冰雹、冰冻、飓风、台风和寒潮等都可能会对叶片造成损坏。此外，不论是桩柱式还是漂浮式，海上风力机而今业已成为风电技术发展的方向。这样在风力机大型化的同时又增加了波浪、潮汐和潜流等十分复杂的海上特殊环境的影响。这些都为风力机的结构设计提出了极高的要求和挑战。

振动是工程结构的常见现象。风力机叶片细长，机舱质量很大，安装在柔性的塔架上，这种结构易于引发振动，所以风力机也常常受到不同振动的困扰。作用在风力机上的各种动态载荷，如风载、波浪（海上风力机）、地震、叶轮转动、启停过程和控制过程等都有可能激发风力机的剧烈振动。风力机的振动会引起轴承、齿轮副、联轴器、叶片和塔架等部件的损坏，降低整机的可靠性，缩短风力机寿命。因此，风力机结构动力学设计成为风力机设计的重要内容，其目的是避免或尽可能减小风力机的振动。

风力机工作于千变万化的大自然之中，最直观的就是风时刻都在变化。风速可在 0.25

s 内由 27 m/s 突变到 37 m/s，这些阵风导致了风力机非定常的气动外载。因此，风速的恒定仅是相对的，即便是所谓恒定风速，也存在近地面风速低，远离地面的空中较高，此由地面阻力造成。在这种剪流风的作用下，使叶片所受的气动力也是变化的，即在风速不随时间变化的定常条件下，风力机所受的气动外载也是变化的。风速不仅大小变化，方向也发生变化。随着风向的变化，风轮随轴作周向运动，从而产生陀螺力矩，导致在叶片上承受一种变化的惯性载荷。此外，对于大型风力机，叶片自身的重量也是不可忽视的载荷。重量载荷对转动的叶片是不断变化的，是一种激振源。考虑风力机的弹性恢复力以及由于叶片重量、气动不平衡等因素将会形成更多的激振源。风力机的激振源有惯性、重力、弹性以及气动等。在风载作用下，风力机部件同时受到阻力和升力的作用。这些气动力与风力机各部件的几何形状有关，如果风力机部件比如叶片在惯性力作用下发生弯曲和扭转变形，这些变形将会改变叶片上的气动力，重要的是改变了的气动力又将影响部件的几何变形，两者相互影响和作用。这种气动力和机械振动相互作用的现象，就是气动弹性问题或称流固耦合问题。如果这种相互作用是相互减弱的，则运动稳定；否则就会发生颤振和发散，出现不稳定的运动。

风力机叶片在旋转平面外的弯曲运动，称为挥舞运动。挥舞运动与变距运动耦合，可形成极强的经典颤振，一旦发生，破坏力极强。因此，风力机结构动力学必然包括气动弹性问题。随着风力机大型化的发展，柔性塔架、柔性叶片的出现，高强度轻质复合材料叶片的应用（弹性模量小、刚度低、变形大），使风力机气动弹性问题更加重要。

二、载荷类型与分析

为对风力机进行强度分析（静强度分析和疲劳强度分析）、动力学计算分析以及寿命计算，在风力机的设计中必须对其运行时所处环境和各种运行条件所产生的各种载荷进行精确的分析与计算，确保风力机在其设计寿命期内能够正常地运行，这是风力机设计中最为关键的基础性工作，所有后续的风力机设计工作都是以载荷计算为基础。

由于风力机运行在复杂的外界环境下，且有不同的运行状态，所承受的载荷类型多。根据不同的标准，可以对作用在风力机上的载荷进行分类。

（一）载荷分类

1. 根据载荷来源分类

载荷可分为：

第一，气动载荷；

第二，重力载荷；

第三，惯性载荷（包括离心力、科氏力、陀螺载荷）；

第四，功能载荷（包括刹车、偏航、叶片变桨距控制以及发电机脱网等产生的载荷）；

第五，塔架及机舱上的气动阻力；

第六，其他载荷（塔影、流过塔架的旋涡脱落、不稳定性等将导致的载荷或载荷效应）。

叶片上的重力载荷产生叶片摆振方向的弯矩，对变桨距控制风力机，重力载荷还产生挥舞方向的弯矩。此外，由于叶片的旋转，作用在叶片上的重力载荷会造成弯矩周期性的变化。风轮直径越大，受重力的影响越大。一般叶根处的弯曲力矩与风轮直径的四次方成正比，由于风轮面积与风轮直径的二次方成正比，蹭寸获得更大功率、增加风力机直径极为不利。

叶片旋转产生的离心力结合风轮向后的锥度可补偿风载荷的影响，并且提高叶片的刚度。反之，风轮向前的锥度将引起平均载荷（挥舞力矩）的增大以及叶片刚度的降低。

风轮叶片的载荷响应主要取决于阻尼。总阻尼由气动阻尼和结构阻尼组成。气动阻尼决定于叶片翼型与扭角的选择、运行工况、风速、风轮频率、叶片横截面的振动方向和叶片截面相对于来流的运动等多个因素。结构阻尼主要由叶片的材料决定。气动载荷响应主要由升力、阻力、叶片翼型性质和风轮结构的运动效应等共同确定。

2. 根据风力机运行状态随时间的变化分类

载荷可分为：

第一，稳态载荷。也称静载荷或准静载荷。包括作用在风轮叶片上的气动载荷、离心载荷、机舱和塔架的重力载荷和气动阻尼等。

第二，瞬时载荷。由阵风、斜风、偏航制动、脱并网等引起的载荷。

第三，周期载荷。塔影效应对叶片产生的载荷、叶片旋转引起的重力载荷、气动不平衡产生的载荷、风廓线引起的载荷等。

第四，随机载荷。风轮起动、发生地震等引起的载荷。

也有将出现在风力机的瞬态运行工况下的载荷统称为功能载荷如风力机刹车、偏航或发电机并网时产生的载荷；由偏航和变桨产生的载荷等。

塔影、塔架后的脱落旋涡、失速导致叶片振动等不稳定性，都会导致载荷或载荷效应。叶片振动可发生在挥舞和摆振方向上，负气动阻尼均有可能激发这两种振型。

此外，对于海上风力机结构，还要考虑海上的特殊环境，如波浪载荷、潮汐载荷和结冰载荷等。

（二）载荷计算

（1）惯性载荷与重力载荷

作用在风轮上的惯性载荷和重力载荷，与风轮的质量有关，包括塔架、机舱等部件。这里仅给出与叶片有关的惯性载荷和重力载荷。叶片翼型截面的离心力玲由风轮角速度、径向位置和各叶片单元的质量决定。因此，叶片根部离心力可表示为

$$F_c = \sum_{i=1}^{n} m_i r_i \omega^2 \quad (3\text{-}1)$$

式中

m_i——第 i 个叶片单元的质量；

ω——风轮角速度；

r_i——第 i 个叶片单元的径向位置。

叶片所受重量为

$$F_g = \sum_{i=1}^{n} m_i g \text{ 或 } F_g = mg \quad (3\text{-}2)$$

式中

g——重力加速度 $g = 9.82 \text{ m/s}^2$；

m_i——第 i 个叶片单元的质量；

m——叶片质量。

需要说明的是，上述离心和惯性力的计算公式一般用于计算程序的编制，而实际上在叶片的气动设计时，叶片（翼型）的几何参数是已知的，材料物性参数也是已知的。因此在得到叶片（翼型）的平面或实体造型后，许多有限元软件可直接计算得到离心力载荷和惯性力载荷。即使对于反问题，在每一求解步骤也可通过有限元软件得到。

任何绕轴旋转的运动机构（体），都会产生陀螺效应，角动量的变化（只要从静止起动，角动量必然会发生变化）将引起附加的作用力矩和力（陀螺力），其原理及其在直升机桨叶产生的效应如图 3-1、图 3-1 所示。一般情况下，任何柔性支撑的风轮都会产生陀螺力，特别是当风力机运行偏航时，不管其结构的柔性如何，都会产生沿垂直方向的偏航力矩 M，以及沿旋转平面内水平方向的俯仰力矩气。

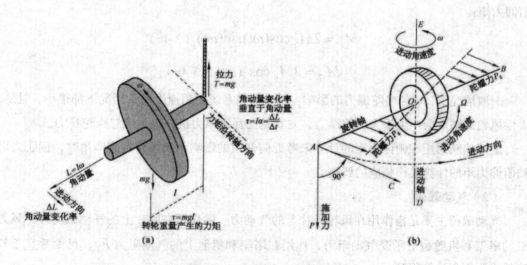

图 3-1　陀螺效应原理示意图

（a）角动量变化与作用力矩大小及方向；（b）进动方向陀螺力及施加力方向关系

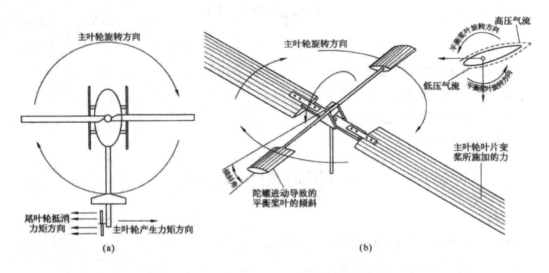

图 3-2　直升机叶轮陀螺效应示意图

（a）主叶轮旋转及产生的力矩；（b）陀螺效应导致平衡桨叶的倾斜

对于三叶风轮，由陀螺载荷引起的偏航力矩为零，即 $M_k = 0$，但会产生一个非零的常俯仰力矩，即 $M_G = 3M_0/2$，其中

$$M_0 = 2\omega_k\omega\sum_{i=1}^{n}m_i r_i^2 \quad （3\text{-}3）$$

式中

ω——风轮旋转角速度；

ω_k——偏航角速度。

对于两叶风轮，因陀螺载荷的影响将使风轮产生周期变化的偏航力矩和周期性变化的俯仰力矩：

$$M_k = 2M_0\cos(\omega t)\sin(\omega t) \quad （3\text{-}4a）$$

$$M_G = 2M_0\cos^2(\omega t) \quad （3\text{-}4b）$$

一般情况下，可忽略陀螺力的影响。因为偏航系统的角速度通常情况下都很小。但是，柔性风轮的轴承会产生很大的陀螺力，尤其是兆瓦级风力机，决不能忽略陀螺力。

上述偏航力矩和俯仰力矩的计算未考虑俯仰角的影响，当风轮有俯仰角时，偏航力矩和俯仰力矩的计算要作相应的调整。

（2）气动载荷

气动载荷主要是指作用在风轮叶片上的气动力。除作用在叶片上的气动载荷外，风力机的塔架和机舱也会承受气动阻力，作用在塔架和机舱上的气动阻力 F_d，可由垂直于气流的投影面积计算得到：

$$F_d = \frac{1}{2} \rho A V_\infty^2 C_D \quad (3\text{-}5)$$

式中

C_D——气动阻力系数；

A——垂直于气流的投影面积。

三、载荷分析坐标系

如前所述，风力机运行在复杂的自然环境之中，所受到的载荷十分复杂。对风力机中各个部件的载荷进行计算，就有必要选择恰当的参考坐标系统。一方面，坐标系是一种很好的辅助计算工具，在恰当的坐标系之下可以方便快捷地计算载荷，达到事半功倍的效果；另一方面，风力机设计时会有不同的设计要求和不同的性能计算，这就需要在风力机上建立不同的坐标系；最后，结构分析及建模需采用一些坐标系表达几何方面的信息，同时也便于建立动力学和运动学方程。

在风力机结构动力学分析时，一般采用直角笛卡儿坐标系，坐标系固定于刚性部件上且遵循"右手法则"。

（1）叶片坐标系

叶片坐标 $\{O_B, X_B, Y_B, Z_B\}$，其坐标原点 O_B 位于叶片根部中心处，并随风轮一起旋转，相对于轮毂的位置固定。X_B 沿风轮旋转轴方向；Z_B 为径向；Y_B 由右手法则确定，即 X_B、Y_B、Z_B 按右手法则组成。叶片坐标系如图 3-3 所示。

风力机叶片在外载荷下，可将叶片的受力等效为叶片坐标系下的总体载荷：弯矩 M_{XB}（称为挥舞力矩）、弯矩 M_{YB}（称为摆振力矩）和扭矩 M_{ZB}；剪切力 F_{XB}、F_{YB} 以及轴向力 F_{ZB}（注意轴向力并不是沿风轮旋转轴的方向）。

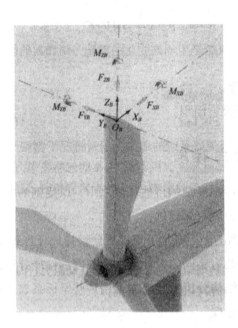

图 3-3 叶片坐标系

（2）轮毂坐标系

轮毂坐标系 $\{O_N, X_N, Y_N, Z_N\}$，其坐标原点 O_N 位于风轮中心处，且不随风轮转动。X_N 沿风轮旋转轴方向；Z_N 与 X_N 垂直；Y_N 沿水平方向，且由 X_N、Y_N、Z_N 组成右手坐标系。轮毂坐标系如图 3-4 所示。

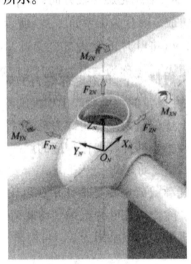

图 3-4 轮毂坐标系

M_{XN}、M_{YN} 和 M_{ZN} 为风轮以 X_N、Y_N、Z_N 为轴所受扭矩；F_{XN}、F_{YN} 和 F_{ZN} 为风轮在 X_N、Y_N、Z_N 方向上的载荷受力。

（3）塔架坐标系

塔架坐标系 $\{O_T, X_T, Y_T, Z_T\}$，其坐标原点 O_T 位于风轮轴和塔架轴的交点上，且不随风轮转动。X_T 沿风轮旋转轴水平方向；Z_T 垂直向上；Y_T 水平方向，且由 X_T、Y_T、Z_T 组成右手坐标系。塔架坐标系如图 3-5 所示。

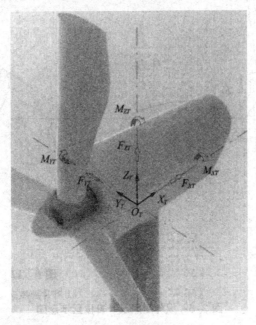

图 3-5　塔架坐标系

M_{XT}、M_{YT} 和 M_{ZT} 为塔架以 X_T、Y_T、Z_T 为轴所受扭矩；F_{XT}、F_{YT} 和 F_{ZT} 为塔架在 X_T、Y_T、Z_T 方向上的受力。

四、叶片载荷计算

风力机叶片的运动情况非常复杂，因此其受力情况也很复杂。在叶片的强度和刚度计算时，通常把叶片简化为一根悬臂梁，它承受着离心力、重力和空气动力。离心力在叶片中产生拉伸应力和扭转应力，空气动力在叶片中产生弯曲应力和扭转应力。以上两种载荷很大，在计算中必须考虑。至于叶片受热不均匀时产生的热应力和叶片振动时产生的弯曲应力及扭转应力，由于数值较小，可以不予计算，放在安全系数中考虑即可。

（1）叶片空气动力计算

空气动力，即轴向推力和切向阻力。在进行初步结构设计时若无足够的气动数据，可采用轴向推力由经验公式计算；切向阻力可用输出功率来估算，并假定轴向推力和切向阻力在叶片上作均匀分布甚。为更好地理解风力机叶片运行时的受力、各种速度与角度等的几何参数的关系，图 3-6 和图 3-7 分别为叶素绕轴旋转的扫掠圆环和叶素受力与各速度关系示意图。

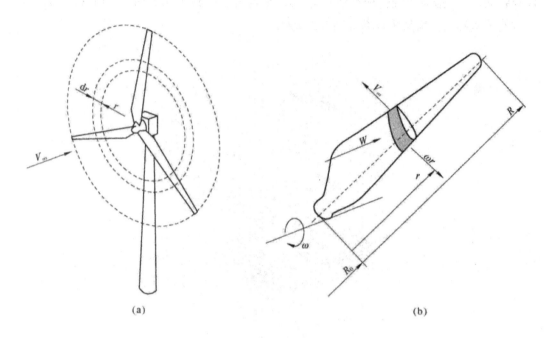

(a)　　　　　　　　　　　　　　　　　(b)

图 3-6　风轮受风及叶素位置示意图

（a）风轮整体受风及叶素扫掠圆环；（b）叶素位置及展向参数

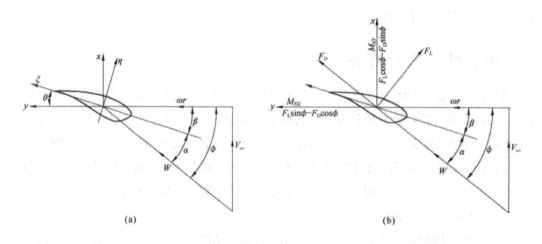

(a)　　　　　　　　　　　　　　　　　(b)

图 3-7　叶素受力及速度三角形

（a）叶片速度三角形及各角度关系；（b）叶素受力

作用在叶轮上的空气动力是风力机最主要的动力来源，风轮是风力机最主要的承载部件，计算风力机载荷前需要计算作用在叶片上的空气动力，可以采用前面介绍的动量－叶素理论计算。下面为初始设计时简单实用的经验方法。

假设叶片处于稳定均匀气流中并忽略叶片俯仰、偏航和锥角等因素影响，叶片轴向推力集度 q_x（单位长度翼型截面气动载荷）的计算公式为

$$q_x = q_N = 0.4V^2 \quad (3\text{-}6)$$

$$q_y = 9740 \frac{2P}{\omega Z\left(R - R_0^2\right)} q_N = 0.4V^2 \quad (3\text{-}7)$$

式中

P——风轮产生的总功率（kW）；

ω——风轮转速（r/min）；

R_0——叶根半径（m）；

R——叶顶半径（m）；

Z——叶片数；

V——距离风轮前方 5～6 倍直径处的风速（m/s）。

（2）气动扭矩计算

由于叶片上的气体压力中心一般不与截面的扭转中心重合，从而产生了气动扭矩。该扭矩的方向是使叶片的攻角增大，使叶片扭曲离开旋转平面。其计算公式为

$$M_K = \int_{R_0}^{R} qh\,\mathrm{d}r \quad (3\text{-}8)$$

式中

q——动力合力（N/m）；

h—气动力与扭转中心间的距离。

气体压力中心的位置随叶片工作状态而变化，对于传统薄叶片，在通常的攻角范围内，压力中心在离前缘 35%～40% 弦长处。而对于大厚度的翼型，压力中心一般在离前缘 25% 弦长处。

（3）气动弯矩计算

作用在叶片单位长度上的轴向推力和切向阻力分别对叶片产生推力弯矩和阻力弯矩，在 r 截面上的弯矩为

$$
\begin{aligned}
M_{XB} &= \int_{r}^{R} q_x\left(r_0 - r\right)\mathrm{d}r_0 = \int_{r}^{R} 0.4V^2\left(r_0 - r\right)\mathrm{d}r_0 \\
&= 0.4V^2\left(\frac{1}{2}R^2 - rR + \frac{1}{2}r^2\right)
\end{aligned}
\quad (3\text{-}9)
$$

$$
\begin{aligned}
M_{YB} &= \int_{r}^{R} q_y\left(r_0 - r\right)\mathrm{d}r_0 = \frac{1}{2}q_y(R - r)^2 \\
&= 9740 \times \frac{P(R - r)^2}{\omega Z\left(R^2 - R_0^2\right)}
\end{aligned}
\quad (3\text{-}10)
$$

作用在叶片主惯性轴 η, ξ 的组合弯矩为

$$M_\xi = M_{XB}\cos\theta - M_{YB}\sin\theta \quad （3\text{-}11）$$

$$M_\eta = M_{XB}\sin\theta + M_{YB}\cos\theta \quad （3\text{-}12）$$

（4）叶片离心力计算

离心力是叶片旋转时产生的一种质量力，其旋转轴向外，而同时又垂直于旋转轴。离心力又可分解成纵向分力和横向分力。纵向分力沿着叶展轴线方向，使叶片产生拉伸力，即通常所说的离心力。离心力的横向分力绕叶展轴线方向，使叶片产生离心扭矩，它顺着叶片的自然扭转方向作用，有将叶弦扭向旋转平面的趋势，使叶片的攻角 α 减小，而与气动扭矩的方向正好相反。

沿叶片轴向的离心拉力 P_{rz} 为

$$P_{rZ} = \rho_0\omega^2\int_r^R r_0 F_0 \mathrm{d}r_0 \quad （R_0 \leqslant r \leqslant R）（3\text{-}13）$$

沿 Y 轴方向的离心拉剪力 P_{rz} 为

$$P_{rY} = \rho_0\omega^2\int_r^R r_0 Y_G \mathrm{d}r_0 \quad （R_0 \leqslant r \leqslant R）（3\text{-}14）$$

式中

r_0 ——积分变量；

ρ_0 ——叶片材料密度（kg/m³）；

F_0 ——翼型截面折算面积；

Y_G ——中心位置的 Y 坐标。

（5）离心力弯矩计算

可分解为 M_{X_p} 和 M_{Y_p} 其中 M_{X_p} 为沿 X 轴方向的弯矩，M_{Y_p} 为沿 Y 轴方向的弯矩：

$$M_{X_p} = P_{rY}（r_0-r） = \int_r^R （r_0-r）\rho_0\omega^2 F_0 r_0 \mathrm{d}r_0 \quad （3\text{-}15）$$

$$M_{Y_p} = P_{rz}\big[Y_G（r_0）-Y_G（r）\big] = \int_r^R \big[Y_G（r_0）-Y_G（r）\big]\rho_0\omega^2 F_0 r_0 \mathrm{d}r_0 \quad （3\text{-}16）$$

（6）离心扭转力矩计算

$$M_{Z_p} = -\rho\omega^2\int_{R_0}^R J_{xy}\mathrm{d}r \quad （3\text{-}17）$$

式中

J_{xy} ——惯性积（m³）。

五、风力机整体受力

1）作用于风力机的推力、转矩和风轮轴功率

根据叶素动量理论，已经获得了作用在叶素上的法向力和切向力，通过对这些力积分

可得到作用在风轮上的轴向力（推力）F_{XN}、风轮转矩网心和风轮轴功率 P：

$$F_{XN} = \frac{N}{2} \int_0^R \rho W^2 c C_n \mathrm{d}r \quad （3-18）$$

$$M_{NX} = \frac{N}{2} \int_0^R \rho W^2 c C_t r \mathrm{d}r \quad （3-19）$$

$$P = M_{NX} \omega \quad （3-20）$$

式中

N ——叶片数；

R ——风轮半径；

ρ ——空气密度；

W ——相对风速；

c ——翼型弦长；

C_n ——法向升力系数；

C_t ——切向升力系数；

ω ——风轮转速。

2）简化载荷计算

根据行业标准《风力发电机组风轮叶片》，对于具有三叶片或三叶片以上叶片刚性连接在轮毂上的简单水平轴风力发电机可进行简化计算。

（1）作用于风轮上的气动载荷（推力）

作用在叶轮扫掠面积 A 上的平均压力 p_N 取决于额定风速 v_R：

$$p_N = 0.5 C_{FB} \rho v_R^2 \quad （3-21）$$

式中

$C_{FB} = 8/9$，按 Betz 公式；

ρ ——空气密度。

则作用在叶轮上的轴向推力为

$$F_{XN} = p_N A \quad （3-22）$$

（2）作用于风轮上的切向力矩

切向力矩 M_{XN} 由最大的输出电功率 P_{di} 确定：

$$M_{NX} = \frac{P_d}{\omega \eta} \quad （3-23）$$

式中

ω ——风轮转速；

η ——发电机和齿轮箱的总效率。

对于电功率或总效率值，如果没有实际值可利用，则可以假设叶轮扫掠面上具体的输出功率为 500 W/m² 且发电机和齿轮箱的总效率 η =0.70

对于 η =0.7 且单位用 P_{el} 表示时，则

$$M_{NX} = \frac{14P_{el}}{\omega} \quad (3\text{-}24)$$

式中

ω ——风轮转度（r/min）。

第二节　风力机叶片结构设计

叶片的气动设计主要考虑提高升阻比、升阻特性不易受到叶片表面尘埃和粗糙度的影响以及良好的失速特性等。从结构考虑叶片需要一定的厚度（叶片从根部、中部和尖部其厚度既要满足结构强度要求还要满足气动要求）、使用寿命和疲劳强度等。从风力机运行环境考虑，叶片还要满足长期在户外自然条件下运行的耐候性。

欧盟 Up Wind 风电项目联合负责人、荷兰能源研究中心（ECN）的 Jos Beurskens 指出，2O MW 的风机并不是简单的倍增。目前 5 MW 风力机，新型风力机需要确定设计、材料和风机运行方式等方面的关键创新。该项目最新报告对 20 MW 风力机的叶片主要创新提出：降低叶片的疲劳载荷，以建造更长更轻的叶片。降低载荷可以采用下列方法：

第一，前弯叶片和使用更柔性材料，可降低 10% 的疲劳载荷；

第二，使用单独叶片控制，可降低 20% ~ 30% 的疲劳载荷；

第三，将叶片分为两节（如飞机机翼），允许每节可单独控制，可降低 15% 的疲劳载荷，并使得叶片更容易运输。

受自然界茶隼飞行时可自适应改变升力面几何形状从而弥补载荷波动影响的启发，借鉴航空航天柔性机翼的研究成果，研究人员提出了风力机叶片采用自适应尾缘柔性襟翼和刚性旋转襟翼降低气动载荷的方法，其结构如图 3-8、图 3-9 所示。

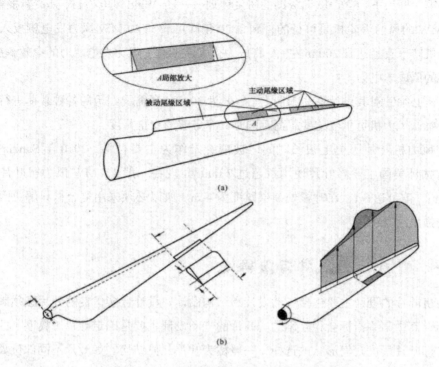

图 3-8　风力机叶片刚性旋转襟翼结构示意图

（a）翼型尾缘襟翼沿叶片分布；（b）刚性襟翼结构及气动载荷示意图

　　叶片是风力机的关键部件之一，直接影响着整个系统的性能。叶片的气动设计和结构设计是风力机叶片设计的两个重要阶段，它涉及气动、复合材料、自身结构、制造及加工工艺等领域。本章主要论述叶片的结构设计及其相关材料。叶片的材料、设计和制造质量被视为风电系统的关键技术和技术水平的代表。风力机叶片长度与风力机的功率成正比，因此，风力机功率越大，叶片越长、重量越重。同时叶片也是风力机组成中成本最高的部件，尽管其质量不到风力机质量的 15%，但叶片成本却占风电系统的 10% ~ 15%。目前世界上功率最大的德国 Enercon 公司制造的水平轴风力机 E-126，其功率为 7.58 MW，风轮直径达 126 m，转子重量 364 t，总重达 6 000 t。西班牙建造的 4.5 MW 风力机 G10X 的风轮直径比 E-126 还长出 2 m 达 128 m。

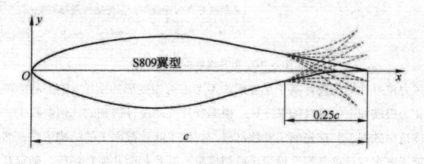

图 3-9　叶片翼型尾缘柔性襟翼示意图

欧盟第六框架下（FP6）欧洲资助的研发计划——Up Wind 风电项目，其最新报告显示：开发 20 MW 的风力涡轮机是可行的，到 2020 年即可看到 20 MW 风力发电机投入运行。这种风力机转子直径达到 200 m 左右，将成为扩大欧洲海上风力发电能力的有效解决方案，提供更多的低成本电力。

风力机必须针对其设计寿命周期内（一般为 20 年）所需要经历的各种载荷进行分析，其目的是确认风力机可承受这些载荷且同时具有足够的安全裕度。

商用风力机叶片历史上很长时间以玻璃纤维作为主要材料，2010 年 Sandia 国家实验室报告估计美国工业界叶片使用量超过 7 000 t。现在一般 1.5 MW 风力机叶片长度为 33 ~ 40 m，重量达 8 t，在叶根处铺层厚度为 4 in。所以必须采用复合材料解决因重量带来的结构强度问题。

一、叶片结构设计方法概述

风力机叶片的设计主要包括气动设计和结构设计。设计性能优良的叶片必须满足多项技术指标，其中某些指标会相互制约。叶片的气动设计主要是确定叶片（翼型）的最佳几何参数，即叶片最优几何形状的选择，一般称为叶片几何结构。如叶片不同部位翼型族及其长度的确定、沿展向扭转规律（扭转角）和厚度分布的确定等，其主要目标是获得最佳的气动性能，提高风力机风能利用率。叶片的结构设计包括叶片材料的确定、叶片截面的形式与结构几何参数和叶片布层铺设方案确定等。叶片结构设计的主要目的是使叶片在满足强度、刚度和稳定性要求的前提下成本最低，保证风力机的安全运行。图 3-10 为叶片设计指标及要求。

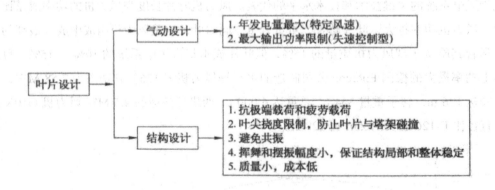

图 3-10 叶片设计指标及要求

传统风力机叶片结构设计基于小变形、不考虑剪切变形的欧拉-伯努利梁理论：通常将叶片简化为根端固定的悬臂梁来计算。根据叶片气动设计得到的几何参数（一般为叶片的三维实体造型数据），首先确定叶片材料、翼型（叶片截面）的结构形式，然后根据选择的叶片铺层方案，计算其弹性模量、剪切模量、叶片截面几何特性等。确定叶片所承受的各种载荷及其所引起的内力、应力和挠度。最后，根据计算出的叶片平均应力计算出叶片各单层的应力，从而根据单层的强度条件校核叶片是否满足强度条件，根据所计算的叶片挠度校核是否满足刚度条件。如不满足叶片的强度条件及刚度条件，需要调整叶片铺层结构，重新进行计算，直到满足设计。

由于风力机叶片自振频率对于整个风力机的安全运行具有重要意义，且叶片具有固有频率的可设计性这一重要特点，即金属材料的弹性模量是恒定的，随着叶片外形的确定，叶片自身的固有频率仅与截面形式、厚度分布等相关。但是，对于复合材料叶片，由于各个方向的弹性模量随着增强纤维布置方向的改变而改变。因此，在叶片外形、结构形式和厚度确定的情况下，叶片的固有频率仍有较大的调节余地，从而使选定的固有自振频率不落入共振区因此，从这个意义上讲，风力机叶片的结构设计还应当包括叶片固有频率计算及确定。

风力机叶片结构设计方法大致可归纳如下：

（1）传统设计方法

风力机叶片传统的设计方法是，首先进行气动设计；然后，在保证气动性能最优几何形状设计基础上再进行结构设计，即气动设计决定结构设计。

这种方法将气动设计和结构设计各自独立进行，其优点是降低了设计复杂性。但其缺点也是明显的，由于气动设计先于结构设计，势必在优化的早期过度强调气动外形的重要性，这样虽然获得了最优的气动外形，却伴随着难以实现的结构设计和昂贵的材料，甚至结构上无法达到要求。对于大型叶片而言，一旦确定了近轮毂处的翼型截面就很难再为主梁结构设计留下较大的变化空间，在以重量和成本为优化目标时调整空间非常有限。因此，传统的设计方法只适合于小型风力机叶片。

（2）兼顾气动与结构方法

这是一种兼顾气动与结构的折中方法，其以气动性能的牺牲换取结构的优化为特点。针对传统设计方法的缺点，一些学者在传统方法基础上进行了改进，用折中的办法来处理叶片结构设计和气动设计的矛盾。通常的做法是，降低对叶片气动外形的设计要求，通过对最优的气动外形进行小范围的调整来达到牺牲少量的气动性能换取较佳的结构性能的目的。但该方法仍然是围绕气动设计进行且调整的空间也不大。

（3）全局寻优设计方法

这种方法以气动设计和结构设计同时进行为特点。为达到更加接近全局最优的设计结果，一些学者提出叶片的气动设计和结构设计同时综合考虑的设计方法，该方法主要借助于 CAD 技术和高性能计算技术，同时优化叶片的结构形状与气动性能。这种方法虽然能够得到最优的设计结果，但计算量巨大。由于气动设计与风力资源情况、风轮的控制策略以及电机的设计有较强的关联性，而叶片的结构设计需要考虑各种结构、材料和工艺的选择。如此，将叶片的气动和结构设计进行整合意味着巨大的计算开销。对于大型风力机叶片设计更是如此。目前的计算水平尚达不到这样的要求，所以该方法在工程上应用比较少。

因此，风力机设计的难点在于如何处理气动设计和结构设计的关系。气动设计和结构设计是相互制约的两个过程，如果形状设计在完全不考虑结构设计的情况下进行，其结果很可能在结构上无法实现或达不到结构要求；而如果在气动设计阶段过多考虑结构设计，又会因计算复杂而影响设计的可行性。对于大型风力机，在保证总出力的前提下减轻叶片的重量是降低叶片制造成本的最重要的方法，通过钝后缘翼型、旋转刚性襟翼和柔性襟翼等技术及高强度、轻质量新型复合材料的研制应用，可以从一定程度上缓解结构设计的难度。现实可行的方法是，综合考虑设计结果的优化、设计难度、工程可行性和软件实现等现实因素，可以从结构设计出发，以现有经验为基础，通过一些经验公式，先进行粗略的结构设计，再以结构设计的初步结果为参数进行气动设计，最后用气动设计的结果来校核结构设计的合理性。图 3-11 为叶片结构设计流程图。

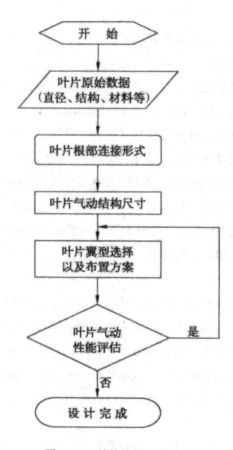

图 3-11 叶片结构设计流程图

二、叶片优化设计理论与方法

对于风力机叶片形状设计优化，目前国内外的研究主要集中于针对特定的风力机翼型所构造的叶片形状参数进行的改良和修型，以期获得较高的性能。

在国外，丹麦 Rise 风能实验室以风力机单位发电量的成本为目标，考虑叶片的疲劳强度、极端载荷以及年发电量，对 1.5 MW 失速型风力机叶片进行了优化设计，优化模型的使用，使得风力机单位发电量的成本降低了 3.5%。叶片上安装转向风板可以提高叶片的转动速度，进而提高风力机的输出功率。风力机输出功率为目标函数，基于变分原理研究了风力机叶片的升力变化过程，通过与 Glauert 模型分析结果的对比研究，进一步对叶片进行了优化设计。风力机叶片的结构和材料出发，通过改变叶片的结构参数和材料属性研究了风力机叶片固有频率的变化趋势，从而对叶片的动力学性能进行优化设计。针对叶片的壳体结构，研究了叶片沿弦向和展向的函数分布，通过结构载荷的分析，实现了叶片的优化。在风力机叶片结构特性方面做了大量的研究工作。

在国内，根据水平轴风力机风轮的涡流气动模型，从能量的角度入手，考虑干涉因子和翼型阻力特性，提出了一种新型的叶片翼型气动性能计算方法。考虑了实际风场风速的概率分布，以风力机年平均能量输出最大化为设计目标，采用遗传算法进行搜索寻优，并利用开发的优化设计程序，设计了 1.3 MW 风力机的叶片。考虑了法向力和切向力的叶尖损失，推导并给出了新的风力机轴向和周向因子的计算模型，以叶片的形状参数弦长、扭角和相对厚度为优化设计变量，提出了叶片的优化设计数学模型，应用该模型对欧盟实验项目（MEXICO）的风轮进行了优化设计计算，并与实验数据进行了比较验证。

综上所述，目前国内外对于风力机翼型形状设计、叶片展向分布特性设计、叶片内部结构研究等往往都是使用相互独立的串行设计方法，在研究其空气动力学性能、结构特性和功率特性等单一学科要求的基础上进行改进、修型和优化，以获得性能良好的叶片翼型，且设计中未能充分考虑风场实地和风力机特殊运行工况下的影响因素以及各设计学科之间的耦合关系与协同机制，不能更大限度地改进叶片的性能和提高风力机的风能利用系数。

因此，研究风场实地的气流特性、环境影响条件以及叶片表面粗糙条件、叶片运行控制方式、翼型布置情况等多种因素对于二维几何翼型和三维叶片形状设计的影响规律，以及风力机气动学科、结构学科、声学学科等多学科作用于叶片的耦合机理及其对风力机叶片翼型廓线的要求等问题对于建立全性能风力机翼型叶片设计的完整理论，并根据风场及叶片展向位置实际情况构造出各种气动性能高、受环境影响小、兼容性好的高性能风力机专用翼型和叶片，将成为叶片结构优化设计的重要研究内容和方向。

三、风力机叶片结构

风力机叶片结构包含两方面的含义，一是要满足气动要求，尽可能地使气动收益最大化。这方面多指叶片的几何外形，如根据叶片展向做功能力，在叶片的根部、中部和尖部采用不同的翼型等。二是要满足结构强度的要求，尽可能地保证风力机的安全、长久运行。这方面多指叶片内部结构、材料选用、叶片表面铺层方式等。

随着风力机单机功率的增大，要求叶片长度不断增加。对叶片来讲，刚度也是一个十分重要的指标。始于 20 世纪末的相关研究表明，碳纤维合成材料具有出众的抗疲劳特性，当与树脂材料混合时，则成为风力机适应恶劣气候条件的最佳材料之一，碳纤维复合材料叶片刚度是玻璃钢复合叶片的 2 ~ 3 倍。碳纤维满足了对材料轻质高强度的要求。虽然碳纤维复合材料的性能大大优于玻璃纤维复合材料，但价格昂贵，是玻璃纤维的 10 倍，不太高的性价比影响了它在风力发电上的大范围应用。因此，全球各大复合材料公司正在从原材料、工艺技术、质量控制等各方面深入研究，以求降低成本。VESTAS 的 V-90 型风力机容量为 3.0 MW，叶片长 44 m，其样品试验采用了碳纤维制造；GAMESA 在其直径为 87 m 和 90 m 叶轮的叶片制造中包含了碳纤维；NEGMicon 制造了碳纤维增强环氧树脂的 40 m 叶片；德国叶片制造厂家 Nordex Rotor 开发了 56 m 长的碳纤维叶片，他们认为叶片超过一定尺寸后，碳纤维叶片的制作成本并不比玻纤的高。

丹麦 LM 公司在《全球碳纤维展望》的报告中指出：在风力机叶片中采用碳纤维，应注意它和玻璃纤维混合时所增加的重量；目前大规模安装的 2.5 ~ 3.5 MW 机组采用了轻质、高性能的玻璃纤维叶片，设计可靠，市场竞争力强，下一代 5 ~ 10 MW 风力机的设计将更多地采用碳纤维

图 3-12，图 3-13 分别为叶片实体及模型，图 3-14 为叶片内部结构模型。

图 3-12　叶片实物图

图 3-13　叶片模型（沿展向翼型、扭角及厚度变化）

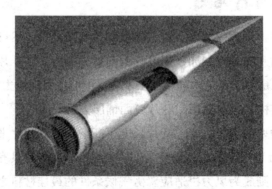

图 3-14　叶片实体及内部结构

（一）满足气动要求的叶片结构

风力机的叶片很长，作为人类目前建造的最大的动力旋转机械，西班牙 4.5 MW 的 G10X 风力机，其风轮直径达 128 m，成为迄今运行最大扫掠面积的风力机。但问题是，假设来流风速恒定（仅为说明问题方便，即使风速变化亦然）对于转速一定的风轮，沿叶片展向（即叶高方向）各翼型截面，由于旋转所造成的周向（切向）速度的不同，导致在各翼型截面的来流相对速度不同，从而改变了相对来流攻角，使得作用于各翼型截面上的力也不同，如图 3-15 所示。

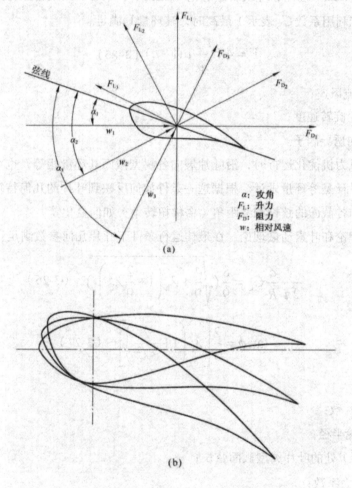

图 3-15　不同来流相对速度作用于叶片翼型截面上的力

（a）作用力随来流相对速度的变化；（b）保持最佳攻角翼型截面的旋转

由翼型气动性能的基本特点可知，翼型存在最佳攻角，在该攻角下翼型可获得最大的升阻比。这对水平轴升力型风力机十分重要，即为获得最佳的气动性能，沿翼展方向翼型需要扭转以保证在最佳攻角下工作。如此，叶片沿叶高方向成为扭曲的形状（叶片由不同的翼型组成）。上面仅说明了沿叶高方向各截面翼型必须扭转以获得最佳的气动性能，但还存在沿叶高方向翼型的弦长变化，至少从结构角度采用相同弦长的翼型截面显然是不合理的。实际上,对叶片气动性能优化的结果恰恰是沿叶高方向翼型弦长不断减小。

最后考虑到强度要求,沿叶片高度还要考虑选择不同翼型的问题。如叶尖部分选用升阻比高的薄翼型(例如 NACA63-212),中部选用较厚一些的翼型(例如 NACA63-215),在根部则用更厚的翼型(例如 NACA63-221)。因为叶根处的叶型损失较小,而厚的翼型保证了足够的抗弯截面矩。

风力机设计的目的是尽可能地从风中获得更多的能量,为此各部件都要进行优化。这里仅考虑风力机中最主要的获能部件——叶片的优化设计。

根据贝茨(Betz)理论和叶素动量理论(BEM),风力机的最佳运行条件即风能利用率(一般用风能利用系数 C_p 表示)最高时,其环量 Γ 满足。

$$\Gamma = 4\pi \frac{V_\infty^2}{\omega} a(1-a) \quad (3\text{–}25)$$

式中

V_∞ ——来流风速;

ω ——风轮旋转速度;

α ——轴向诱导因子。

上式说明风力机优化运行时,沿叶片展向各翼型截面其环量相等,也可以说风力机叶片的优化气动设计是等环量设计。根据这一条件如何反映到叶片的几何特征,更确切地讲就是叶片沿展向各截面的弦长和桨距角(俗称扭转角)如何变化。

根据贝茨理论和叶素动量理论,在最佳运行条件下叶片几何参数满足:

$$\frac{N}{2\pi} \frac{c}{R} C_L = \frac{8}{9} \left(\sqrt{\frac{4}{9} + \lambda_L \left(1 + \frac{2}{9}\lambda_L^2\right)^2} \right)^{-1} \quad (3\text{-}26)$$

$$\tan\phi = \frac{2}{3} \left[\lambda_L \left(1 + \frac{2}{3\lambda_L^2}\right) \right]^{-1} \quad (3\text{-}27)$$

式中

N ——叶片数;

R ——风轮半径;

c ——半径 r 处的叶片翼型截面弦长;

C_L ——升力系数;

$\lambda_L = \dfrac{r\omega}{V_\infty}$ ——局部叶尖速比,即半径 r 处的周向速度与来流速度之比。

如图 3-16 所示,入流角 ϕ 为来流风速与风轮叶片旋转平面所夹的角,又称倾角、气相角、风向角、流动角。由于要保证各截面处翼型气动性能,攻角的 α 一般在设计前可通过实验或计算获得。桨距角(安装角)$\beta = \phi - \alpha$,因此一旦确定了入流角 ϕ 也就知道了桨距角 β,从而获得了叶片沿展向的扭曲规律。图 3-17 为叶片弦长变化及扭转规律示意图。图 3-18 为叶片各截面翼型弦长和最大厚度分布沿展向变化关系。

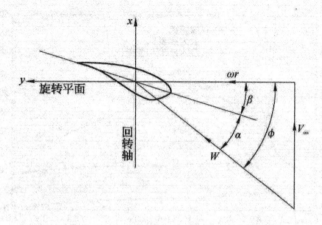

图 3-16 叶片翼型截面角度及速度三角形

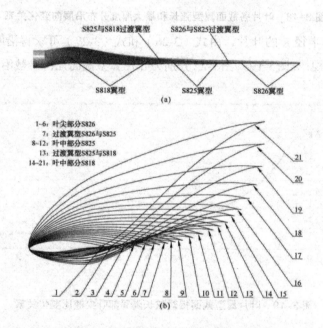

图 3-17 叶片弦长变化及扭转规律示意图

（a）不同翼型组成的叶片实体模型；（b）沿展向各翼型及扭转

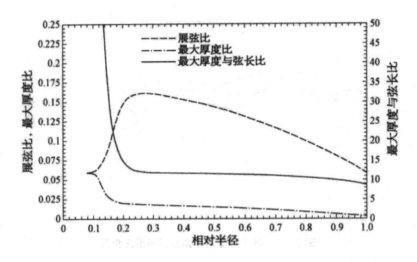

图 3-18　叶片各截面翼型弦长和最大厚度分布沿展向变化关系

可见对于已知半径 R 的叶片，由式（3-26）和式（3-27）可求得沿叶片展向的弦长 c 和桨距角 B 的变化规律。图 3-19 ~ 图 3-22 分别为叶片翼型截面几何参数沿展向的变化关系。

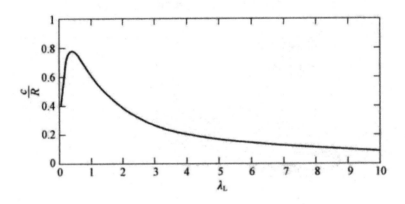

图 3-19　叶片翼型截面相对弦长随局部叶尖速比变化关系

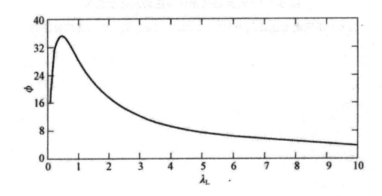

图 3-20　叶片翼型截面入流角随局部叶尖速比变化关系

在实际叶片设计时，若按照图 3-19，虽然气动效率高，但加工制造复杂，且浪费材料。一般建议叶片弦长沿展向的变化以图 3-21 为参照而接近于梯形。具体为，通过展向在70% 点与 90% 点间画一条直线。如此，不仅可以简化叶片的平面形状便于加工制造，而且可移去叶根附近的许多材料，如图 3-23 所示。

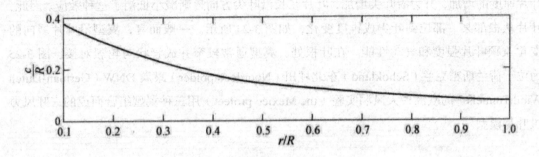

图 3-21　叶片翼型截面相对弦长沿展向变化

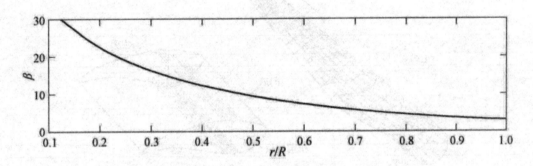

图 3-22　叶片翼型截面桨距角沿展向变化

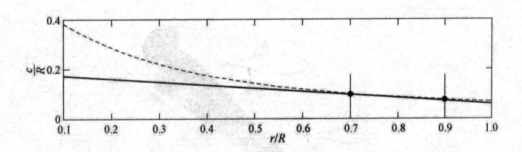

图 3-23　叶片翼型截面桨距角沿展向变化

（二）满足结构要求的叶片结构

风力机风轮叶片的外形轮廓是基于空气动力学考虑设计的，叶片横截面（组成叶片的翼型）具有非对称的流线型，迎风缘扁平。气动外形确定后，叶片结构还应根据气动设计中计算的载荷，并考虑实际机组运行环境的影响，使叶片具有足够的强度和刚度，保证叶片在规定的使用环境条件下，在其使用寿命内不发生损坏，风力机叶片设计大于等于 20 年；

要求叶片的重量尽可能轻、降低制造成本，并考虑叶片间相互平衡措施。叶片的结构设计还应给出叶片的质量及质量分布、叶片的固有频率（弯曲、摆振和扭转方向）等。靠近轮毂处的叶片截面要能够承受来自叶片其他部位的力和应力。因此，近叶片根部附近的叶片翼型后而宽，同时沿叶片展向叶片翼型逐渐变薄，获得较好的气动性能。随着沿叶尖方向叶片速度的增加，升力沿叶尖增加，叶片弦长沿叶尖方向逐渐减小抵消了这种效应。因此，叶片从根部某一部位到叶尖成锥度变化，如图 3-24 所示。一般而言，翼型沿叶片展向的变化兼顾叶片强度和气动性能。在叶根处，翼型通常较窄并成管状与轮毂对接。图 3-25 为位于荷兰斯霍克兰（Schokland）东北坪田（Noordoostpolder）隶属 DNW（German-Dutch Wind Tunnels）的欧洲最大风洞实验（the Mexico project）用三种翼型组合而成的三叶风力机叶片模型。

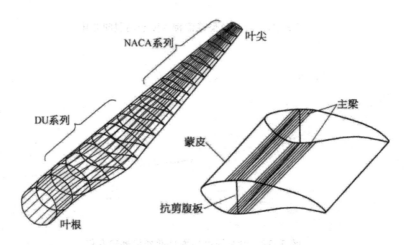

图 3-24　叶片展向结构变化及界面结构示意图

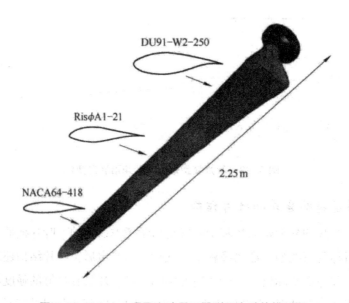

图 3-25　Mexico 项目实验用三翼型组合叶片模型图

就叶片结构而言，具体要求如下：

第一，结构强度应具备足够的承受极限载荷和疲劳载荷的能力；为避免叶片与塔架碰撞，叶片还应具有合理的刚度和叶尖位移变形。

第二，结构动力特性应避免发生共振（叶片固有频率应与风轮激振频率错开）和颤振现象，振动小。

四、风力机叶片材料与铺层设计

由于风电发电单位成本随风力机单机功率的增大而降低，因此，风力机的单机功率在不断增加，与此同时，叶片长度也在不断增长，自然对叶片材料提出了新的要求。

复合材料风轮叶片是风电系统的关键运动部件，直接影响着整个系统的性能，要求其具有长期在户外自然环境下运行的耐候性及合理的价格。因此，叶片材料、设计和制造质量水平十分重要，被视为风电系统的关键技术和技术水平的代表。复合材料在风力机风轮叶片中的大量采用，极大促进了叶片材料向低成本、高性能、轻量化、多翼型及柔性化的方向发展。

风轮叶片是否大量采用碳纤维复合材料取决于碳纤维的价格。虽然碳纤维复合材料的性能大大优于玻璃纤维材料，但价格也最贵。美国试验研究表明，5 MW 以上风力机风轮叶片应以玻璃钢为主，在横梁和叶片端部少量采用碳纤维，如此叶片可获得较好的性价比。现在几乎所有的商业级叶片均采用复合材料为主体制造。风力机叶轮叶片已成为复合材料的重要应用领域之一。

（一）复合材料特性

复合材料是由有机高分子、无机非金属或金属等几类不同材料通过复合工艺组合而成的新型材料。它既能保留原组分材料的主要特性，又通过复合效应而获得原组分所不具备的特性。可以通过设计使各组分的性能相互补充并彼此关联，从而获得新的优越性能。其与一般材料的简单混合完全不同。复合材料由基体与增强材料两部分组成。如，复合材料中的树脂就是基体，玻璃纤维是增强材料。复合材料的设计包括单层设计、铺层设计和结构设计。

（1）优点

①轻质高强。即比强度、比模量高（强度、模量分别除以密度之值）。两参数是衡量材料承载能力重要指标。

如，玻璃钢比重为 1.5 ~ 2.0，是钢材的 1/4，但模量不高；碳纤维增强复合材料的比强度可达钛的 4.9 倍，比模量可达铝的 5.7 倍。这对要求自重轻的产品意义颇大。如风力机叶片、飞机尾翼、起落架、舱门、机翼、机舱过渡段外缘、驾驶舱窗框等均为树脂基复合材料。飞机复合材料占整机结构重量的 15%。表 3-1 为常用材料与复合材料的比强度与比模量。

表 3-1　几种常用材料与复合材料的比强度与比模量

材料名称	密度（g/cm³）	拉伸模量（×10⁴ MPa）	弹性模量（×10⁶ MPa）	比强度（×10⁶ cm）	比模量（×10⁹ cm）
钢	7.2	10.10	20.59	0.13	0.27
铝	2.8	4.61	7.35	0.17	0.26
钛	4.5	9.41	11.18	0.21	0.25
玻璃钢	2.0	10.4	3.92	0.53	0.21
碳纤维/环氧树脂	1.45	14.71	13.73		0.21
硼纤维/环氧树脂	2.1	13.53	20.59		1.0
硼纤维/铝	2.65	9.81	19.61		0.75

第二，抗疲劳性能好。疲劳破坏是材料在交变载荷作用下，由于微观裂纹的形成和扩展造成的一种低应力破坏。金属材料的疲劳破坏由里向外突然发展，因此往往事先无征兆。而纤维复合材料中纤维与基体的界面能阻止裂纹扩展，其疲劳破坏总是从材料薄弱环节开始，逐渐扩展，破坏前有明显征兆。大多数金属材料的疲劳极限是其拉伸强度的 30% ~ 50%，碳纤维复合材料则为 70% ~ 80%。可见，复合材料比金属材料有较高的耐疲劳特性。此外，纤维增强树脂基复合材料的抗声振疲劳性能亦甚佳。

第三，减振性好。复合材料中的纤维与树脂基体界面有吸振能力，故其振动阻力高，可避免共振而致的破坏。

第四，破坏安全性好。纤维复合材料基体中有大量独立的纤维，每平方厘米上的纤维少则几千根，多则上万根。以力学观点，它是典型的静不定体系。当构件超载并有少量纤维断裂时，载荷会迅速重新分配在未破坏的纤维上。这样，在短期内不至于使整个构件丧失承载能力。

第五，耐化学腐蚀性。常见的热固性玻璃钢一般都耐酸、稀碱、盐、有机溶剂和海水并耐湿。热塑性玻璃钢耐化学腐蚀性一般较热固性更好。一般而言，耐化学腐蚀性主要取决于基体树脂。玻璃纤维不耐氢氟酸等氟化物，生产适应氢氟酸等氟化物的复合材料产品时，接触氟化物表面的增强材料不能用玻璃纤维，可采用饱和聚酯或丙纶纤维（薄毡），机体也需采用耐氢氟酸的树脂，如乙烯基酯树脂。常见的聚酯玻璃纤维增强塑料耐酸、盐、酯，但不耐碱。

第六，电性能好。绝缘性可达到甚高水平，但也可做成防静电或导体。在高频下能保持良好的介电性能。不受电磁作用，不反射电磁波，能透过微波。

第七，热导率低、线膨胀系数小。因温差所产生的热应力比金属低得多。所有玻璃钢（酚醛基体）耐瞬时高温 3 800℃，是很好的耐烧蚀材料。

第八，可制成透明及各种色彩的产品。借助添加剂可获得所需强度和模量或耐磨性等，易于修补与保养。

第九，成型工艺优越。可根据产品结构、使用要求及生产数量，合理、灵活地选择原材料及成型工艺。

（2）缺点

第一，玻璃钢弹性模量低（但碳纤维复合材料的弹性模量可超过钢），比钢低一个数量级。

第二，耐热性远低于金属。目前，高性能树脂基复合材料长期使用温度在250℃以下。一般玻璃钢在60～100℃以下。

第三，可燃。虽可做到阻燃或自熄，但燃烧时冒黑烟、有臭味。

第四，表面硬度低，易于划痕，耐磨性差。

第五，老化问题。在日晒、雨淋、机械应力以及介质腐蚀下，尤其在湿热条件下，会导致外观及性能恶化。

第六，生产时注意安全防护。玻璃纤维刺激皮肤；化工原料有气味有毒；固化剂和促进剂直接接触可导致火灾，灼伤皮肤，溅到眼内会导致失明；存在垃圾三废（废水、废气、废渣）处理问题。

第七，产品质量离散系数大。如手糊成型产品的强度离散系数达0.06～0.1。

第八，冲击、剪切强度低。无屈服点，受力过程中可产生分层。

第九，作为多种原辅材料复合而成的复合材料因工艺过程控制因素多，影响性能的因素也多，所以难以达到理想的性能。

（二）叶片材料

风电装置最关键、最核心的部分是风力机的风轮叶片。风轮叶片的成本占风力发电整个装置成本的15%～20%，因此，叶片材料的选取非常重要。叶片的设计和采用的材料不仅决定了风电装置的性能和功率，也同时决定了风电千瓦时的价格。表3-2为风力机各主要部件成本占总成本的比例。

表3-2 不同部件成本占总成本比例

与风速无关		正比风速一次方		正比风速二次方		正比风速三次方	
地基	4.2	叶片	18.3	齿轮箱	12.5	发电机	7.5
控制器	4.2	轮毂	2.5	制动器	1.7	电网连接	8.3
安装	2.1	主轴	4.2				
运输	2.0	机舱	10.8				
		偏航系统	4.2				
		塔架	17.5				
小计	12.5		57.5		14.2		15.8

全球风电工业的风力机以及尺寸快速增长，按世界风能协会（Global Wind Energy Council，GWEC）统计，现代风力机尺寸是20世纪80年代的100倍。在过去的这段时间内，风力机风轮直径增加了8倍，叶片长度已超过60 m。德国环境与生物研究所的Henning Albers教授估计，1 kW的风电装机将需要10 kg的叶片材料。对于7.5 MW的风力机则叶片所需材料为75 t。他预计到2034年全世界每年将有22.5万t的叶片材料可回收利用。图3-26

为风力机叶片总量随长度变化关系曲线，图 3-27 为全球风力机风轮叶片材料总量预计。

在风电发展的 100 多年历史中，叶片材料经历了木质叶片、蒙皮叶片和铝合金叶片等不同阶段。20 世纪七八十年代主要使用钢材、铝材或木材。随着联网大型风电机组的出现，风力发电进入了高速发展时期，与此同时传统材料的叶片已无法满足风力机日益大型化的发展，其性能已无法达到要求。

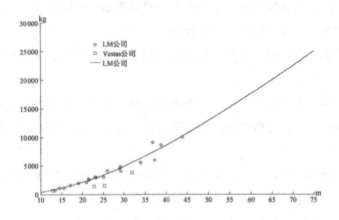

图 3-26　风力机叶片总量随长度变化关系曲线

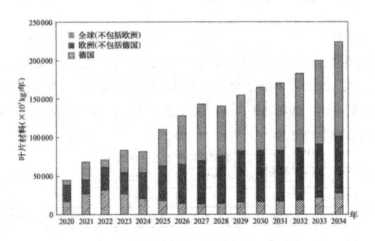

图 3-27　全球风力机风轮叶片材料总量预计

制造叶片的材料必须强度高、重量轻（风力机叶片由轻质材料制成，可减小由于旋转质量产生的载荷），并且在恶劣气象条件下物理、化学性能稳定。实践中，叶片由铝合金、不锈钢、玻璃纤维树脂基复合材料、碳纤维树脂基复合材料和木材等制成。木制叶片一般用于小型风力机，对于中型机可使用黏结剂黏合的胶合板。木制叶片必须绝对防水，为此，可在木材上涂覆玻璃纤维树脂或清漆。低速风力机的叶片多用镀锌铁板制成。大、中型叶片的自重已成为不可忽视的载荷，由于复合材料轻质高强、各向异性、疲劳性能好、耐腐蚀、易成型、寿命长和维修简便等优良性能，特别适合制造各种叶片。近年来，复合材料在风力机叶片上的应用越来越广泛，已成功制成了各种型号与功率的风力机叶片等。复合材料用的纤维种类很多，一般在风力机叶片中常用的是碳纤维复合材料和玻璃纤维复合材料。碳纤维复合材料的性能比玻璃纤维复合材料好，但是由于目前碳纤维的市场价格比玻璃纤维高很多，从经济角度考虑大中型叶片多使用玻璃钢复合材料或两者配合使用。

叶片采用复合材料主要优点如下：

第一，轻质高强，刚度好。如前所述，复合材料具有可设计性，可根据叶片受力特点设计强度与刚度，从而减轻叶片质量。

第二，抗疲劳性能好。叶片设计寿命按 20 年计，则其要经受 108 周次以上的疲劳交变。因此，材料的抗疲劳性能要好。复合材料缺口敏感性好，内阻尼大，抗震性能好，抗疲劳强度高。

第三，耐候性好。风力机在户外运行，又加之海上风力机已成为发展趋势，要受到酸、碱、盐、冰冻、雨雪、高温、水汽等各种恶劣气候环境的影响，复合材料耐候性好，可满足使用要求。

第四，维护方便。复合材料叶片叶片表面进行涂漆工作外，一般不需要大的维修。

根据风力机风轮叶片长度的不同，叶片所选用的复合材料也不同。目前，最普遍采用的是玻璃纤维增强聚酯树脂、玻璃纤维增强环氧树脂和碳纤维增强环氧树脂。性能上，碳纤维增强环氧树脂最好，玻璃纤维增强环氧树脂次之。随着叶片长度的增加，要求提高使用材料的性能以减轻叶片的质量，以最小的叶片质量获得最大的叶片面积，使得叶片具有更高的捕风能力。如，同样是 34 m 长的叶片，采用玻璃纤维增强聚酯树脂时重量为 5 800 kg，采用玻璃纤维增强环氧树脂时重量为 5 200 kg，采用碳纤维增强环氧树脂时重量为 3 800 kg。大丝束碳纤维增强环氧树脂具有很好的长期抗疲劳性能，采用这种材料叶片质量减轻 40%，叶片成本降低 14%，整个风电装置成本降低 4.5%。研究表明，碳纤维复合材料叶片刚度是玻璃纤维复合材料叶片的 2 倍。由于玻璃纤维复合材料性能已趋于极限，因此，叶片材料发展趋势是采用碳纤维增强环氧树脂复合材料，特别是随着风力机单机功率的增大、叶片长度的增加，更要求采用碳纤维增强环氧树脂复合材料，玻璃纤维增强聚酯树脂仅在叶片长度较小时采用。表 3-3 为不同叶片长度采用的材料与质量关系。此外，由于风电向大功率、长叶片方向发展，除要求改变材料性能，对风轮叶片也不断提出更新设计的要求，进而又对材料提出新要求。如，预弯叶片设计、弯曲 - 扭转耦合叶片设计以及柔性叶片设计等。这些多对复合材料性能提出了新的要求。

表 3-3　叶片长度、材料与质量

叶片长度（m）	叶片质量（kg）		
	玻纤 / 聚酯	玻纤 / 环氧	碳 / 环氧
19	1800	1000	
29	6200	4900	
34	10200	5200	3800
38	10600		8400
43	21000		8800
52			

叶片长度（m）	叶片质量（kg）		
	玻纤 / 聚酯	玻纤 / 环氧	碳 / 环氧
54			17000
58			19000

风力机叶片材料选用主要原则为：

第一，材料应有足够的强度和寿命，疲劳强度高，静强度适当；

第二，良好的可成型性和可加工性；

第三，密度低，硬度适中，重量轻；

第四，材料来源充足，运输方便，成本低。

下面就较常用的叶片材料及典型叶片结构简要作以介绍。

（1）木制蒙皮叶片

近代微型、小型风力机也有采用木制叶片，有一定强度，但加工时间长，不易做成扭曲型，常采用等安装角叶片，仅适合中、小型单套叶片的生产。整个叶片由几层木板黏压而成，与轮毂的连接用金属板做成法兰，采用螺栓连接。大、中型风力发电机很少采用木制叶片，即使采用也是用强度很好的整体木方做叶片主（纵）梁以承担叶片工作时的力和弯矩。叶片肋梁木板与主梁木方用胶与螺钉可靠地连接在一起，其余叶片空间用轻木或泡沫塑料填充，用玻璃纤维覆面，外涂环氧树脂，如图 3-28a 所示。

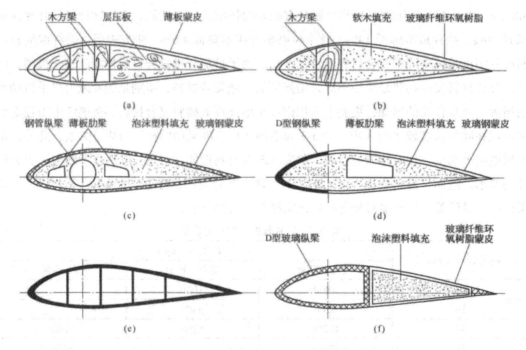

图 3-28 风力机常用叶片截面结构示意图

（a）木制叶片剖面（一）；（b）木制叶片剖面（二）；（c）钢纵梁玻璃纤维蒙皮叶片剖面（一）；（d）钢纵梁玻璃纤维蒙皮叶片剖面（二）；（e）铝合金等弦长挤压成型叶片；（f）玻璃钢叶片

（2）钢梁玻璃纤维蒙皮叶片

叶片在近代采用钢管或 D 型钢做纵梁、钢板做肋梁、内填泡沫塑料外覆玻璃钢蒙皮的结构形式，一般在大型风力发电机上使用。叶片纵梁的钢管及 D 型钢从叶根至叶尖的截面应逐渐变小，以满足扭曲叶片的要求并减轻叶片重量，即做成等强度梁，如图 3-28c、d 所示。

（3）铝合金等弦长挤压成型叶片

用铝合金挤压成型的等弦长叶片易于制造，可连续生产，将其截成所需要的长度，又可按设计要求进行扭曲加工。叶根与轮毂连接的轴及法兰可通过焊接或螺栓连接来实现。铝合金叶片重量轻、易于加工，但不能做到从叶根至叶尖渐缩的叶片，目前世界各国尚未解决这种挤压工艺仞，如图 3-28e 所示。图 3-29 为铝合金挤压成型风力机叶片实物图。

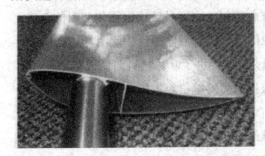

图 3-29 铝合金挤压成型风力机叶片实物图

钢梁玻璃钢蒙皮叶片和铝合金挤压成型等弦长叶片以及其他金属叶片的风力机在正常运行时对电视信号等可导致重影或条状干扰，设计时应注意。

（4）玻璃钢叶片

玻璃钢（Glass Fiber Reinforced Plastic，GFRP）就是环氧树脂、不饱和树脂等塑料渗入长度不同的玻璃纤维或碳纤维而做成的增强塑料。增强塑料强度高、重量轻、耐老化，表面可缠玻璃纤维及涂环氧树脂，其他部分填充泡沫塑料。玻璃纤维的质量还可以通过表面改性、上浆和涂环氧树脂，既可以增加强度又使叶片表面光滑。图 3-28f 为玻璃钢叶片，其用玻璃钢抽压或挤压成从叶根至叶尖逐缩的纵梁，其余部分用泡沫塑料填充，蒙皮用 2 ~ 3 层玻璃纤维缠绕再涂环氧树脂。

（5）玻璃钢复合叶片

20 世纪末，世界工业发达国家的大、中型风力机的风轮叶片，基本上采用型钢纵梁、夹层玻璃钢肋梁及叶根与轮毂连接用金属结构的复合材料做叶片。风力机风轮叶片材料，目前最普遍采用的是玻璃纤维增强聚酯树脂、玻璃纤维增强环氧树脂和碳纤维增强环氧树脂。美国研究表明，采用射电频率等离子体沉积去涂覆 E- 玻纤，其耐拉伸疲劳可达到碳纤维的水平，而且经这种处理后可降低导致损害纤维间的微振磨损。

（6）碳纤维复合叶片

随着风力机单机功率的增大，要求叶片长度也不断增加。刚度是叶片十分重要的指标。

研究表明，碳纤维（Carbon Fiber，CF）复合材料叶片的刚度是玻璃钢复合叶片的 2 ~ 3 倍。虽然碳纤维复合材料的性能大大优于玻璃纤维复合材料，但因价格昂贵，影响了它在风电上的大范围应用。因此，全球各大复合材料公司正在从原材料、工艺技术、质量控制等各方面深入研究，以求降低成本。

因此，传统的风力机风轮叶片一般采用玻璃钢强化塑料（GFRP）制作。玻璃纤维使用的多元脂或环氧树脂产量大，价格便宜。玻璃钢强化塑料由于刚度和强度的限制，使大型风力发电机组质量太重，导致制造、运输和安装的困难。20 世纪 90 年代末，随着风力机单机功率的增大，要求叶片长度不断增加，叶片采用 E- 玻纤增强塑料，这种叶片就是环氧树脂、不饱和树脂等塑料渗入长度不同的玻璃纤维或碳纤维而做成的增强塑料，其强度高、重量轻、耐老化。目前叶片已开始采用碳纤维复合材料 CF，采用这种材料的叶片强度是玻璃钢复合叶片的 2 ~ 3 倍，而碳纤维强化塑料的刚度是玻璃钢强化塑料的 3 倍，质量比玻璃钢强化塑料减少了一半，疲劳特性也优于玻璃钢强化塑料，使用寿命更长。

复合材料在风力发电机组风轮叶片中的大量采用，促进了叶片材料向低成本、高性能、轻量化、多翼型、柔性化的方向发展。此外，根据风力发电机组风轮叶片长度的不同，叶片所选用的复合材料也有所不同。美国实验研究表明，5 MW 以上风力发电机组风轮叶片应以玻璃钢为主，在横梁和叶片端部少量选用碳纤维，这样加工出的叶片性价比较好。丹麦 LM 公司已开始研究风力发电机组风轮叶片专用翼型，从改变空气动力特性和叶片的受力情况出发，增加叶片运行的可靠性和对风的捕获能力。丹麦 Vestas 公司提出了柔性叶片设计思路，其在风况变化时可改变其空气动力型面。

（三）叶片材料特性

（1）纤维增强塑料（FRP）

玻璃纤维和碳纤维用于制造叶片面板和内部翼梁（气动制动轴使用碳纤维）。

不同种类的玻璃纤维和碳纤维，其化学成分构成不同。不同种类纤维的力学性能、弹性模量和抗拉强度变化巨大，而且同类纤维也有相当大的差异，如有低、中和高强度的碳纤维。选择合格的纤维是叶片设计工作的一部分。E 型玻璃纤维是最重要的一种玻璃纤维。

FRP 层压板的最终特，性不仅决定于纤维的特性，铺层特性、纤维和铺层之间的结构相互作用和纤维所占体积份额也非常重要。图 3-30 为叶片实体及不同纤维铺层角度。

在生产中，胶料涂在纤维的表面。胶料的作用是增加纤维和树脂结合的强度。在叶片生产中，胶料能够使纤维更容易地控制且不会产生缺陷。为某种应用类型或者某种树脂类型所开发的特定胶料，不一定满足另一种应用或者另一个树脂的要求。

对于 FRP 面板，在纤维铺层中采用增强纤维。增强纤维的基本构成如下：

第一，在长纤维纺织成绳时确保纤维没有扭曲或扭曲很小。

第二，玻纤毡（CSM）的纤维相对较短，取向随机。CSM 只采用玻璃纤维。

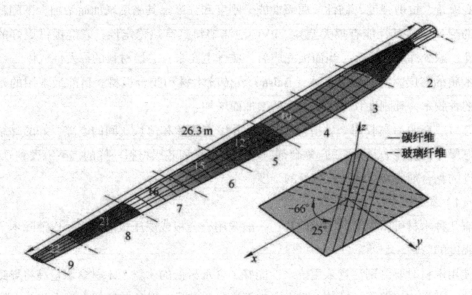

图 3-30　叶片不同纤维铺层角度示意图

基本类型的纤维是预先编织好的：单向纤维、编织粗纱纤维、角度胶合和多轴纤维。编织粗纱和多轴纤维通常由轻型（100 g/m² 或 300 g/m²）CSM 黏合于一端或两端以增强层间胶合连接，这就是所谓的混合铺层。纤维可通过结合辅助物（最终融入聚酯）或者机械地在整个厚度上由缝纫钉连接在一起。不同的纤维种类，如玻璃纤维和碳纤维，可能在一个纤维织物中结合，这种织物称为混合纤维织物。

层压板中一套完整的增强或纤维编织方案由铺叠顺序决定。铺叠工艺规定了铺放的先后顺序（从层的一侧开始）以及相对于一个参考方向的取向。

碳纤维用作风轮叶片的增强材料时，由于碳纤维对接触到的金属部件会产生电腐蚀，这些金属部件必须是不锈钢部件。

（2）树脂

聚酯、乙烯树脂和环氧树脂是风力机叶片常用的树脂，其中以聚酯最为常用，而环氧树脂用于结构要求较高的场合。

树脂中添加硬化剂（有时添加催化剂）即可引发胶联过程。另外，还可以添加加速剂和抑制剂来调整胶化时间和硬化时间，以满足实际的工作温度及特性要求。聚酯的胶化时间和硬化时间有相对较大的调整区间，对于环氧树脂而言，这些参数的变化会对硬化后的树脂特性产生影响。在聚酯中，可加入石蜡来控制苯乙烯的蒸发和硬化过程中的氧化。

另外，为了某些特殊目的，可加入一些其他的化合物，如低成本的填充物，在垂直面能够稳定树脂的颜料和触媒介质等。但添加剂对树脂特性的影响可能很大。

（3）芯层材料

最常用的芯层材料是结构性泡沫塑料和木质产品。

泡沫塑料基于热塑性，如聚氯乙烯（PVC）有不同的密度范围。其最重要的力学性能是切变模量、抗剪强度、韧性或屈服性能，刚度和强度随其密度增加而增加。不同种类和等级的泡沫塑料其性能有很大差异。PVC 泡沫塑料具有热稳定性，它能提供更好的尺寸稳定性，减少挥发的机会。当面板完成后，放气主要来自芯层材料的挥发性气体。

木质的芯层材料包括香胶木（Balsa）、传统木材和胶合板材。目前最常用的是不同密度的香胶木，其刚度和强度随密度的增加而增加。

芯材或三明治黏胶用来黏接薄片 / 块，并填充薄片和薄块之间的空隙。好的黏结对于维持芯层的抗剪能力是必要的。黏合剂应该至少具有和芯层材料一样的抗剪强度和延伸率。高韧性的黏合剂通常可增加结合处的强度。

（4）木材

有几种木材可以用于风力机叶片。一般采用胶合板或层压板的形式，以消除木节等对结构强度的影响。

使用木材时要特别注意采用抗水性能好、含水量低的木材，木材含水量高将导致低力学性能、腐烂和长霉菌。设计上要重视表面涂层和密封，以长期控制木材中的含水量。

（5）黏合剂

黏合剂用于黏接制造的叶片部件，黏接叶根钢质衬套一类的金属预埋件。在黏接部位，要保证表面清洁，绝对不能有蜡、灰尘和油脂存在。黏接衬套时，为满足要求，有必要进行喷砂和用溶剂进行清洁。由于对强度有影响，对黏接层厚度要注意控制。获德国劳埃德船级社认证的德国汉高公司的 Macroplast UK 8340 为第一个用于风力机风轮叶片的聚氨酯胶黏剂，图 3-31 为叶片黏合剂使用示意图。

图 3-31 叶片黏合剂使用示意图

（四）叶片翼型结构

在叶片气动设计基础上，还应考虑风力机实际运行环境的影响，进行叶片的结构设计。叶片的结构设计是指叶片横截面的结构形式，即翼型的结构形式。其目的是保证叶片整体具有足够的强度和刚度。保证叶片在给定的使用条件环境下，在其使用寿命周期内不发生损坏和事故。此外，结构设计要求叶片尽可能轻。叶片重量太重，会加重其他部件，如轮毂、控制器、发电机、变桨机构和塔架等设备的负担，造成变桨灵敏度下降、控制延迟、系统协调性差等缺陷。叶片内部结构与降低叶片整体重量和成本、优化机组性能密切相关，因此，优化叶片结构成为解决上述问题的有效方法。

风轮叶片主要由以下部件构成：

第一，外部面板。形成气动外形并承受部分弯曲载荷。

第二，内部纵向翼梁。承受切变载荷和部分弯曲载荷，防止截面变形和表面屈曲。

第三，衬套及其插件。将面板和翼梁的载荷传递到钢制轮毂。

第四，雷电保护。将雷击在叶尖上的雷电引至叶根。

第五，气动制动。对一些定桨距风力机，气动制动是保护系统的一部分。气动制动的典型结构是叶尖部分绕转轴旋转。

图 3-32 为叶片结构及主要部件示意图。

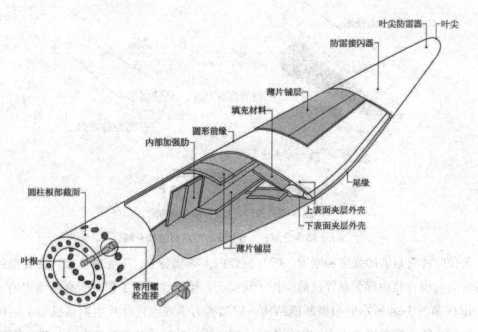

图 3-32 叶片内部结构及主要部件示意图

图 3-33 为叶片结构分解示意图。

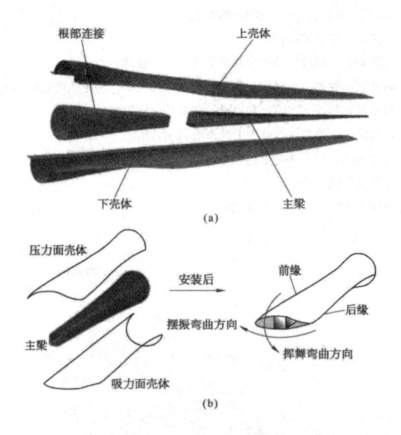

(a)

(b)

图 3-33   叶片结构分解示意图

（a）结构分解；（b）安装前后与结构分解

为使叶片有足够的强度和刚度，叶片型腔内主梁架与上、下壳体黏接，在翼型的前、后缘（有时也在弦中部）布置抗剪腹板（肋梁），用于在叶片工作时所必须承担的力和弯矩，形成如图 3-34 所示的箱型断面结构。以结构力学观点，叶片主梁（纵梁）的作用类似于梁的功能，简单梁理论在结构分析时可用于模化叶片，从而确定叶片的整体刚度。

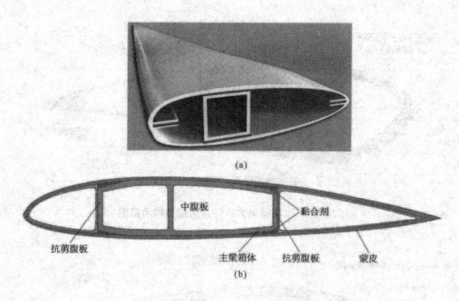

图 3-34　叶片壳体及主梁示意图

（a）箱型主梁；（b）主梁腹板及黏合部位

复合材料叶片截面结构主要形式有实心截面、空心截面及空心薄壁复合截面等几种。通常根据叶片的质量、强度、刚度要求及制造工艺条件设计。一般情况下，对于不太长、受力不是很大的风力机叶片，可以采用 D 型梁主结构。其外层的复合材料壳体为一层复合板薄壁结构，腹内填充硬质泡沫塑料。对于受力大的叶片，如大型风力机叶片和螺旋桨叶片，若设计成空腹结构，易引起局部失稳，因此，一般在空腹内填充硬质泡沫材料、蜂窝或设置加强肋，以提高叶片总体刚度，由于叶片增加了一个由单向纤维铺设的主梁可承受更大的弯矩。

著名的风电设备制造企业 Enercon 公司对叶片结构进行了深入的研究，为减小叶片翼型截面，叶片结构采用蒙皮与主梁形式。如图 3-35 所示为美国凯门太空公司中型风力机叶片翼型结构示意图，叶片主梁为预浇玻璃钢空心梁，其他部分填充泡沫塑料，外缠玻璃纤维再涂环氧树脂。图 3-36 为丹麦涅比（Nibe）大型风力机叶片结构示意图。叶片长 20 m，从叶片根部沿展向 8 m 处为钢制，固定不动。其余至叶尖部分的 12 m 由玻璃钢制成，可作俯仰转动用于桨距调节（图 3-41b），该部分由液压油缸驱动。可调部分由玻璃钢制成 D 型主梁，其余部分填充泡沫塑料，外缠玻璃纤维再涂环氧树脂形成蒙皮。

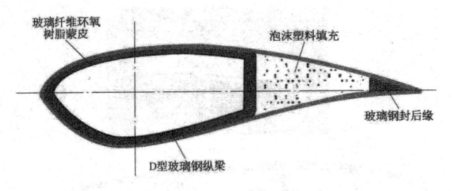

图 3-35　中型风力机叶片翼型结构示意图

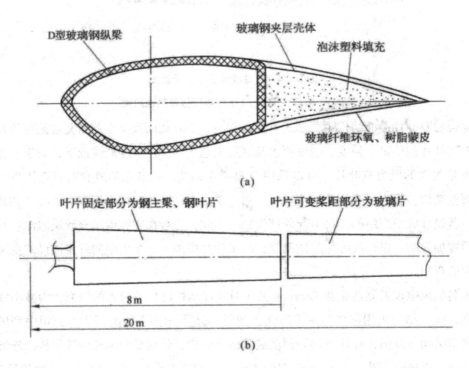

图 3-36　大型风力机叶片翼型结构示意图

（a）翼型结构；（b）叶片整体结构

图 3-37 为常见叶片翼型主梁结构示意图。

图 3-38 为叶片实物结构图，其中图 3-38（g）为 Re Fiber 公司可热解再利用回收叶片。

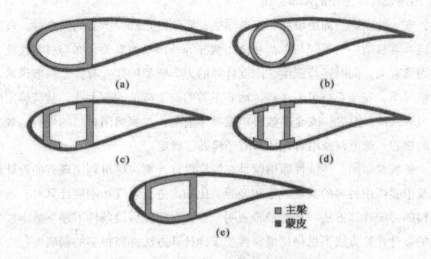

图 3-37 常见叶片翼型主梁结构示意图

（a）D 型梁；（b）O 型梁；（c）双 C 型梁；（d）双 I 型梁；（e）箱型梁

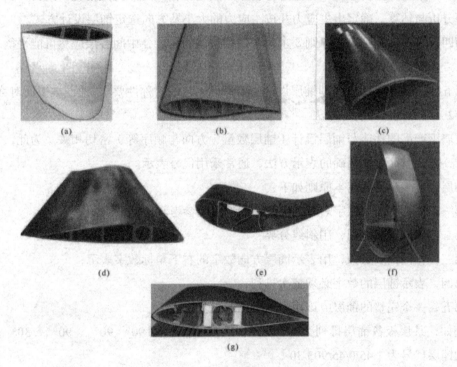

图 3-38 叶片实物结构图

（五）叶片铺层设计

1）铺层设计要求

铺层设计在单层的厚度、尺寸、形状和数量等确定后，为满足叶片的受力要求和技术条件，应进行纤维或布层的铺层设计。

（1）铺层设计应遵循的基本原则

第一，安全性原则。铺层设计所应遵循的首要原则是确保产品的安全性。玻璃钢安全系数的确定非常复杂，它不仅与载荷和使用情况等外部条件有关，亦与材料性能、工艺水平等内部因素有关，同时还与强度、刚度计算的力学模型的建立有关。一般说来，在正常的静载荷情况下，安全系数可取小些，而非正常的交变载荷需取大些；载荷确定时可取小些，反之可取大些。总之，安全系数要根据具体情况，参照惯用材料的规程、规范或按玻璃钢现有的规程、规范以及结合设计者的经验进行确定。

第二，传统性原则。传统性原则就是在铺层设计计算时尽量利用现有的设计概念和计算方法以及借鉴惯用材料的某些规范和经验。比如，进行强度和刚度计算时，通常采用各向同性材料的传统计算方法。实践经验表明，在大量简化假设条件下建立数学模型的各向异性材料的设计计算方法不见得比借鉴传统设计计算方法提高很多的精确度。当然，在采用传统设计计算方法时要充分考虑到玻璃钢的特点，甚至辅之以必要的试验。

第三，主应力分析原则。主应力分析原则就是在已知叶片受力情况的同时，要对其进行应力分析与估算，确定出主应力并按主应力的大小及方向选定铺层设计方式。

第四，平衡性原则。此原则要求对于层数较多的铺层，中间各层应尽可能平衡，而最外的 3 ~ 4 层必须保持对称。

第五，工艺对称性原则。即铺层设计中要考虑工艺的对称性要求，铺设成镜面对称结构。

（2）铺层设计的表示方法

玻璃钢产品的性能与铺层设计（铺层数量、方向与顺序等）密切相关。为此，对于铺层设计，需要有简单、明确的表示方法，通常采用代号表示。

铺层代号表示法的基本原则如下：

第一，铺层方向用数字表示，该数字为纤维与参考轴之间的夹角度数；

第二，不同铺层之间，用斜线分界；

第三，相同铺层层数，用表示铺层方向数字的右下角标数字表示；

第四，表示铺层的数字必须依次排列；

第五，一个完整的铺层应该用中括号括起来。

例如，某层板各铺层排列为 45°、0°、45°、0°、90° 90°、90°、30°，则该层板的铺层代号为 [45/0/45/903/30]。

正、负角度的表示如下：

相邻铺层角度绝对值相同、符号相反时，采用绝对值数字加"+"、"-"号表示这两层。"+"、"-"号上、下位置与铺层先后次序一致。每个垂直位置只允许一对"+"、"-"即"±"。多对"±"可在同一对值数值前依次排列。举例如下。

层板：45°、-45°、-30°、30°、0°；

表示代号：[±45/m30/0]。

层板：45。、45。、-45°、-45°、0°；

表示代号：［452-452/0］。

层板：45。、-45°、-45°、45°、45°、0°、-45°、0°；

表示代号：［±m±45/0］。

对称铺层的表示如下：

层板相对于几何中性面为对称铺层时，只要表示铺层顺序的一半，以结束方括号右下角的"S"字符表示对称。层板总层数为偶数或奇数，两种情况表示稍有不同。

当层板总层数为偶数时，表示如下：

层板：90°、0°、0°、45°、45°、0°、0°、90°；

表示代号：［90/02/45］s。

当层板总层数为奇数时，对称中心层数字上方加"-"：

层板：0°、45°、90°、45°、0°；

表示代号：［0/45/$\overline{90}$］s。

当铺层顺序重复时，要用圆括号表示。以结束圆括号外右下角数字表示重复次数。

（3）铺层设计的基本形式

根据玻璃钢制品的受力特点，铺层设计可分为以下基本形式。

第一，主应力为拉伸、压缩应力。此时应采取0°、90°的对称铺层，即［0/90］s或［90/0］s。这种拉、压平衡的铺层设计亦能承受一定的剪切作用；但与拉、压相比，其承剪能力小得多，可忽略。

第二，主应力为拉伸和剪切应力。此时采取±45°对称铺层，即［45/-45］s或［-45/45］s。这种铺层设计是拉伸、剪切的平衡设计，但对弯曲应力是不平衡的，即产品的弯矩与剪应力相比可忽略不计。

第三，主应力为弯曲应力。此时采取45°与-45°的重复铺层，即［（45/-45°）2］或［（-45/45）2］。这种铺层设计为弯曲平衡型，即在弯曲应力作用下是平衡的，而在拉伸应力作用下是不平衡的。这种铺层主要用于拉伸应力比弯曲应力小的情况。

第四，主应力为拉伸（压缩）与弯曲应力。在拉伸（压缩）和弯曲作用下都能平衡的铺层可采用：［-45/452/0/-452/45］或［45/-452/0/452/-45］和［-45/452/-45/-452/45］或［45/-452/45/-45/452/-45］。

第五，准各向同性铺层设计采用［0/90/±45］铺层。在此铺层的基础上，又可引申出如下几种铺层形式：

a.当轴向压应力为主应力时，铺层可采用［90/±45］；

b.当轴向拉应力为主应力时，铺层可采用［0/±45］；

c.当剪切应力为主应力时，铺层形式可采用［±45］；

d.双向承载时，可采用［0/90］铺层。

上述为正交平衡铺层，通常称为十字形铺层，而这种铺层不能应用于壳形结构件上。对于壳形结构件应采用［0/45/90/-45］s双正交的米字形铺层。

（4）玻璃钢叶片铺层设计应注意的问题

对于玻璃钢叶片而言，在进行铺层设计时，应注意以下几点：

第一，采用纤维与叶片轴线方向一致的铺层来承受离心力和弯矩。

第二，采用纤维与叶片轴线方向成45°角度的铺层承受扭矩。

第三，由于叶片所受载荷从叶尖到叶根递增，因而铺层应从叶尖到叶根递增。

第四，铺层厚度除需满足强度要求外，在更大程度上受叶片变形的控制。

第五，在铺层设计中，不仅要注意 ±45° 斜铺层在整个铺层中的比例，而且要注意其所处的位置对叶片强度和刚度产生的影响。通常，45° 铺层可占总铺层数的10% ~ 15%，这样，既可提高叶片的抗扭刚度，又不使抗弯弹性模量过低。±45° 斜铺层的位置不同，对模量的影响不同。

在玻璃钢叶片的铺层设计中尚需注意如下技术细节：

第一，钢化层。为防止加压气袋与未固化的叶片承载层黏结和防止内表面出现皱褶而设置的刚化层，通常用两层0.1 mm厚的平纹布分两半糊制。

第二，单向层。常用4：1玻璃布或7：1玻璃布或无纺布或1：1方格布等，亦可采用这些布的组合。

第三，45° 层。宜用1：1玻璃布，有时也可用两层无纺布做士45° 铺设，并使叶片工作面和非工作面成镜面对称铺设。

第四，表面层。为保证叶片外形的光滑、平整而设置，可铺设1 ~ 2层富树脂含量的细布层。

第五，在铺层设计时，玻璃布的选用应根据叶片厚度、材料性能要求并兼顾裁剪和铺层工作量而定。其中，0.2 mm厚的玻璃布较为普遍。此外，每毫米厚度所需的玻璃布的层数随树脂含量和成型压力的变化而变化。对于湿法手糊袋压成型的叶片，其树脂含量约为40% 左右，每毫米厚度约需4层0.2 mm厚的玻璃布。对于干法模压成型叶片，树脂含量约为25%，每毫米厚度约需6层0.2 mm厚的玻璃布。

图3-39 为各层的典型铺层形式。

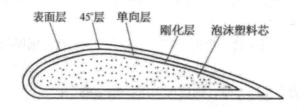

图3-39 玻璃钢叶片剖面图

2）铺层设计计算伍门

叶片铺层设计应根据叶片在工作状态下产生的轴向力、弯矩和扭矩决定。由于玻璃钢的高强度和低模量特性，在设计时必须注意，叶片厚度除满足强度条件外，更重要的还要满足刚度条件。其目的是控制叶片变形在一定范围之内,即叶片的铺层受强度和刚度控制。在进行铺层设计时,首先假设一个铺层方案,估算其弹性模量。图3-40为叶片铺层示意图例。

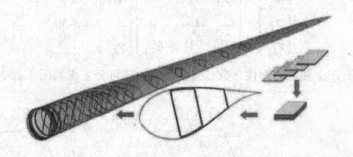

图3-40　叶片铺层与结构示意图

叶片上玻璃布铺层主要放在与轴向成 0° 和 45° 处。如此,其轴向弹性模量将随着 45° 层所占的比例增加而减小,而剪切弹性模量将增大。为简化设计,提供估算公式,对于 0° 和 45° 层,忽略其层间的相互影响,假定它们都是独立变形。可得这种铺层的轴向弹性模量 E_1 及剪切模量 G_{12} 为

$$E_1 = E_0(1-K) + E_{45}K \quad （3\text{-}28）$$

$$G_{12} = G_0(1+K) + G_{45}K \quad （3\text{-}29）$$

式中

E_0、G_0——分别为 0° 层沿叶片轴向的拉伸弹性模量和剪切弹性模量;

E_{45}、G_{45}——分别为 45° 层沿叶片轴向的拉伸弹性模量和剪切弹性模量;

K——45° 层所占比例。

利用复合层的轴向弹性模量 E_1 及剪切弹性模量 G_{12},采用各向同性材料计算方法,可计算出叶片的变形,同时计算出复合层的平均正应力 σ_1 和剪应力 τ_{12},如图 3-41 所示。

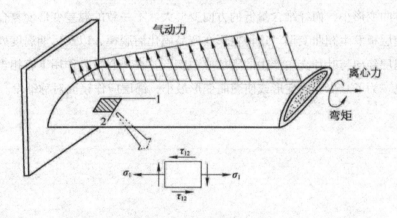

图3-41　叶片悬臂梁模型及受力

单向层和 45° 层的实际应力,可按正交各向异性层合板理论进行计算。对于平行铺

层或交叉铺层的玻璃钢层板，令 L、T 分别为玻璃布的径向和纬向，则 L、T 即为层板的主轴，其应力 - 应变关系如下：

$$\begin{Bmatrix} \sigma_L \\ \sigma_T \\ \tau_{LT} \end{Bmatrix} = \begin{bmatrix} C_{11} & C_{12} & 0 \\ C_{12} & C_{22} & 0 \\ 0 & 0 & C_{44} \end{bmatrix} \begin{Bmatrix} \varepsilon_L \\ \varepsilon_T \\ \gamma_{LT} \end{Bmatrix} \quad （3\text{-}30）$$

上述方程只有四个独立的弹性常数。复合层应力还可分解成如图 3-42 的形式。

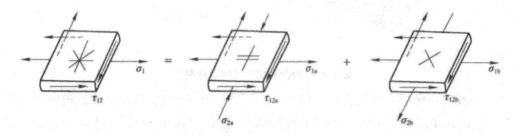

图 3-42　复合层应力分解

在叶片实际成型过程中，要考虑到工艺上可能出现的复合铺层方向与设计规定方向之间的偏差对各层中应力的影响。同时，在强度校核而修改 45° 层的比例时，要注意各铺层中的互 τ_{LT} 值，因为玻璃钢的剪切强度较低。在选用无纺布作增强材料时，还要注意 σ_T 的值，因为玻璃钢的层间拉伸强度亦比较低，这就是说，在玻璃钢叶片铺层设计中，σ_T、σ_L 和 σ_{LT} 三个方向的应力都要注意，而不能按照金属层叶片只需第一方向的应力值。对于玻璃钢实心叶片，各铺层的应力值可以近似地按材料力学中不同材料组合件的计算方法进行，同样也要考虑工艺上铺层偏差引起的附加应力值。最后，玻璃钢叶片特别是对薄叶型的实心叶片，除在外载作用下产生弹性变形外，还有两类变形应引起重视，一类是温度变形，另一类是附加应力引起的变形。温度变形是由于经纬向纤维量不同而引起的热膨胀系数不一致造成的。在温度变化时，各铺层在各个方向上的收缩或膨胀量不相同，纤维含量高的方向变形小，而纤维含量低的方向变形大。不一致的温差变形使复合层内产生温差应力并使层板发生翘曲变形。这种变形在产品固化后脱模，以及后期温度处理时常会发生。由于铺层经向与叶片交角产生的附加应力变形，在离心拉力作用下有相当于上述温升变形的情况。为了减少翘曲变形或使翘曲变形最小，铺层应作镜面对称铺设。

第三节 叶片结构计算与分析

一、叶片翼型几何特性计算

叶片截面的外形，根据气动设计和结构要求确定。叶片截面结构，其主要形式有实心截面、空心截面及空心薄壁复合截面等几种，通常根据叶片的质量、强度、刚度要求和工艺条件得到。对于小型风力机叶片截面常常选取实心截面或空心截面作为叶片结构，其剖面几何特性的计算也较简单。对于大型风力机叶片，其截面形式通常选取空心复合截面，这种截面的几何特性计算较复杂。精确计算其截面特性是风力机叶片结构设计的基础。图 3-43 为风力机叶片剖面结构示意图。

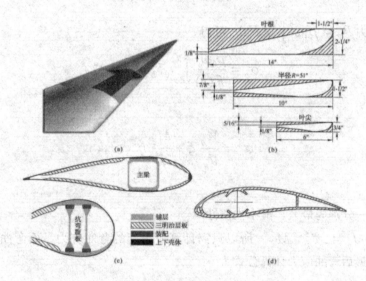

图 3-45 风力机叶片剖面结构示意图

叶片截面几何特性主要包括面积、质量、重心、面积矩、惯性矩和转动惯量等，它们均直接与叶片截面的几何形状有关。由于这些量有明确的物理（几何）定义，计算的关键是叶片解决几何形状的数学表达，如翼型压力面、吸力面（包括主梁、腹板的几何描述）的拟合。一般铺层与蒙皮厚度根据结构、工艺要求已知，主梁与腹板几何形状规范，关键是翼型型线，即压力面、吸力面型线的表达。有些翼型型线提供计算表达式，如 NACA 系列，或提供离散数据。对于后者在数值计算时，可采用各种数值拟合方法，如高阶多项式，或为提供计算精度并同时可较好地控制翼型型线，也可采用 B 样条曲线、贝齐尔曲线、NURBS 等参数化曲线拟合表达方法。这是一般的数值计算叶片截面几何特性的方法，灵活、通用性好，可集成于各类独立开发的系统。

一般而言，目前在风力机叶片的研发中，不论是气动计算还是结构强度计算，多需要借助于 CAD 平台生成实体造型（或平面几何形状），而各类 CAD 平台，如 Pro/Uni Graphics（UG）、CATIA、Solid works、ANSYS、Auto CAD 等作为最基本的软件功能都提供了上述几何特性的计算。因此，除特殊情况，如开发用户自己的设计系统，一般不再需要编程数值计算。

二、叶片强度和刚度计算

已知叶片翼型截面的几何特征和材质后，采用材料力学理论方法可对叶片进行强度计算。由于风轮叶片是细长体，从结构的观点可视为梁。因此，风力机叶片的强度计算可采用悬臂梁来处理。

（1）叶片截面应力计算

叶片截面的正应力由离心力引起的应力 σ_c 和弯矩引起的应力 σ_b 两部分组成：

$$\sigma = \sigma_c + \sigma_b \quad （3\text{-}31）$$

由离心拉力 $P_{rZ} = \rho_0 \omega^2 \int_r^R r_0 F_0 \mathrm{d}r_0$ 可得

$$\sigma_c = \frac{\rho_0 \omega^2}{F(r)} \int_r^R r_0 F_0 \mathrm{d}r_0 \quad （3\text{-}32）$$

弯曲应力为

$$\sigma_b = \frac{M_\eta}{J_\eta} \xi + \frac{M_\xi}{J_\xi} \eta \quad （3\text{-}33）$$

式中

J_ξ, J_η——分别为最大、最小主惯性矩。

由于 $J_\xi > J_\eta$ 且 $M_\eta > M_\xi$，所以只需计算所引起的弯曲应力，而弯曲应力很小，可以忽略不计。最后弯曲应力计算公式为

$$\sigma_b = \frac{M_\eta}{J_\eta} \xi \quad （3\text{-}34）$$

扭转剪应力按闭口薄壁杆件的扭转计算，对等厚薄壁截面有

$$\tau = \frac{M_K + M_{z_p}}{St} \quad （3\text{-}35）$$

式中

S——截面周边中线所包围的面积的 2 倍，即内外截面积之和；

t——壁厚。

（2）叶片挠度计算

在叶片的运行中，为了防止叶尖与塔架的碰撞，需要确保叶尖的挠度变形在规定的范

围内。由于 J_ξ 较小且该方向的 M_ξ 又较小，所以计算时可以不计 J_ξ 方向的绕度。叶尖在 x、y 方向的挠度分别为

$$f_x = \int_{R_0}^{R} \frac{M_\eta}{EJ_\eta}(R-r)\sin\theta \mathrm{d}r \quad （3\text{-}36）$$

叶尖的总挠度为

$$f_y = \int_{R_0}^{R} \frac{M_\eta}{EJ_\eta}(R-r)\cos\theta \mathrm{d}r \quad （3\text{-}37）$$

$$f = \sqrt{f_x^2 + f_y^2} \quad （3\text{-}38）$$

如果要求出叶片上任意位置的变形，只要把上述各式的积分上限 R 改为该位置的值即可。

（3）叶片的扭角计算

在计算叶片的扭角时，采用闭口薄壁杆件的扭转公式计算，叶尖的扭角为

$$\Delta\varphi = \int \frac{M_k}{GJ_k}\mathrm{d}r \quad （3\text{-}39）$$

式中

M_k——扭转力矩；

G——剪切弹性模量；

J_k——扭转惯性矩。

第四节　风力机结构的有限元方法分析

一、有限元方法及其应用

（一）有限元方法的理论发展

有限元思想在很早以前就得到了应用，如用多边形近似圆求圆的周长。1795 年，Gauss 首先提出了加权余量法，这是求解有限元方程的基本方法之一。L.Rayleigh 和 Ritz 分别在 1870 年和 1909 年提出近似求解泛函数的方法，这是推导有限元方程的基本方法之一。M.J.Turner 和 R.W.Clough 在 1956 年将机翼离散为一些三角形和矩形块，并用近似函数得到刚度矩阵，从此有限元法在工程应用领域得到了初步实现。R.W.Clough 在 1960 年发表的论文中首先提出了有限元法这一概念。1965 年，中国科学家冯康提出了变分原理的差分格式。随后徐芝纶先生最先将有限元法引入中国，并于 1974 年出版了中国第一部

有限元法的专著。20 世纪 70 年代，一些数学家的努力为有限元法提供了数学理论支撑，一些新单元和收敛性等方面都有重大突破。20 世纪 80 年代起，基于有限元法陆续开发了许多商用软件，至此，有限元法成为一种成熟的工程计算方法并得到广泛应用。

（二）有限元法基本思想

有限元法（Finite Element Method，FEM）是一种用于结构分析的方法，基本思想是离散连续的定义域为有限多个不重叠的子域，将这些子域称为单元。其重要特点是，在每一个单元内用近似函数表示定义域上的待求未知场函数，选择一些合适的节点作为求解函数的差值点，由于连接相邻单元节点的近似函数有的值相同，将它们作为数值求解的基本未知量。这样就将原来待求场函数的无穷自由度问题变成有限自由度问题。

在用单元离散化求解域时，自由度的选取是一个关键问题。如果自由度选取过少会导致因近似解的误差太大而导致得出的结果无实际价值；而选取得过多，近似解虽可更接近真实解，但计算量也会随之增大。

有限元法适合求解有定解问题的偏微分方程，尤其是求解域比较复杂的情况。通过变分原理或加权余量法将微分方程离散求解。单元可采用不同的形状和尺寸大小并能按不同方式进行连接组合，因而能够较好地适应复杂几何形状、边界条件和材料特性，且能较灵活地使用多种方法划分网格。

（三）有限元法主要应用领域

商用有限元软件发展到今天，几乎涉及所有工程领域问题，使用操作也非常方便和人性化。当前，在工程研究与设计领域应用比较广泛的大型有限元分析软件主要包括 MSC/Nastran、ANSYS、Abaqus、Marc、Adina 和 Algor 等。这些有限元商用软件的主要应用领域如下。

第一，静力分析。分为线性静力分析和非线性静力分析两种。

线性静力分析主要研究线弹性结构在静载荷作用下的应变和应力。

非线性静力分析主要研究结构在外载荷作用下引起的非线性响应。非线性主要由材料的各向不同性、几何非线性和边界条件非线性三大类产生。

第二，动力分析。主要包括以下分析类型：a. 模态分析，求解分析多个自由度机构的模态频率及振型等；b. 瞬态响应分析，求解分析结构承受的随时间变化的外力载荷和速度作用时的动力响应；c. 屈曲和失稳分析，分析结构承受载荷的极限值、结构整体或部件的稳定性是否符合要求，并获得结构失稳形态和最容易发生失稳的位置；d. 谐响应分析，对结构在简谐激励作用下其平衡位置的振动响应进行分析；e. 接触分析，定义接触边界的类型，包括摩擦分析等。

第三，失效和破坏分析。包括材料的断裂分析、裂纹产生与扩展分析、跌落分析和疲劳失效分析。

第四，热传导分析。包括模拟分析稳态及瞬态热传导、热辐射、热对流等热量传递方式及它们的相互耦合作用。

第五，电磁场分析。对电磁场中电感、磁通量密度、涡流强度、电场强弱分布、磁力线疏密分布及能量损失等进行分析。

第六，声场分析。主要研究声波在含有流体介质中的传播问题。

第七，流体流动分析。研究流体流动的速度、压强和密度的变化规律等，包括在流体中运动物体受到的阻力和升力。

第八，耦合场分析。多种物理场的相互影响，如流固耦合问题。

二、风力机叶片结构特性计算与分析

大型风力发电机组的运行环境及所受载荷情况极其复杂。因此，叶片的强度计算与分析成为重要的设计环节，其不仅为风力机的安全运行提供技术保证，同时也为风力机叶片结构改进及优化设计提供了可靠依据。

叶片是风力机的关键气动部件，其展向长、弦向短的特性，在表现出较好柔性的同时，又是一容易发生振动的细长弹性体。因此，大型风力机叶片在复杂的外在激励作用下易产生振动，为避免叶片共振造成破坏，必须对叶片进行模态分析，从而确定叶片结构的振动特性，即固有频率和振型。通过在叶片叶尖布置小翼，可改善叶片气动布局，当自然风掠过这种叶片时可增加叶片压力面与吸力面的压差，减少风力机叶尖端旋涡，减少叶尖损失，提高风力机的输出功率。下面即对带有不同叶尖小翼的风力机叶片进行模态分析，从而确定小翼对叶片各阶振型的影响。

（一）叶片模态分析理论模型

模态分析用于确定设计机构部件的频率与振型等结构特性。若机构固有频率与外界激励频率重合，机构将会在激励的作用下产生共振，从而对机构造成破坏。模态分析是结构设计中十分重要的环节，此外，动力学分析中的谱分析、瞬态动力学分析和模态叠加法谱响应分析等均要以模态分析为基础。风力机叶片失效的主要原因之一是由共振所引起的断裂，为避免风力机叶片固有频率与风轮转动频率及风力机其他组件如塔架、机舱等固有频率重合，必须对叶片进行模态分析。

采用有限元方法离散化处理叶片，由最小势能原理可得其振动方程为

$$[M]\{\ddot{u}\} + [C]\{\dot{u}\} + [K]\{u\} = \{F\} \quad （3-40）$$

式中

$[M]$——叶片整体质量；

$[C]$——阻尼矩阵；

$[K]$——刚度矩阵；

$\{\ddot{u}\}$——节点加速度；

$\{\dot{u}\}$——节点速度；

$\{u\}$——节点位移；

$\{F\}$——外力。

在外力 $\{F\}$ 为零条件下，叶片处于无任何外载的自由振动状态，此时方程（3-40）有非零解，其解反映了结构频率和振型等固有特性。工程上分析叶片固有特性时，通常不计阻尼，因此方程（3-40）可简化为

$$[M]\{\ddot{u}\}+[K]\{u\}=0 \quad（3-41）$$

设方程（3-41）的解为如下简谐运动：

$$\{u\}=\{U\}\sin\omega t \quad（3-42）$$

式中

$\{U\}$——模态形状，即无量纲位移；

ω——频率。

将方程（3-42）代入方程（3-41）得

$$\left([K]-\omega^2[M]\right)\{U\}=\{0\} \quad（3-43）$$

如方程（3-43）中的无量纲位移 $\{U\}$ 有非零解，则其系数行列式为零，即

$$\det([K]-\lambda[M])=0 \quad（3-44）$$

式中，$\lambda=\omega^2$，其为关于 λ 的多项式，根为 $\lambda_i=\lambda_1,\lambda_2,\cdots,\lambda_n$ 将 λ_1 代入方程（3-43）得

$$[K]-\lambda_i[M]\{U_i\}=\{0\} \quad \left(i=1,2,\cdots,\lambda_n\right) \quad（3-45）$$

由方程（3-45）即可求得模态形状 U_i 和系统固有频率 $f_i=\omega_i/(2\pi)$。

无阻尼模态基本方程 [方程（3-41）] 求解是典型的特征值求解问题，经整理后可得如下形式：

$$[K]\{\Phi_i\}=\omega_i^2[M]\{\Phi_i\} \quad（3-46）$$

式中

$[K]$——刚度矩阵；

$\{\Phi_i\}$——第 i 阶模态振型向量（特征向量）；

ω_i——第 i 阶模态固有频率（ω_i^2 特征值）；

$[M]$——质量矩阵。

（二）小翼对叶片结构特性影响

1）叶片设计与叶尖小翼选取

水平轴风力机的叶片设计参数为功率 3 MW，额定风速 10 m/s，叶尖速比取 6，叶轮

直径 134 m。叶片材料为环氧玻璃钢，其性能参数见表 3-4。

表 3-4 环氧玻璃钢性能参数

密度 $\rho\left(\text{kg}/\text{m}^3\right)$	泊松比 ε	展向弹性模量（Pa）	剪切弹性模量（Pa）
1950	0.15	1.96×106	2.5×107

相对叶片根部而言，对叶片尖部结构强度要求不高，翼型一般都比较薄，但由于叶片尖部是风能捕捉的主要部分，对气动要求比较高，要求翼型具有较高的升阻比、良好的失速特性和低粗糙度敏感性等；此外，叶片尖部翼型对大升力系数的要求并不是最高。美国国家可再生能源实验室(NREL)研究表明，适当降低叶尖翼型的最大升力系数，可减小负荷，增加年平均能量输出。对于叶片根部翼型，则更侧重于结构强度要求，翼型一般都较厚；在气动特性上，除要求具有较高的最大升力系数外，其他要求均不高。对于叶片中部的翼型，则厚度适中，各项气动特性指标亦介于叶根和叶尖之间。为此，采用三种翼型对叶片进行几何造型，其中叶根、叶中和叶尖部位分别采用 NREL 的 S818、S825 和 S826 翼型，形成由三种不同翼型组成的叶片。对于单翼型叶片，考虑其结构强度，选取相对厚度较厚、气动性能好的 NREL 的 S809 翼型。同时为研究叶尖小翼对结构和气动性能的影响，还分别在多段叶片的叶尖部分布置了 T 型和 90° 小翼。T 型小翼和 90° 小翼的长度为叶片长度的 5%。实体造型如图 3-44 所示。

采用的叶尖小翼分别为 90° 小翼和 T 型小翼，小翼长度均为叶片长度的 5%，除叶尖部分其他部分相同，故仅给出 T 型小翼和 90° 小翼多段叶片的叶尖部分（图 3-49c、d）。

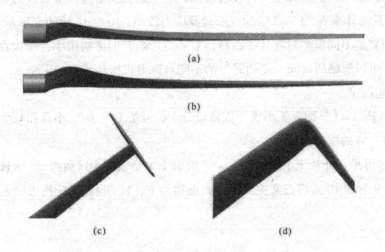

图 3-44 单翼型叶片与多翼型叶片及小翼实体造型
（a）单翼型叶片实体造型； （b）三翼型多段组合叶片实体造型；
（c）T 型小翼叶尖部分； （d）90° 小翼叶尖部分

2）结果与分析比较

（1）无预应力模态分析

表 3-5 和表 3-6 分别为利用有限元分析软件 ANSYS 得到的无预应力时单翼型叶片和

多翼型叶片模态分析结果。

表 3-5　无预应力单翼型叶片模态分析

阶次	1	2	3	4	5	6
频率（Hz）	0.23610	0.60780	0.9058	1.7292	2.4639	3.1308
最大变形量（mm）	4.0778	4.3088	4.7588	5.5891	5.0629	5.7364
最大应力（MPa）	0.0152	0.0525	0.0958	0.2356	0.2653	0.4809
阶次	7	8	9	10	11	12
频率（Hz）	4.7622	5.4457	5.8129	6.9295	9.1451	9.8410
最大变形量（mm）	5.7916	4.6751	5.5787	6.1429	6.5151	7.4297
最大应力（MPa）	0.7634	0.4684	0.7316	1.1564	1.5888	1.1653

表 3-6　无预应力多翼型叶片模态分析

阶次	1	2	3	4	5	6
频率（Hz）	0.2838	0.7046	0.9701	1.5897	2.7268	2.9977
最大变形量（mm）	6.1967	6.4270	5.3830	7.5127	6.7319	7.5275
最大应力（MPa）	0.0313	0.0900	0.1371	0.9094	0.4357	0.5567
阶次	7	8	9	10	11	12
频率（Hz）	4.5013	5.8133	6.2911	6.7084	7.7413	9.0997
最大变形量（mm）	7.7026	9.5249	7.6081	8.4258	10.1800	13.0740
最大应力（MPa）	1.0127	0.7509	1.3998	1.2923	1.9646	1.7848

由表 3-5 和表 3-6 可得，随着阶数的增加，频率也逐渐增大，单翼型叶片与多翼型叶片各阶频率相差很小；但多翼型叶片在各阶振型处的最大变形量及最大应力都略大于单翼型叶片。而且从总体来看，1～3 阶的变形量及应力较小，10～12 阶的变形量及应力较大。对于同一系列翼型不同虽然对叶片振动特性有一定影响，但影响很小，所以在进行风力机叶片设计时，可以忽略所选同一系列翼型的不同对风力机振动特性的影响。

（2）模态振型

图 3-45～图 3-47 分别为无小翼（正常设计）、叶尖具有 90° 小翼和叶尖具有 T 型小翼时各阶模态叶片的模态振型。

由图 3-45 可见，叶片无小翼时的 1～7 阶模态主要表现为弯曲振动，8 阶模态表现为纯扭转振动，9 阶和 10 阶模态又主要以弯曲振动为主，11 阶和 12 阶模态则表现为弯曲与

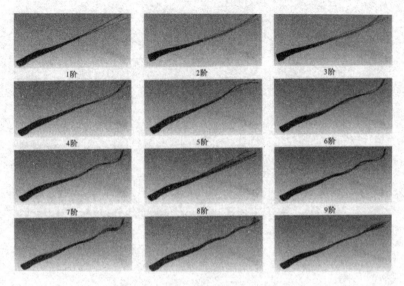

图 3-45　无小翼叶片的模态振型

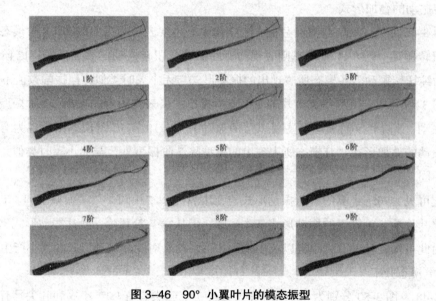

图 3-46　90°小翼叶片的模态振型

107

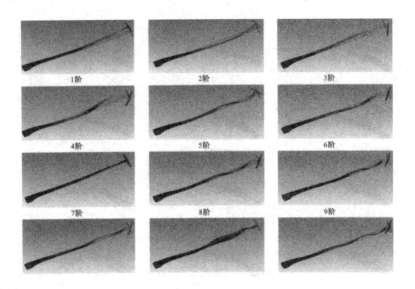

图 3-47　T 型小翼叶片的模态振型

扭转振动的叠加形式。

由图 3-46 可见，90° 小翼叶片的 1 ~ 7 阶模态主要表现为弯曲振动，8 阶模态振型表现为纯扭转振动，9 ~ 11 阶模态则表现为弯曲振动与扭转振动的叠加形式，12 阶模态则又表现为纯扭转振动。各模态所表现出的振动形式与无小翼时类似，但振幅数值不同。

由图 3-47 可见，T 型小翼叶片的 1 ~ 6 阶模态主要表现为弯曲振动，7 阶振型表现为纯扭转振动，8 阶和 9 阶模态又主要以弯曲振动为主，10 ~ 12 阶模态则表现为弯曲振动与扭转振动的叠加形式。其模态所表现出的振型除 7 阶振型外，与无小翼时类似，但其振幅数值不同。

由此可见，90° 小翼的各阶振动形式与无小翼时基本相同，只是振幅不同。T 型小翼与无小翼叶片前 6 阶模态的振动形式基本一致，但从第 7 阶开始，叶片振动形式出现较大差异。由此可知，叶尖有无小翼以及小翼形式不同均会对叶片振动形式和大小产生影响。

（3）模态频率

图 3-48 ~ 图 3-50 分别为无小翼（正常设计）、叶尖具有 90° 小翼和叶尖具有 T 型小翼时模态频率计算结果。

由图 3-48 可见，三种翼型的模态频率基本上随阶次增加而增大，在低阶时三种叶片基本相同。90° 小翼叶片与 T 型小翼叶片的各阶模态频率略小于无小翼叶片的各阶模态频率。无小翼叶片的各阶模态频率最大，而 T 型小翼叶片的各阶模态频率最小。由此可知，叶尖加小翼可降低叶片振动频率，其中 T 型小翼降频效果更好。

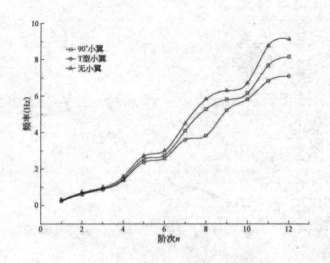

图 3-48　三种不同叶片模态频率

（4）最大变形量

无小翼、90°小翼及 T 型小翼叶片的模态最大变形量分析如图 3-49 所示。

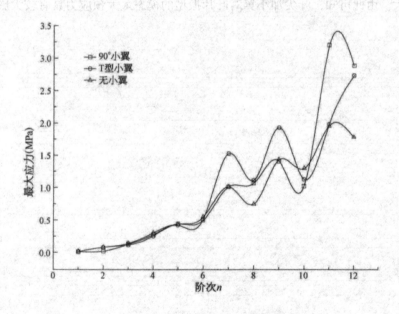

图 3-49　三种不同叶片模态最大变形量

由图 3-49 可见，90°小翼叶片与无小翼叶片前 4 阶振型的模态最大变形量相差不大，但大于无小翼叶片。而 5～12 阶时，90°小翼叶片振型的模态最大变形量均大于无小翼叶片的模态最大变形量；相比而言，90°小翼叶片振型的模态最大变形量最大，而 T 型小翼叶片振型的模态最大变形量最小。

（5）最大应力

无小翼、90°小翼及 T 型小翼叶片的模态最大应力分析如图 3-50 所示。

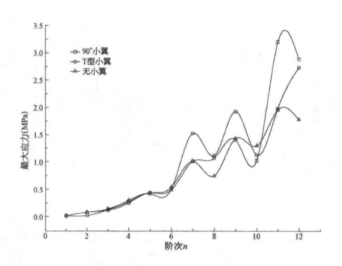

图 3-50　三种不同叶片模态最大应力分析

　　由图 3-50 可见，三种叶片模态最大应力随阶次增加而增大，小于 6 阶时三者基本相同，最大应力相差不大。7 ～ 12 阶时，其振型的最大预应力却随小翼形式不同而产生较大差异，90° 小翼最大。由此可知，叶尖加小翼对叶片振型的模态最大预应力具有较大影响。

第四章 风力机翼型族设计与风洞实验

风力机的核心部件是叶片（叶轮）。叶片利用空气动力学原理获取风能并驱动发电机运转将风能转换为电能。叶片设计技术是风电机组设计的一项关键技术，风力机叶片的性能决定了风力发电机的风能利用效率、载荷特性、噪声水平等。而作为叶片剖面的翼型是构成叶片外形的基本要素，是叶片设计的技术基础和核心技术，是决定叶片性能的最重要因素。因此，高性能风力机翼型设计对于提高叶片风能捕获能力、降低叶片系统载荷和质量有着重要意义。

第一节 翼型空气动力学的基础知识

一、翼型几何定义和主要气动特性参数

翼型的几何参数如图 4-1 所示。图 4-1 中所示的翼型几何特征如下：

第一，前缘——翼型最前端的点；

第二，后缘——翼型中弧线上最后端的点；

第三，弦线——翼型的前、后缘连线，长度通常用 c 表示；

第四，弯度——沿垂直于弦线度最的弯度线到弦线的最大距离，弯度与弦长之比称为弯度比或相对弯度；

第五，弯度线——也称为中弧线或中线，NACA 翼型弯度线定义为翼型周线内切圆圆心的轨迹线，但工程上或其他翼型常使用垂直于弦线方向度量的上、下表面距离的中点连线；

第六，厚度线和翼型厚度——NACA 翼型的翼型厚度定义为翼型周线内切圆的最大直径，但工程上或其他翼型常使用垂直于弦线方向度量的上、下表面距离，最大厚度与弦长之比称为翼型的厚度比或相对厚度；

第七，前缘半径—翼型前缘点的内切圆半径，通常使用它与弦长的比值来表示翼型前缘半径的大小；

第八，后缘角—翼型后缘处上、下表面切线夹角的 1/2。

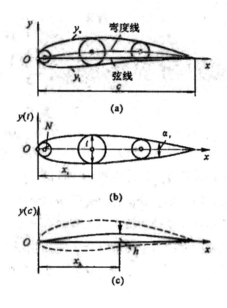

图 4-1　NACA 翼型的几何参数定义(1)

（a）翼型外形；（b）典型的厚度分布；（c）典型的弯度分布

　　由于翼型设计方法的发展，翼型的几何参数中有一些已经很少在设计过程中用到了，如弯度线形状、最大弯度、最大弯度位置、最大厚度位置等。在基于计算流体力学的翼型优化设计中，翼型的几何外形参数化方法有许多种，如果需要这些翼型参数，仍然可以很容易根据翼型的几何外形数据确定出来。

　　翼型的主要气动特性参数有升力系数、阻力系数、力矩系数、气动中心和压力中心。其中，升力系数和阻力系数的比——升阻比——是最重要的翼型性能参数。设翼型具有单位展向宽度，其升力为 L，阻力为 D，力矩为 M，来流动压为 q_∞（$q_\infty = \dfrac{1}{2}\rho_\infty V_\infty^2$，$\rho_\infty$ 和 V_∞ 分别为来流密度和速度），弦长为 c_0 翼型的主要气动参数定义如下：

　　升力系数

$$c_L = \frac{L}{q_\infty c} \quad （4\text{-}1）$$

　　阻力系数

$$c_D = \frac{D}{q_\infty c} \quad （4\text{-}2）$$

　　力矩系数

$$c_M = \frac{M}{q_\infty c^2} \quad （4\text{-}3）$$

　　设气动中心（焦点）为 $x_{a.c.}$，绕该点的俯仰力矩在任何迎角下均保持常数，$x_{a.c.}$ 一般由前缘量起。压力中心（压心）$x_{p.c}$ 是压力合力作用点至前缘的距离。升力垂直于来流，阻力与来流平行，力矩通常取距前缘 1/4 弦长的位置作为参考点来定义，一般翼型的焦点位于该点或该点附近。

对于给定几何外形的翼型，其气动特性参数通常是迎角 α、雷诺数 Re、马赫数 Ma_∞ 的函数，即

$$c_L = f_1\left(Re, Ma_\infty, \alpha\right)$$
$$c_D = f_2\left(Re, Ma_\infty, \alpha\right) \quad （4\text{-}4）$$
$$c_M = f_3\left(Re, Ma_\infty, \alpha\right)$$

雷诺数和马赫数对翼型的性能有重要影响。雷诺数的表达式为

$$Re = \frac{\rho_\infty V_\infty c}{\mu_\infty} \quad （4\text{-}5）$$

代表了流体受到的惯性力与黏性力之比的物理度量，μ_∞ 为流体的黏度。对于本章讨论的风力机翼型，从小型风力机叶片到兆瓦级风力机叶片，翼型的雷诺数变化范围可从几十万变化到千万量级。因此，对翼型族进行设计时，设计雷诺数是必须确定的。马赫数表达式为 $Ma_\infty = V_\infty / a_\infty$，是来流速度和来流声速之比，反映流体的可压缩性。风力机叶片绕流是低速流动，来流马赫数一般小于 0.3，属于不可压流范畴。因此，马赫数的影响可以不加考虑。图 4-2（a）~图 4-2（c）给出了翼型升力系数、阻力系数、力矩系数特性曲线的示意图。对于不同雷诺数，其曲线有所不同。雷诺数对翼型最大升力系数及失速后特性影响显著，对升力曲线线性段影响较小；雷诺数对阻力系数影响较大，因为翼型的主要阻力来自黏性摩擦阻力和分离后的压差阻力，都是与雷诺数密切相关的，其影响通过升阻比特性的对比看得更加明显。图 4-3 ~ 图 4-6 所示分别为以 NPU-WA—210 翼型（相对厚度 21%）在不同雷诺数、自由转换条件下升力系数随迎角变化、阻力系数随迎角变化、力矩系数随迎角变化、升阻比随升力系数变化的计算结果（MSES 软件）。

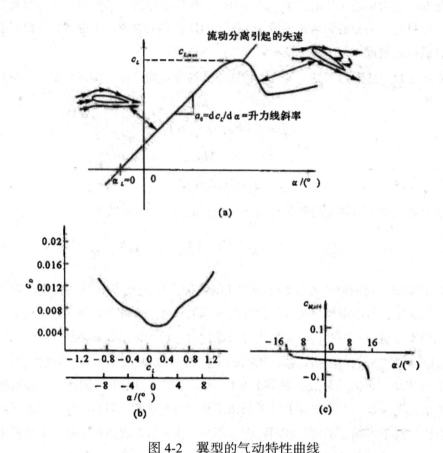

图 4-2　翼型的气动特性曲线
（a）典型升力系数特性曲线的示意图；（b）墀型阻力系数特性曲线的示意图；
（c）典型力矩系数特性曲线的示意图

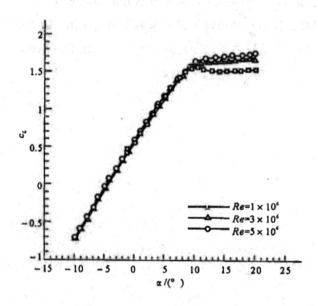

图 4-3　NPU-WA—210 翼型在不同雷诺数、自由转换条件下升力系数特性曲线的计算结果

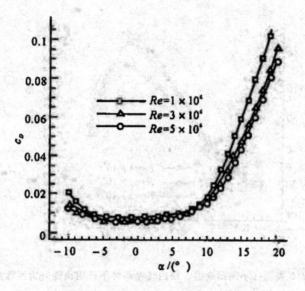

图 4-4　NPU-WA-210 翼型在不同雷诺数、自由转换条件下阻力系数特性曲线的计算结果

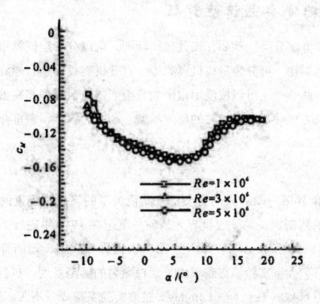

图 4-5　NPU-WA—210 翼型在不同雷诺数、自由转换条件下力矩系数特性曲线的计算结果

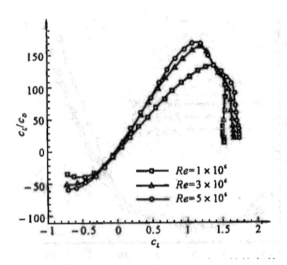

图 4-6 NPU-WA—210 翼型在不同雷诺数、自由转换条件下升阻比随升力系数变化的计算结果

二、翼型的分类与性能特征

翼型可以按许多方法分类。例如，按其气动特征，可以分为层流翼型、高升力翼型、超临界翼型等；按其用途，可分为飞机机翼翼型、直升机旋翼翼型、螺旋桨翼型、风机翼型和风力机翼型等。此外，还可以按使用雷诺数分为低雷诺数翼型和高雷诺数翼型。这里介绍早期翼型、与风力机叶片应用相关的层流翼型、高升力翼型，着重介绍各类翼型的气动特点。

1. 早期翼型

1903 年出现的世界第一架有人动力飞机及其他最早的飞机都配置的是薄的、弯度很大的翼型，很像鸟的翼剖面。第一次世界大战前，英国在 1912 年进行了最早的翼型研究和实验，研究出 RAF—6 和 RAF—15 翼型。第一次世界大战中，德国哥廷根大学对節科夫斯遮理论翼型进行了大量实验，得到了以哥廷根命名的翼型系列，对后来的翼型发展产生了重要影响。美国 NACA 在兰利（Langley）航空实验室建成后不久，从 1920 年就开始了翼型研究工作，1922 年研究出著名的克拉克（Clark）翼型，1929 年开始研究四位数字翼 _，其厚度分布接近于去掉弯度、相同最大厚度的 G6ttingen 398 和 Clark-Y 翼型的厚度分布。NACA 四位数字翼型如 NACA2412 和 NACA4412 至今还在轻型飞机上应用。为得到更高的最大升力系数和更低的最小阻力系数，又发展了 NACA 五位数字翼型。图 4-7 给出了按时间排列的部分早期翼型。下面简要介绍 NACA 四位数字翼型和五位数字翼型。

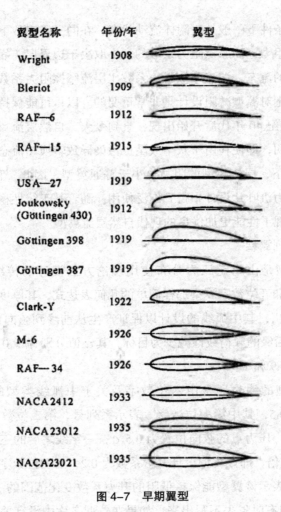

翼型名称	年份/年	翼型
Wright	1908	
Bleriot	1909	
RAF—6	1912	
RAF—15	1915	
USA—27	1919	
Joukowsky (Göttingen 430)	1912	
Göttingen 398	1919	
Göttingen 387	1919	
Clark-Y	1922	
M-6	1926	
RAF—34	1926	
NACA 2412	1933	
NACA 23012	1935	
NACA 23021	1935	

图 4-7　早期翼型

（1）NACA 四位数字翼型

四位数字翼型的第一位数字代表以弦长百分数表示的中弧线坐标：的最大值，第二位数字代表以弦长十分数表示的从前缘到最大弯度位置的距离，最后两位数字表示翼型以弦长百分数表示的相对厚度。例如，NACA2415 翼型，表示该翼型最大弯度位于 0.4 c 弦向位置，最大弯度为 2% c，翼型相对厚度 t / c 为 15%；NACA0012 翼型为相对厚度 t / c 为 12% 的对称翼型。

（2）NACA 五位数字翼型

NACA 五位数字翼型的厚度分布与 NACA 四位数字相同。但其中弧线定义不同。具体数字的意义：第一位数字表示由设计升力决定的弯度大小，这个数字的 1.5 倍等于设计升力系数的 10 倍；第二、三位数字表示从前缘到最大弯度位置的距离的弦长百分数的 2 倍，最后两位数字表示翼型的相对厚度。例如，NACA23012 翼型具有对应升力系数为 0.3 的弯度大小，最大弯度位于 15% 弦长位置，相对厚度为 12%。

2. 层流翼型

翼型在低速使用条件下一般处于附体流动状态，在同一雷诺数下，绕翼型附着流动的阻力主要是表面摩擦阻力，而摩擦阻力系数的大小取决于边界层（靠近翼型表面黏性影响显著的薄层区域）中的流态，湍流摩擦阻力系数比层流摩擦阻力系数大很多倍。因此，获得和保持适当层流范围对翼型减阻设计是非常重要的。以尽可能保持大范围层流为目的的层流翼型设计在 20 世纪 40 年代后开始出现，直到今天，自然层流翼型设计仍然是一个前沿研究课题。实验证明，即使在由于灰尘或昆虫污染导致转换（流态由层流转变为湍流称为转换）提前的情况下，层流翼型的阻力也小于普通翼型。因此，直到现在，NACA6 系列层流翼型仍然在风力机叶片设计中得到广泛使用。随着基于线性稳定性理论的转捩判定方法的不断成熟，出现了性能更加优良的现代自然层流翼型。

（1）NACA6 系列翼型

NACA6 系列翼型是由指定压力分布使用理论方法设计的传统层流翼型，没有像NACA 四位数字翼型和五位数字翼型那样简单的几何表达式，其厚度分布不能由同族翼型按比例放大或缩小导出，其中弧线的设计以保证产生从前缘到弦向位置 $x/c = a$ 的均匀弦向载荷和从该点到后缘的载荷线性减少为目标，其 a 值分别等于 0，0.1，0.2，0.3，0.4，0.5，0.6，0.7，0.8，0.9 和 1.0。

NACA6 系列翼型的编号通常由六位数字及关于中弧线类型的说明组成。例如，NACA65₃-218（a =0.5，其中第一位数字 6 表示系列号，第二位数字 5 表示对应的基本对称翼型零升力时最小压力点的弦向位置为 0.5 c，一字线之后的三位数字中，前一位表示设计升力系数的 10 倍，即该翼型设计升力系数为 0.2，后两位数字表示翼型相对厚度的弦长百分数，下标 3 表示该翼型能保持低阻的升力系数变化范围的 10 倍（低阻升力系数范围为 -0.1 ~ 0.5，但有时省去不写出来。如果在翼型名称中没有关于 a 的说明，那么就表示 a =1.0，如 NACA63₃—618。

（2）现代自然层流（natural laminar flow，NLF）翼型

早期的层流翼型（如 NACA6 系列翼型）前缘半径较小，大迎角下容易发生前缘分离，而且设计升力系数比较低，但风力机常需要在大迎角和高升力下工作。早期层流翼型的相对厚度一般低于 21% c，而风力机需要具有更大相对厚度的翼型。因此，采用更先进的基于现代 CFD 方法的气动特性分析技术和优化设计方法发展现代自然层流翼型是风力机翼型设计的研究重点。现代层流翼型与早期层流翼型不同之处主要有，可以在较高升力系数范围内保持较大范围层流，具有更好的高升力特性。这与基于线性稳定性理论的边界层转捩判断技术在设计中得到应用密切相关。

图 4-8 给出了几个国外成功用于飞机的现代自然层流翼型。

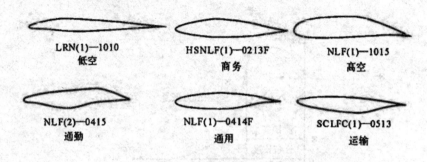

图 4-8　国外的现代自然层流翼型

3. 高升力翼型

早期的美国 NACA 翼型中，NACA24 族、NACA44 族和 NACA230 族以及英国 RAF6 族翼型都属于传统的高升力翼型，在通风机和冷却风机叶片设计中得到广泛应用。由于它们多是根据经验设计的，因此最大升力不是很高，使用条件下的层流范围较小，升阻比也没有现代高升力翼型高。由于计算空气动力学的发展，通过具有后缘分离模型的无黏流-附面层迭代解法以及雷诺平均 Navier-Stokes 方程解法，可以较好地预计直到失速的翼型气动特性，这就为新一代高升力翼型设计提供了必要的技术支撑。美国的 GAW—1 翼型就是最初设计的现代高升力翼型。其主要设计要求有以下几点：

第一，最大升力比 NACA 翼型有显著提高；

第二，失速特性比较平缓；

第三，高升力（如 $c_L > 1.0$）时的升阻比比 NACA 高升力翼型有大幅度提高；

第四，较低升力（如 $c_L < 1.0$）时阻力与相同厚度的 NACA 翼型相当；

第五，零升力矩系数的绝对值小于 0.09。

其几何特点：

第一，具有大的上表面前缘半径，以减少大迎角下前缘负压峰值，从而推迟翼型失速；

第二，翼型上表面比较平坦，使得在升力系数为 0.4（对应迎角为 0°）时上表面有均匀的载荷分布；

第三，下表面后缘有较大弯度（后加载），并具有上、下表面斜率近似相等的钝后缘。

实际计算和风洞实验都表明，该翼型基本达到了设计要求，缺点是失速特性较差，低头力矩较大。

20 世纪 70 年代，美国 Liebeck 提出了设计高升力翼型的一种新观点，翼型上表面从前缘到最小压力点保持有一定顺压梯度的较平的压力分布，从最小压力点到后缘的压力恢复，按预计分离流动的准则，实现零摩擦阻力设计（见图 4-9）。

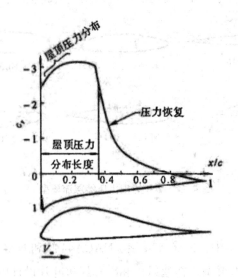

图 4-9　Liebeck 高升力翼型

按上述理论设计的翼型的理论计算指出，可获得意想不到的高气动性能，风洞实验表明这类翼型虽然确有高的最大升力和大的低阻范围，但是失速特性不好。进一步的研究指出，由零摩擦阻力设计思想设计的翼型后缘附近有很大的动量厚度，从而导致了过大的阻力。

三、翼型的基本技术要求

当选择或设计翼型时，首先需要明确翼型的设计技术要求，主要有以下几点：

第一，翼型的运行条件：需要确定翼型运行条件下的雷诺数 Re 和马赫数 Ma；

第二，翼型的气动性能要求，如升力、阻力、力矩系数等；

第三，翼型的几何限制。

1. 翼型的运行条件

雷诺数和马赫数对翼型性能有着重要影响。它们是由叶片运行条件决定的。在给定叶片沿径向各站位叶剖面的来流速度 V_r（风速和叶片旋转线速度的矢量合速度的大小）和弦长 c 后，对应各站位叶剖面的雷诺数和马赫数由下式决定：

$$Re = \frac{\rho V_r c}{\mu}, \quad Ma = \frac{V_r}{a}$$

式中，μ 为空气的黏度系数；a 为声速。

对于风力机，马赫数 Ma 通常低于 0.3，对翼型性能没有重要影响。根据叶剖面径向位置的不同和风力机尺度大小的不同，雷诺数 Re 可从几十万变化到 6×10^6 以上，是风力机翼型设计的重要参数。

2. 翼型的气动性能要求

（1）翼型的升力

对于飞机，翼型的升力用于产生平衡飞机质量的向上的力；对于螺旋桨，翼型的升力用于产生推力；而对于风力机，翼型的升力用于产生转矩，同时也会产生对塔架的推力。图 4-10 给出了基于动量叶素理论的叶片剖面翼型的受力图。图中，ϕ 为风轮旋转平面与来流的夹角，θ 为叶片扭转角，α 为翼型的迎角，B 为叶片个数，c 为叶片弦长，ΔR 代表叶片径向微段，ψ 为叶片的锥角，a 与 a' 分别为轴向诱导因子和周向诱导因子。由该图可以清楚地看出，风速、密度一定的情况下，风力机翼型给叶片提供的升力取决于升力系数与弦长的乘积。风力机叶片沿径向各站位翼型的选择或设计需要由叶片设计者给出沿径向的设计升力系数分布、雷诺数分布（含弦长分布）和厚度分布的设计技术指标。

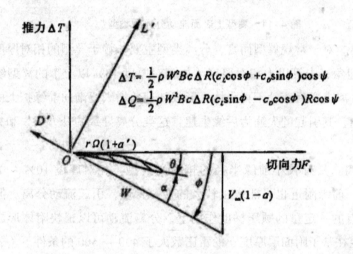

$$\Delta T = \frac{1}{2}\rho W^2 Bc\Delta R(c_l\cos\phi + c_D\sin\phi)\cos\psi$$
$$\Delta Q = \frac{1}{2}\rho W^2 Bc\Delta R(c_l\sin\phi - c_D\cos\phi)R\cos\psi$$

图 4-10 翼型升力、阻力与叶片推力和转矩 Q（由切向力 F_t 产生）的关系

（2）翼型的最大升力系数 $c_{L,\max}$

翼型的最大升力系数 $c_{L,\max}$ 是翼型设计的一项重要指标，一般来说，希望翼型具有高的 $c_{L,\max}$ 及平缓的失速特性。但对于不同类型的风力机和用于不同径向位置的翼型，其技术要求有所不同。翼型的失速是由于翼型上表面流动分离引起的，并以升力迅速下降、阻力大幅增大、力矩曲线斜率减少甚至反号为特征。如图 4-11 所示，翼型表面上的流动分离有三种类型，取决于翼型的弯度、厚度、前缘半径和雷诺数。

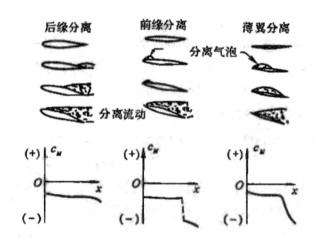

图4-11　翼型上表面流动分离的类型

第一，后缘分离。对于常规翼型而言，分离类型主要依赖于翼型的相对厚度。后缘分离常见于中等以上迎角、中等以上相对厚度（如相对厚度13%以上）的翼型绕流，分离发生于后缘附近，分离点之后流动不再附体，形成随迎角增大逐渐向前缘扩大的分离区。后缘分离是湍流分离，其引起的失速为后缘失速。这类分离导致的升力损失和力矩变化过程比较平缓。

第二，前缘分离。具有较小前缘半径的较薄的翼型（相对厚度10% ~ 16%），即使在不大的迎角下，前缘附近也可能产生较大的逆压梯度，引起流动分离。但在从分离点到翼型最大厚度点的一定量的顺压梯度作用下，分离流动可以很快附体形成短分离气泡。短气泡总是发生在基于附面层厚度 δ 的雷诺数大于400 ~ 500的条件下（$\rho V \delta / \mu >$ 400 ~ 500）。这类短分离气泡的长度大约在1%弦长以下。当迎角增大到某个较大的数值时，分离点之后的顺压梯度消失，突然发生从前缘开始的大范围失速，导致翼型上表面流动完全分离，使翼型升力发生突然下降、力矩突然变化，这种失速现象称为前缘失速。

第三，薄翼分离。对于更薄的翼型，小迎角下产生的前缘分离流动需要经过一个较长的距离才能重新附体，形成了较长的分离气泡，其长度数倍于短气泡或更长，称为长分离气泡。当迎角逐渐增大时，长气泡的再附着点逐渐向后缘延伸，当再附着点延伸至后缘处时，翼型完全失速，称为薄翼失速。这类分离对应的失速过程中升力损失不是很突然的，类似后缘失速（虽然失速机理完全不同），但力矩变化较大。

如图4-12所示为三种失速类型对翼型升力系数的影响。

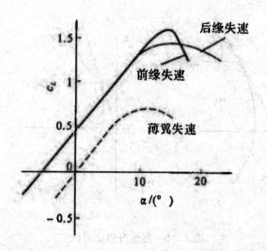

图 4-12　后缘失速、前缘失速、薄翼失速翼型的升力系数曲线示意图

　　需要指出的是，对于有较大弯度的翼型，不能完全按照相对厚度来区分分离类型，其分离类型可以通过分析翼型表面压力分布，特别是逆压梯度来确定。对于较薄翼型，通过良好的设计也可以避免升力、力矩的突然变化，获得较为平缓的失速特性。

　　对于风力机叶片，翼型的最大升力系数及其失速特性有十分重要的意义。对于失速调节类型的风力机，对 $c_{L,\max}$ 有一定限制。叶尖翼型一般将 $c_{L,\max}$ 限制在 1.0 以下，并且希望升力系数在失速后突然下降以减小载荷。较低的最大升力限制了翼型的最大可用升力。国外的设计要求是，最大可用升力下的来流速度应该是最小速度的 1.1～1.2 倍。其中，1.1 对应失速特性和缓的翼型，1.2 对应普通翼型。此时，换算到升力系数，最大升力约为最大可用升力的 1.4 倍。大型风力机属于变桨和变速调节类型风力机，希望有较高的 $c_{L,\max}$ ，但叶片的动力学性能要求叶尖翼型具有和缓的失速特性以及不过高的 $c_{L,\max}$ 。风力机叶片翼型，特别是叶尖翼型，还要求翼型的 $c_{L,\max}$ 对翼型表面粗糙度不敏感。

　　（3）翼型的阻力

　　对于翼型阻力的设计要求主要有以下几点：①在给定的设计升力、设计雷诺数和相对厚度条件下，具有尽可能小的阻力，或尽可能大的升阻比；②在偏离设计升力和设计雷诺数的一定范围内，保持低阻，即希望具有尽可能宽的低阻范围；③在前缘粗糙度引起转换的情况下，具有尽可能小的湍流阻力。图 4-13 给出了一般翼型和层流翼型的升阻极曲线。该曲线的最大斜率对应着最佳升阻比，对应的升力系数定义为设计升力系数。很明显，层流翼型具有更大的最佳升阻比。图 4-14 给出了一般翼型和层流翼型的极曲线对比。

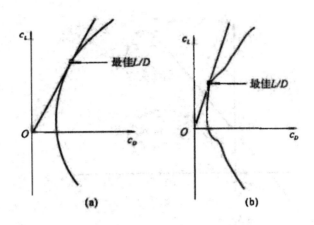

图 4-13　最佳升阻比对比

（a）一般典型；（b）层流典型

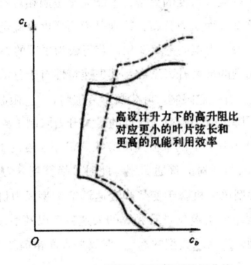

图 4-14　一般翼型和层流翼型的极曲线

（4）翼型的力矩

风力机叶片设计者一般不会给出力矩的设计指标。国外现有风力机翼型的力矩系数有很大的变化范围，大约从 -0.06 变化到 -0.16。例如，后文要介绍的国外风力机翼型族中，FFA 翼型族的力矩系数为 -0.10 左右，RISO 和 DU 翼型族的力矩系数可达到 -0.14，NREL 翼型族的厚翼型力矩系数可超过 -0.15。

过大的力矩不仅会增加变桨系统的载荷，而且可能会引起叶片变形。因此，要求叶尖翼型具有不太高的力矩系数是必要的。

3. 翼型的几何限制

配置于风力机叶片不同径向站位的翼型需要考虑几何兼容性问题。例如，相对厚度的要求、最大厚度位置的要求、相近设计迎角的要求等，以保证叶片外形的光滑过渡。图 4-15

给出了风力机翼型沿叶片径向各站位翼型剖面相对厚度的要求。

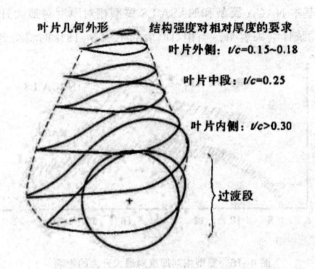

图 4-15　沿叶片径向各站位的翼型剖面图

四、翼型气动特性与几何特性的关系

在风力机翼型的设计中，理解翼型几何参数对翼型气动性能的影响是十分重要的。本小节以典型翼型为例，介绍其气动特性和几何参数之间的联系，以便更有效地指导翼型优化设计或修形设计。

1. 零升力迎角

翼型升力系数为零时的迎角称为零升力迎角。对称翼型的零升力迎角等于零，对于有正弯度（即升力系数大于零）的翼型，零升力迎角为负值。当翼型弯度不很大时，零升力迎角几乎不随翼型相对厚度而变化，大的弯度对应大的零升力迎角（绝对值）。在叶根和叶尖配置不同零升力迎角的翼型可以使叶片实现一定的气动扭转。

2. 升力线斜率

翼型升力系数对迎角的导数称为翼型的升力线斜率。小迎角下翼型的升力线斜率基本上是一个常数，即升力随迎角线性变化，厚度不很大的低速翼型升力线斜率接近于薄翼理论值 2π /rad。随着迎角增加，由于附面层增厚，所以升力线斜率减小，当迎角进一步增加，附面层发生分离，升力线斜率将快速下降，达到最大升力时，升力线斜率变为零。实验证明，后缘角增加时，升力线斜率下降。NACA6 系列翼型的升力线斜率随相对厚度增加而减小。一般地，希望风力机翼型在使用升力范围内有较大的升力线斜率。

3. 最大升力 $c_{L,\max}$

翼型的最大升力和失速特性主要取决于翼型的相对厚度、前缘半径及最大厚度的弦向位置、弯度及最大弯度的弦向位置、表面粗糙度和雷诺数。

（1）相对厚度的影响

图 4-16 给出了基本 NACA 翼型和 NASA LS 翼型相对厚度对最大升力系数 $c_{L,\max}$ 的影响。对大多数翼型的统计结果表明，当相对厚度为 12% ~ 18% 时将得到最大的 $c_{L,\max}$。

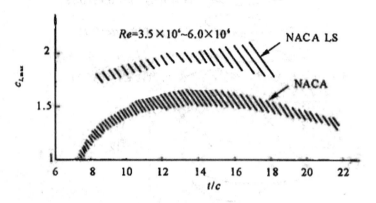

图 4-16　翼型相对厚度对最大升力的影响

（2）前缘半径的影响

工程上常采用 6% 弦长处表面 y 坐标与 0.15% 弦长处 y 坐标之差 $\Delta y = (y_{6\%} - y_{0.15\%}) \times 100$ 表示前缘钝度。图 4-17 给出了翼型最大升力系数与前缘钝度的关系。

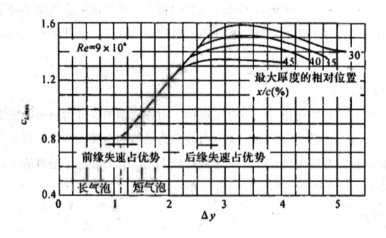

图 4-17　前缘半径（前缘钝度）对最大升力系数的影响

（3）弯度的影响

一般来说，弯度的增加有助于提高 $c_{L,\max}$，然而对具有不同相对厚度、前缘半径、最大弯度位置的翼型，弯度增加所引起的增益是不一样的。对具有较小前缘半径、较薄的翼型，增加弯度对提高 $c_{L,\max}$ 更有效。此外，最大弯度或最大厚度的位置靠前的翼型将有更高的最大升力系数 $c_{L,\max}$ 值。

（4）表面粗糙度的影响

表面粗糙度总是使翼型的最大升力系数有所减小。这可能是，因为前缘附近提前转换导致附面层增厚，减少了翼型的弯度。另外，对某些翼型，附面层的增厚也可能导致气流提前分离，但是不同类型的翼型，表面粗糙度对减小最大升力系数的影响可能是很不一样的。表4-1列出了粗糙度影响的几个例子。

表4- 光滑与粗糙表面翼型的最大升力系数（$Re = 6 \times 10^6$）

翼型	NACA23012	NACA64412	GAW-1	NACA64006
光滑表面最大升力系数	1.76	1.68	1.98	0.8
粗糙表面最大升力系数	1.23	1.34	1.96	0.8

粗糙表面翼型最大升力系数随相对厚度、弯度等的变化趋势与光滑翼型是一致的。在风力机翼型设计中，希望翼型的特性对表面粗糙度不敏感，以适应其运行在受灰尘、昆虫污染的运行工况。常用下式表示最大升力系数对表面粗糙度的敏感性：

$$s = \frac{c_{L,\max,\mathrm{fr}} - c_{L,\max,\mathrm{fix}}}{c_{L,\max,\mathrm{fr}}} \quad (4-6)$$

式中，$C_{L,\max},\mathrm{fr}$ 为光滑表面最大升力系数；$c_{L,\max},\mathrm{fix}$ 为粗糙表面最大升力系数。低粗糙度敏感性是风力机典型设计最重要的设计目标之一。

（5）雷诺数 Re 的影响

对较低雷诺数情形，由于前缘分离气泡的存在、发展和破裂对雷诺数十分敏感，最大升力系数随雷诺数的变化可能有某种不确定性。但当雷诺数较大时，翼型的最大升力系数随雷诺数的增加而增加。图4-18（a）给出了雷诺数对现代的高升力翼型最大升力系数的影响和对经典的 NACA 翼型的影响。可以看出，雷诺数对现代高升力翼型最大升力系数的影响大于对经典的 NACA 翼型的影响。此外，该图还表明，当 $Re < 6 \times 10^6$ 时最大升力系数随雷诺数有较大的变化，而在 $Re > 6 \times 10^6$ 以后，最大升力系数随雷诺数的变化趋于平缓。但是，对于风力机厚翼型，干净翼型（自由转换）会出现和上述规律相反的雷诺数影响。图4-18（b）给出了 DU 翼型的风洞实验结果。可以看出，30% 相对厚度的干净典型的最大升力系数和最大升阻比随 Re 的增加而略有下降。

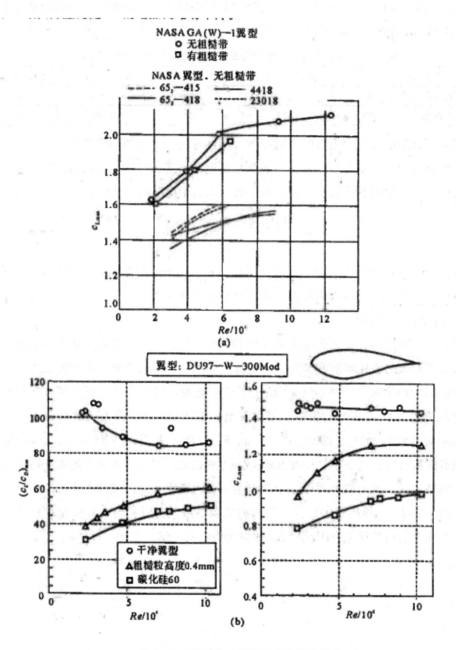

图 4-18 雷诺数对翼型气动性能的影响

（a）翼型扱大升力系数随苗诺数的变化；（b）雷诺数和前缘固定转换对翼型性能的影响

4. 阻力

翼型的阻力主要由表面摩擦阻力、附面层位移厚度及部分表面气流分离引起的形状阻力和激波阻力组成。对于低速翼型，传统上使用零升阻力（或最小阻力）及升致阻力来表达翼型的阻力。

（1）翼型的最小阻力

光滑翼型的最小阻力取决于雷诺数和层流附面层的弦向范围的影响。雷诺数增加，层流摩擦阻力减小。增加翼型的相对厚度一般会导致最小阻力的增加，翼型最大厚度的后移，会增加有利压力梯度（顺压梯度）的弦向范围，有利于减少最小阻力，但过分靠后的最大厚度位置会导致靠近后缘区域过大的逆压梯度引起后缘流动分离，从而增加形状阻力（型阻）。

（2）翼型的升致阻力

升致阻力主要是自由涡引起的诱导阻力。对翼型来说，在没有明显气流分离的中、小迎角下，其升致阻力来自升力导致的表面摩擦阻力和形状阻力，以及附面层位移厚度引起的形状阻力。形状阻力实质上是一种压差阻力。当升力系数增加时，翼型上表面最小压力点前移，使有利压力梯度范围和层流范围减小，从而使摩擦阻力增加，并且翼型上表面附面层位移厚度增加，改变了翼型的有效外形，引起翼型表面法向压力重新分布，产生形状阻力。

（3）表面粗糙度对摩擦阻力的影响

表面粗糙度是影响摩擦阻力的最重要因素之一。它引起阻力增加的原因主要有以下两点。

第一，表面粗糙度可以引起附面层从层流到湍流的转变，使摩擦阻力有很大增加。例如，对不可压平板绕流，当雷诺数为 1×10^6 时，全湍流附面层的摩擦阻力约为层流附面层的 3.5 倍；当雷诺数为 1×10^7 时，全湍流附面层的摩擦阻力约为层流附面层的 7 倍（根据层流平板 Blasius 解，长度为 L 的层流平板摩擦阻力系数为 $c_F = 1.328/\sqrt{Re_L}$；而经过实验验证的光滑平板湍流附面层的摩擦阻力系数经验公式为 $c_F = 0.074/Re_L^{1/5}$）。

第二，湍流附面层的摩擦阻力与表面粗糙度有关。当表面粗糙度的尺度完全超过湍流附面层次层的尺度时，由于绕粗糙颗粒流动分离产生的压差阻力可能使摩擦阻力随雷诺数增加而减小的有利尺度影响完全消失，因此这时的摩擦阻力只与粗糙颗粒的尺度有关（湍流附面层分为内、外区，内区按速度分布规律分为黏性次层、过渡区和对数律区，黏性次层的范围一般为 $0 \leqslant y^+ < (5 \sim 10)$，$y^+ = \rho y u_* / \mu$，$u_* = \sqrt{\tau_w / \rho}$，$u_*$ 称为壁面摩擦速度，τ_w 为壁面剪切应力，y 为距物体表面的法向距离）。

5. 力矩

翼型的力矩特性主要由绕 1/4 弦线点位置的力矩系数 $c_{M,1/4}$ 和焦点（气动中心）位置来说明。对于风力机翼型，过大的力矩会引起变桨载荷的增加和叶片的扭转变形。研究指出：①翼型绕 1/4 弦线点的力矩系数随翼型相对厚度只有很小的变化或几乎不变；②翼型绕距前缘 1/4 弦线点的力矩系数随弯度或迎角的增加而有绝对值更大的负值；③翼型的焦点一般位于 1/4 弦线点附近，随相对厚度的变化由翼型的具体外形确定；④弯度和最小压力点位置对焦点位置似乎没有系统的影响；⑤后缘角增加时，焦点向前移动。图 4-19 给出了一些 NACA 翼型在设计升力系数下绕 1/4 弦线点力矩系数的理论与实验值的比较。由图 4-19 可见，设计升力下 NACA 翼型的力矩系数绝对值一般在 0 ~ 0.12 之间变化，图中给出的点越靠近对角线说明理论值和实验值符合得越好。

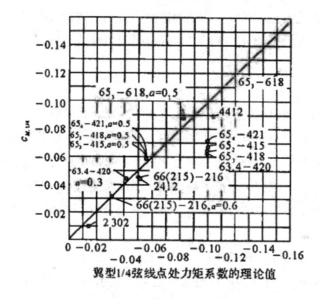

翼型 1/4 弦线点处力矩系数的理论值

图 4-19　NACA 翼型俯仰力矩系数的实验值与理论值比较

第二节　风力机翼型的特点与国外风力机翼型

一、风力机翼型相对于传统航空翼型的特殊要求

在 20 世纪 90 年代以前，风力机叶片设计通常使用已有的传统航空翼型，如四位数字 NACA44 系列和 NACA63 或 64 系列翼型，叶片中部和根部所需的厚翼型是通过将较薄的 NACA 翼型坐标线线性放大得到的。但是，与航空翼型相比，风力机翼型有许多专门的设计要求。例如，航空翼型的相对厚度一般为 4% ~ 18%，而风力机翼型的相对厚度一般为 15% ~ 53%；飞机一般要求在巡航马赫数和巡航升力下的翼型有高升阻比，而风力机要求翼型具有从小风速到大风速的所有速度范围内、直到最大升力系数时有高升阻比；航空翼型在满足巡航设计要求的情况下，要求翼型具有尽可能高的最大升力，而对于失速控制类型的风力机则要限制翼型的最大升力；航空翼型主要要求在失速攻角附近具有和缓的失速特性，而风力机翼型则必须在失速后的所有攻角下都具有和缓的升力变化；航空翼型按光滑表面设计，而风力机翼型设计必须考虑粗糙度的影响，要求所设计翼型的性能对粗糙度不敏感。另外，风力机翼型设计需要考虑动态失速问题等。因此，随着风力发电的快速发展，人们认识到已有的传统航空翼型除了不能满足大功率风力机叶片高风能利用系数和低

载荷的设计需求外，还不能适应恶劣的环境。与航空翼型的工况条件相比，风力机翼型的工况条件更为恶劣。例如，风力机经常面临风速频繁变化的情况；经历着更多的、引起高疲劳载荷的湍流；由于昆虫和空气中的污染物会使翼型表面有很大的粗糙度，引起翼型气动性能的降低，因而降低发电功率；当运转在偏流、失速或湍流条件下时，叶片上的流动发生动态失速，可能会引发叶片气动失稳和自激摆振等；此外，随着叶片直径的不断增大，减小质量和疲劳载荷的需求使发展具有更大结构强度和刚度、同时气动性能优良的厚翼型成为必需，传统的航空翼型都比较薄，不能满足设计要求。因此，发展风力机叶片专用翼型是十分必要的。

二、已有国外风力机翼型

为了适应风力机设计对翼型的更高要求，西欧、北欧和美国从 20 世纪 80 年代后期皆开始进行专门用于风力机的先进翼型设计研究。荷兰 Delft 工业大学在欧盟 JOULE 计划、荷兰能源与环境局（NOVEM）等方面资助下，发展了 DU 风力机翼型族，1991 年和 1993 年设计了相对厚度分别为 25% 和 21% 的 DU91—W2—250 和 DU93—W—210 翼型（DU 系列翼型的命名遵循如下规则：DUyy—W（n）—xxx 中 DU 代表 Delft University of Technology，yy 代表年份的后两位数字，W 代表 wind energy application，xxx 代表相对厚度百分数的 10 倍，对于 DU91，W 后带一个数字 n，则表示那一年对相对厚度为 25% 的翼型有多个设计）。对这两个翼型在荷兰 Delft 工业大学的低湍流风洞进行了雷诺数为 1.0×10^6 的风洞实验。此后又设计了相对厚度分别为 18% 的 DU95—W—180 和 DU96—W—180 翼型、30% 的 DU97—W—300 翼型、35% 的 DU00—W—350 翼型以及 40% 的 DU00—W—401 翼型，形成了相对厚度为 15% ~ 40% 的 DU 翼型族。这些翼型的设计原则是，外侧翼型具有高的升阻比、高的最大升力以及和缓的失速特性、对粗糙度不敏感和低噪声等性能。内侧翼型适当满足上述要求，重点是考虑几何兼容性及结构要求。与传统航空翼型相比，DU 翼型具有被限制的上表面厚度，即限制上表面最高点到弦线的距离（特别是对厚翼型），低的粗糙度敏感性和后加载。目前，DU 翼型已应用于直径为 29 ~ 100 m、最大功率为 350 kW ~ 3.5 MW 的十多种不同类型的风电机组。图 4-20 给出了荷兰的 DU 翼型族示意图。

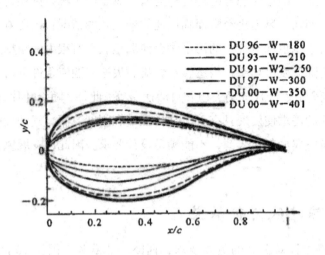

图 4-20 荷兰的 DU 翼型族

瑞典航空研究院（Flygtekniska Forsoksanstalten Aeronautical Research Institute of Sweden，FFA）在 20 世纪 90 年代设计了 FFA—W3—211 翼型以及两个较厚的翼型 FFA—W3—241 和 FFA—W3—301（FFA 为瑞典航空研究院的缩写，W 代表 wind energy，相对厚度分别为 21.1%，24.1%，30.1%），并分别在 L2000 风洞和 VELUX 风洞中进行了风洞实验。这些翼型比 NACA 翼型有更大的相对厚度和更好的高升力性能。由于实验雷诺数低于 2×106，其高雷诺数性能是缺乏验证的。因此，用于需要高雷诺数的大型风力机叶片设计还需要进一步验证。图 4-21 为瑞典的 FFA 翼型族的示意图。

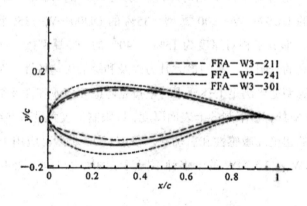

图 4-21 瑞典的 FFA 翼型族

丹麦 RIS0 国家实验室（Riso National Laboratory）在 20 世纪 90 年代后期使用计算流体力学方法，发展了由 RIS0—Al—18，R1S0—A1—21 和 RIS0—A1—24 三个翼型组成的 RIS0 A1 风力机翼型族，在 VELUX 风洞中进行了雷诺数为 1.6×106 的风洞实验。该翼型族主要用于 600 kW 以上的风电机组。风场实验表明，这些翼型非常适合于被动失速控制风力机和主动失速控制风力机，但对粗植度敏感性比预期要高。对 600 kW 主动失速控制风电机组的风场实验表明，在发电量相同的情况下，疲劳载荷减少了 15%，同时还减少了叶片的质量和实度。此外，该实验室还设计出了 RIS0—P 翼型族和 RISO—B1 翼型族。RIS0—P 翼型族用于变桨控制风力机，并减小了对粗糙度的敏感性。RISO—B1 翼型族用于变速、变桨控制的大型兆瓦（MW）级风电机组，其相对厚度为 15% ~ 53%，具有高的最大升力系数，从而使更细长的叶片能保持高的气动效率。据报道，其中 RIS0—B1—18 和 RIS0—B1—24 两个翼型在 VELUX 风洞进行了 Re 为 1.6×10^6 的风洞实验。RIS0—B1—18 翼型的最大升力系数达到 1.64，在使用标准粗糙带进行强制转换后，最大升力系数下降 3.7%，更严重的粗糙度使最大升力系数减少 12% ~ 27%。RIS0—B1—24 翼型的最大升力系数为 1.62，使用标准粗糙带的固定转换使最大升力系数下降 7.4%，联合使用涡发生器和 GURNEY 襟翼使该翼型的最大升力系数增加到 2.2。对比研究指出，RIS0—B1 翼型族具有优良的前缘粗糙度性能。图 4-22 ~ 图 4-24 给出了部分 RIS0 翼型的示意图。

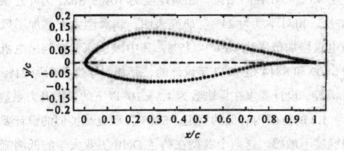

图 4-22　丹麦的 RIS0—A1—21 翼型

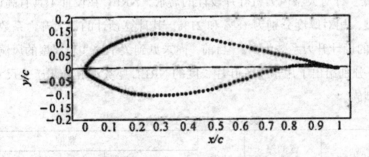

图 4-23　丹麦的 RIS0—A1—24 翼型

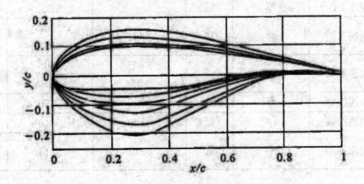

图 4-24　丹麦的 RIS0—B1 翼型族

在美国能源部的资助下，美国可再生能源国家实验室（National Renewable Energy Laboratory，NREL）1984 年开展了风力机翼型族的设计研究，到 20 世纪 90 年代，为各类风力机发展了不同性能的 9 个翼型族，适用范围从根部到叶尖，并满足结构要求。这些翼型族是按风力机的大小及载荷控制类型分类的。载荷控制类型分为失速控制、变桨控制和变速控制。对于失速控制型风力机，要求叶片外侧翼型具有低的最大升力系数（即限制 $c_{L,max}$），对于变桨和变速型风力机，要求外侧翼型有高的最大升力系数。表 4-2 给出了 NREL 的 9 个 S 系列翼型族的分类。NREL 的 S 系列翼型族命名规则是按序列号命名的，由 D.Sommers 设计，其命名规则为 S8xx，xx 表示序列号。例如，S819，S820，S821 为一族翼型，适用于中等叶片长度（直径 10 ~ 20 m），功率为 20 ~ 150 kW 的失速控制型风力机。S819 为风力机叶片主翼型，配置于 75% 叶片径向站位，相对厚度为 21%；S820 为叶尖翼型，配置于 95% 叶片径向站位，相对厚度为 16%；S821 为叶片根部翼型，配置于 40% 叶片径向站位，相对厚度为 24%。研究表明，新翼型大大增加了风电机组的能量输出，风力机年发电量增加范围为 10% ~ 35%，其中以失速型控制风电机组增幅最大。两个厚风力机翼型 S809 和 S814 是 1997 年设计的，其相对厚度分别为 21% 和 24%。对于相对厚度为 24% 的翼型，设计要求在雷诺数为 1.5×10^6 以下的最大升力系数至少达到 1.3，在升力系数为 0.6 ~ 1.2 的范围内有低的型阻。S809 翼型也有类似的设计要求，另外还要求其气动性能对粗糙度不敏感。这两个翼型在荷兰 Delft 工业大学的低湍流风洞进行了雷诺数为 1.0×106 的风洞实验。这些翼型是针对较小的通用风力机设计的，其设计升力和最大升力系数较低。针对大型风力机叶片设计的需求，NREL 在设计了具有高设计升力的 S831 和 S830 翼型，相对厚度分别为 18% 和 21%，其计算预计的最大升力系数分别为 1.5 和 1.6，计算预计的设计升力系数为 1.2。目前，尚未见到关于这些新翼型的风洞实验报道。图 4-25 和图 4-26 分别给出了用于中等叶片长度的 NREL 厚翼型族和州于大尺寸风力机的 NREL 高升力翼型族。

表 4-2 NREL 翼型族

叶片直径 m	风机类型	翼型厚度类别	叶尖	翼型		
				主（primary）翼型	叶尖（tip）翼型	叶根（root）翼型
3 ~ 10	变速变距	厚	低	—	S822	S823
10 ~ 20	变速变距	薄	高	S801	5802 5803	S804
10 ~ 20	失速控制	薄	低	S805 S805A	S806 S806A	5807 5808
10 ~ 20	失速控制	厚	低	S819	S820	S821
20 ~ 30	失速控制	厚	低	S809	S810	S8U
20 ~ 30	失速控制	厚	低	S812	S813	5814 5815

叶片直径 m	风机类型	翼型厚度类别	叶尖	翼型		
				主（primary）翼型	叶尖（tip）翼型	叶根（root）翼型
20 ~ 40	变速变距	—	高	S825	S826	5814 5815
30 ~ 50	失速控制	厚	低	S816	S817	S818
30 ~ 50	失速控制	厚	低	S827	S828	S818

德国 Stuttgart 大学空气动力学研究所在 1981 牵设计了相对厚度为 19% 的 FX66-S196-V1 翼型，其特点是当较低雷诺数时具有很宽的低阻范围。如图 4-27 所示为 FX66—S196—V1 翼型的外形示意图。

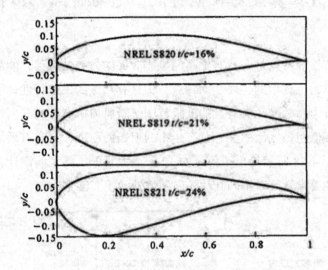

图 4-25　用于中等叶片长度的 NREL 厚翼型族

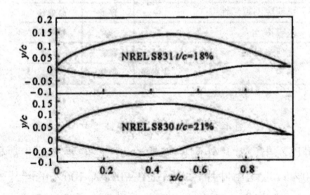

图 4-26　用于大尺寸风力机的 NREL 高升力翼型族

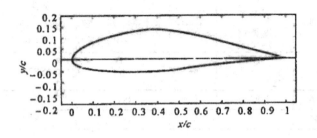

图 4-27　德国 Stuttgart 大学的 FX66- S196-V1 翼型

三、新风力机翼型的性能特点、气动特点、几何特点和设计要求

新风力机翼型的性能特点是，具有更高的风能捕捉能力和低载荷，能满足建造大功率风力机的需要。新风力机翼型的主要气动特点：①具有和缓的失速特性；②气动性能对粗糙度不敏感；③随升力系数变化具有宽的低阻范围。新风力机翼型的几何特点：①具有大的相对厚度；②为降低粗糙度敏感性，具有较小的上表面厚度；③具有后加载，以满足设计升力的需要。如图 4-28 所示给出了荷兰 Delft 工业大学 DU 翼型族设计者对构成风力机叶片的翼型气动特性要求及其对不同叶片径向站位处的重要性。

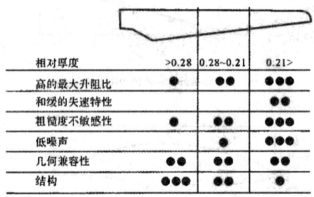

相对厚度	>0.28	0.28~0.21	0.21>
高的最大升阻比	●	●●	●●●
和缓的失速特性			●●
粗糙度不敏感性	●	●●	●●●
低噪声		●	●●●
几何兼容性	●●	●●	●●
结构	●●●	●●	●

注：● 代表重要性。

图 4-28　DU 翼型族的设计要求

由图 4-28 所示可以看出，叶片外侧翼型对气动性能的要求是非常高的。这是因为叶片捕捉到的风能的 60% 以上是由叶片径向站位在 70% ~ 100% 的叶片外侧部分提供的。另外，随着叶片直径的不断增大，叶尖速度提高，低噪声的特性也是重要的设计要求；对于叶片根部翼型，重点是结构的要求（如强度、刚度要求），在保证结构要求的前提下，兼顾高最大升阻比和低粗糙度敏感性的要求；叶片中段翼型除对和缓失速特性不要求外，对高最大升阻比、低粗糙度敏感性、低噪声都有较高要求，但相比叶尖翼型要求稍低。作

为构成叶片的翼型族，良好的几何兼容性是对叶根、叶展中段、叶尖翼型同等重要的。沿叶展方向不同厚度的翼型应构成光顺的叶片外形，如 RIS0—B1 族翼型，几何相容性是通过对典型前缘曲率的限制、翼型压力面后部外形限制、典型最大厚度位置限制来保证的。DU 翼型有叶片中段翼型设计迎角相近的要求。

综上所述，针对变桨或变转速的大型风力机叶片，新一代风力机翼型需要满足以下设计要求。

1. 大的使用迎角范围

图 4-10 给出了风力机叶片的径向某个翼型微段上所作用的气动力。图中，ϕ 为风轮旋转平面与来流的夹角，θ 为叶片扭转角，α 为翼型的迎角，$\phi = \theta + \alpha$。由图可见，驱动叶片旋转做功的是切向力 F_t，其表达式为

$$F_t = \frac{1}{2}\rho W^2 Bc\Delta R\left(c_L \sin\phi - c_D \cos\phi\right) \quad (4\text{-}7)$$

对于小的 α 和 θ，升力系数只有一个很小的分量贡献给切向力 F_t。因此，新一代翼型应该具有更大的使用迎角，因为更大迎角同时对应更大的 c_L。此外，由于风的随机性，其大、小方向经常在变化，所以希望翼型直到接近失速的非设计迎角下具有高的升阻比。

2. 高升力系数设计要求

设风力机直径为 D，其质量和费用正比于 $D^{2.4}$。由于高升力系数对应较小的弦长，因此，对于尺寸很大的风力机，使用具有高设计升力系数的翼型，尤其是在叶片根部使用高设计升力系数翼型，可以减小叶片实度，减少叶片的质量和费用，并提高启动力矩（由于来流动压一定时，升力系数和弦长的积（升长积）$c_L c$ 决定了叶片产生的力的大小，因此高的 c_L 可以允许更小的弦长 c）。

3. 大的迎角（升力）变化范围内尽可能高的升阻比

具有高设计升力系数下的高升阻比，并在较宽的可用升力系数范围内具有低阻特性，即在较大的迎角变化范围内翼型具有高升阻比，可以提高风能利用效率和发电量。

4. 粗糙度不敏感性，特别是最大升力系数对粗糙度的不敏感性

对粗糙度不敏感，可以保证风力机叶片在灰尘、昆虫尸体黏附、结冰等情况下仍能高效运行。

5. 翼型（特别是叶尖部分的翼型）具有良好的动力学性能、和缓的失速特性

如前文所述，良好的动态特性及和缓的失速特性保证了叶片疲劳载荷和动力学特性满足设计要求。

第三节 风力机翼型气动特性计算与设计方法

一、风力机翼型气动特性计算方法

风力机翼型气动特性的预测精度对设计结果有重要影响，准确高效的风力机翼型气动特性计算方法是发展新一代风力机翼型设计技术的前提和重要基础。目前，国内外用于风力机翼型黏性绕流计算与分析的方法主要可以归纳为三种：①基于不可压势流方程（面元法计算）-附面层方程-分离区模型迭代计算的低速和低亚声速翼型气动特性计算方法；②基于全速势方程（或欧拉方程）-附面层方程迭代计算的翼型气动特性计算方法；③基于雷诺平均 Navier-Stokes（RANS）方程的定常、非定常黏性流动的翼型气动特性计算方法（包括固定转换 RANS 方程计算和耦合转换自动判定的 RANS 方程计算方法）。第一种方法能快速有效地计算出低速和低亚声速翼型气动性能；第二种方法可以用于低速、亚声速和跨声速翼型计算；第三种方法的适用范围更加广泛，而且具有更可靠地预估翼型最大升力特性的能力。

下面首先对这三种方法分别进行简要介绍，然后重点介绍本审笔者所在课题组针对风力机翼型发展的第三种计算方法，最后描述建立于更精确物理模型上的大涡模拟和 DNS 方法。

1. 基于面元法的不可压势流 - 附面层迭代的翼型气动特性计算方法

（1）面元法的基本思想

无旋假设下，绕翼型不可压缩、无黏流动的控制方程为速度势的拉普拉斯（Laplace）方程。点源、点涡、均匀流等的速度势均是满足 Laplace 方程的基本解。因此，它们的叠加仍然满足 Laplace 方程。若将其适当叠加同时保证无黏流动的物面边界条件得到满足，则可得到绕流问题的解。

面元法通过在翼型表面布置面源或面涡并与直匀流叠加求解翼型的气动特性，其关键在于确定合适的面源强度分布或面涡强度分布。该方法的一般步骤：根据已知翼型的形状，将物面分割成数目足够多的有限小块，即面元；在每个面元上存在强度待定的面源或面涡；通过满足每一个面元上控制点的无穿透边界条件（法向速度为零的无黏流边界条件）和典型后缘的库塔条件得到以面元强度为未知量的线性方程组；求解此方程组，可以确定面元强度，得到扰动速度势，根据扰动速度势就可以计算出压强、升力和力矩特性。

（2）有黏 / 无黏迭代思想

在无黏假设下，翼型绕流的理论计算结果是翼型阻力为零，这显然与实际情况不符。导致这一结果的原因在于没有考虑流体的黏性影响。为解决这一问题，普朗特（Prandtl）

在大量观察、实验研究的基础上提出了著名的附面层理论。附面层理论将流动区域分为黏性有显著影响的附面层区域和黏性影响可以略去不计的无黏流动区域。两个区域分别用有黏和无黏的方法进行计算。但应注意到，附面层外边界上的流动参数值与无黏流动区域在该处边界的流动参数值相互匹配。因此，这两个区域的求解问题是耦合在一起的。例如，翼型表面的压力分布、升力和力矩值都受到附面层流动的影响，而无黏流动计算值的不同，反过来又会影响附面层流动的计算结果。解决这一耦合问题的常用方法是，采用有黏/无黏迭代算法，即考虑无黏流动计算和有黏流动计算相互影响的实际情况，对这两个区域进行交互、反复的迭代计算，直到两个流动区域交界处的值相互匹配为止。

　　基于面元法的不可压势流-附面层迭代计算方法的计算软件，目前，国内外比较流行的是 XFOIL 软件。该软件是由美国 MIT 的 Mark Drela 在 1986 年研制的，2001 年重新进行了修改。该软件用面元法计算势流，用积分方法计算附面层和尾迹，用 e^N 方法计算转捩，用 Karman-钱学森公式进行压缩性修正，计算速度快，易于使用。但就风力机翼型而言，该软件主要不足之处是，对于大攻角下的气动特性，特别是最大升力的计算误差较大，还有该软件不能计算动态失速问题。图 4-29 表示了相对厚度为 21% 的 DU93—W—210 翼型在雷诺数 Re $=1.0 \times 10^6$ 时的 XFOIL 计算结果与实验结果的对比。可以看出，在线性段，XFOIL 的计算结果比较可靠，但是当大攻角时，升力系数和阻力系数的计算结果与实验值有较大偏差。

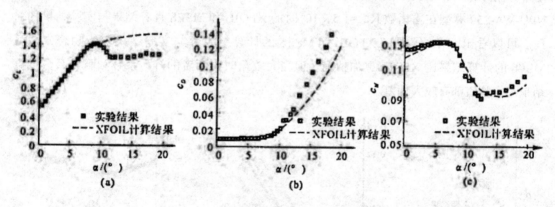

图 4-29　DU93—W—210 翼型的 XFOIL 计算结果与实验结果的对比

（ Re $=1.0 \times 10^6$ ）

（a）升力特性；（b）阻力特性；（c）力矩特性

2. 基于全速势方程（或欧拉方程）-附面层方程迭代计算的翼型气动特性计算方法

　　全速势方程是可压缩、无黏无旋流动的粗确控制方程，而欧拉方程是在不考虑流体黏性影响的前提下最精确的流体运动方程，不存在无旋假设，具有更广的适用范围。翼型气动特性计算方法可用于低速、亚声速和跨声速翼型的计算。全速势方程和欧拉方程都需要采用计算流体力学方法对控制方程进行离散求解。通过数值求解无黏流动区域的流动参数，结合附面层理论、有黏/无黏迭代算法，可求得翼型绕流整个计算域的流动参数，从而获取翼型的压力分布和气动特性。

翼型气动特性计算方法的代表性软件为 MSES 软件。Drela 等人在 XFOIL 的基础上，用欧拉方程代替拉普拉斯方程，发展了鉴于欧拉方程 - 附面层方程迭代计算方法的 MSES 软件，并得到较为广泛的应用。MSES 软件采用积分形式的定常二维欧拉方程作为控制方程，在流线网格上使用荷限体积法对控制方程进行求解。迭代过程中采用全局性牛顿方法和守恒型差分格式，对超声速区使用了人工黏性，以便正确捕捉激波。对于流动的物理黏性，求解积分形式的可压缩附面层方程，认为附面层和尾流把无黏流动从物体表面推开，推开的量等于附面层的"位移厚度"。在此基础上，构造层流和湍流封闭关系式，转换计算采用方法，并把附面层求解耦合到欧拉方程的求解过程中。迭代求解时，按附面层位移厚度逐次修改流线形状，即修改流线网格。最终得出翼型表面的压力分布以及翼型的气动特性。

与基于面元法的不可压势流 - 附面层迭代计算方法相比，基于欧拉方程 - 附面层方程迭代的计算方法具有更广的适用范围，但需要生成计算网格，计算速度稍慢。由于这两类方法中，后缘分离气泡在翼型下游的闭合点位置是用半经验方法确定的，并且难以准确模拟大攻角时可能发生在翼型前缘的层流分离气泡，因此，计算得到的翼型大攻角气动特性往往有较大误差，特别是对风力机翼型设计中所关心的最大升力及失速特性的预测往往不够准确，而且在高速绕流问题中分离气泡的确定方法具有更大的不确定性。此外，当使用定常势流方程时，这类方法不能计算翼型的动态特性。图 4-30 所示为相对厚度为 25% 的 NPU-WA-250 翼型在雷诺数 $Re = 1.5 \times 10^6$ 时的 XFOIL 和 MSES 计算结果与实验结果的对比。可以看出，在线性段，XFOIL 和 MSES 的计算结果都与实验结果较为吻合，并且 MSES 的计算结果比 XFOIL 更加精确。但当大攻角时，两者的升力系数和阻力系数计算结果与实验值都有较大偏差。

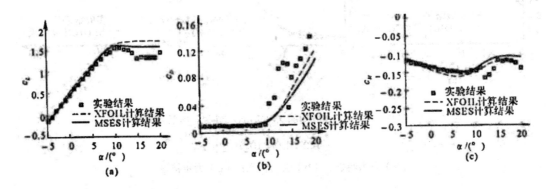

图 4-30　NPU-WA-250 翼型的 XFOIL 和 MSES 计算结果与实验结果的对比（$Re = 1.0 \times 10^6$）

（a）升力特性；（b）阻力特性；（C）力矩特性

3. 基于雷诺平均 Navier-Stokes 方程的定常、非定常黏性流动的翼型气动特性计算方法

Navier-Stokes 方程考虑了流体黏性的影响，是目前最普遍、最精确的流体运动方程。

因此，基于 Navier-Stokes 方程的翼型计算方法适用范围进一步扩大，可以计算从负攻角到大攻角、甚至失速以后的低速、亚声速及跨声速定常、非定常气动特性，而且具有比前面两种方法更可靠地预计翼型最大升力特性的能力，能够更为详细地解释流动现象的物理机制。

雷诺平均 Navier-Stokes 方程是流场时均变量的控制方程。假定湍流中的流场变量由时均量和脉动量组成，对 Navier-Stokes 方程进行处理即可得出 RANS 方程。RANS 方程引入了新的未知量——雷诺应力，必须附加封闭方程，即湍流模型，才能对 RANS 方程进行数值求解。目前，已经发展了并且还在研究发展的各种湍流模型中，有的湍流模型对于附体流动占优势的情形，计算结果比较好；有的湍流模型对于存在大分离区的情形，计算结果比较好。现在还没有在各种情形下都很满意的湍流模型。由于基于 RANS 方程的流动转换的正确预测仍处于研究发展阶段，因此用 RANS 方程的定常、非定常黏性流动翼型计算方法大部分是基于前缘固定转捩位置的全湍流计算。这种全湍流计算方法在中、小攻角下高估了翼型的阻力，对厚的风力机翼型可导致最小阻力计算偏差达到 30% 以上。

图 4-31 表示了相对厚度为 30% 的 DU97—W—300 翼型当雷诺数 $Re = 3.0 \times 10^6$ 时的 XFOIL，MSES 和全湍流 RANS 方程及耦合转捩判断方法的 RANS 计算结果与实验结果的对比。由于该翼型厚度较大，XFOIL 对升力系数和力矩系数的计算结果与实验值偏差较大，而 MSES 和 RANS 对升力系数和力矩系数的计算结果在线性段与实验值更为吻合。在翼型失速前的大攻角状态下，RANS 方程的计算结果比 MSES 更接近实验值。但在翼型失速以后，四种方法的计算结果都与实验值有较大偏差。对于阻力特性，耦合转换判定的 RANS 方法计算结果在小攻角范围内与实验值吻合良好，但在攻角稍大的范围内，XFOIL，MSES 和耦合转换判断方法的 RANS 方程解的计算结果都与实验值有较大偏差。没有考虑转换判断的全湍流 RANS 方法在整个攻角范围内阻力误差都很大，完全不可用。大攻角特性的准确计算仍然是亟待解决的前沿课题，其原因是目前尚没有完全准确的转换判断模型和普遍适用的湍流模型可以精确模拟大分离流动。

目前，大多数通用商业软件都是基于这一类方法的。各种软件中都含有多种针对不同问题的湍流模型可供选择。CFX，Fluem 软件是这类商用软件的代表，目前耦合了蒎于湍流模型 SST $k-\omega$ 的 $\gamma-\overline{Re}_{\theta t}$ 转捩判断模型。$\overline{Re}_{\theta t}$ 代表转捩处动量厚度雷诺数。该转换判断模型求解类似于 SST $k-\omega$ 输运方程的 γ，$\overline{Re}_{\theta t}$ 输运方程，可根据湍动能的值判断转捩位置。图 4-32 给出了笔者课题组采用 $\gamma-\overline{Re}_{\theta t}$ 转捩判断模型计算的 S809 翼型上（吸力面）、下（压力面）表面随迎角变化的转捩点位置与实验结果的对比，较为一致的结果说明 y-尺转捩判断模型的有效性。

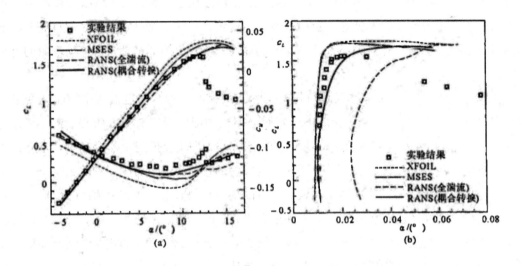

图 4-31　三种方法计算风力机翼型 DU97—W—300 气动特性与实验结果的对比

（ $\mathrm{Re} = 3.0 \times 10^6$ ）

（a）升力和力矩特性；（b）阻力特性

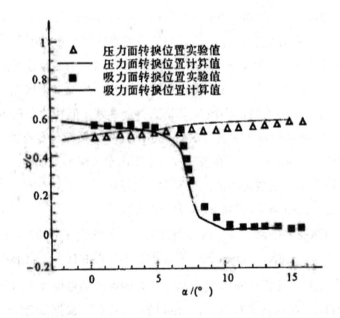

图 4-32　S809 翼型上、下表面随迎角变化的转捩点位置与实验值的对比

在国家高技术研究发展计划《风力机先进翼型族的设计与实验研究》的支持下，笔者课题组开展了针对风力机翼型气动特性计算的高效、高精度 CFD 方法研究。该方法采用与 XTOIL 及 MSES 软件相同的转换判断方法，在固定转换 RANS 方程鉴础上，耦合了菡于线性稳定性理论的 ^ 转换判断方法，实现了耦合转换自动判断的 RANS 方程数值求解。该方法改善了计算精度，可以较为准确地判断小迎角下的转捩点，更准确计算翼型的气动性能，并适用于风力机翼型非定常绕流计算。接下来将对这一方法进行简要介绍。

4. 基于耦合转换自动判断的 RANS 方程求解器的风力机翼型气动特性计算方法

翼型流动转换的准确预测是提高数值模拟精度的关键之一。目前，工程上公认的比较可靠的翼型绕流转换判断方法是基于线性稳定性理论的 e^N 方法。因此，该方法是目前计算翼型气动特性最常用的转捩判断方法之一。其基本思想是，在稳定的层流流动中引入一个小的初始扰动，沿流动方向观察这个扰动是被放大还是被衰减。当该扰动被放大且累积放大倍数达到初始扰动的 e^N 倍时，就认为转捩发生。德国宇航院（DLR）早在 20 世纪 90 年代就开始了在 RANS 方程计算中耦合转换判断的研究，并成功地将这一技术应用在了单段翼型、多段翼型和三维增升装置的气动性能分析上。国内，笔者所在的课题组采用 e^N 方法对翼型边界层转捩进行了研究，发展了耦合转捩自动判断的 RANS 方程求解器。为节省计算量，首先实现了耦合层流边界层方程求解的转捩自动判断 RANS 方程求解。该方法通过求解层流边界层方程得到线性稳定性分析所需的高精度层流边界层解。

耦合转换自动判断的 RANS 方程求解方法的具体步骤有以下几步：

第一步：RANS 方程的计算由转捩点极可能靠近后缘的固定转换计算开始，计算得到翼型物面压力分布，当压力收敛时，调用转换判断程序。

第二步：在转换判断程序中，将物面压力分布作为边界层方程的输入参数，求解边界层方程得到层流边界层内的流动信息，并确定出层流分离点（物面摩擦应力为零的点）。对已求得的边界层信息，使用 e^N 方法进行流动转捩点的预测，得到转捩点位置的一次预测。如果在层流分离点出现之前，使用转换判断方法还没能预测到一个转捩点，那么将层流分离点作为这一次转捩点预测的一个近似。

第三步：根据新的转捩点位置，建立转换过渡区，并固定转捩位置进行流场计算，直到压力分布收敛，返回第二步。重复上述步骤直至转捩点位置收敛。

第四步：得到收敛的转捩位置后，建立转换过渡区，以判断得到的转捩点位置为固定转捩点，计算流场直到收敛。

图 4-33 所示为耦合边界层求解判断转换的 RANS 方法的具体流程。

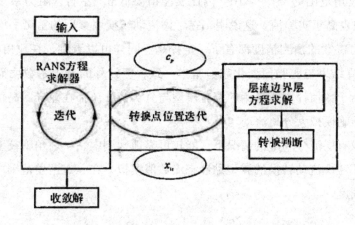

图 4-33　耦合边界层求解判断转换的 RANS 方法流程

采用上述方法对 DU91—W2—250 翼型进行了气动特性的计算验证。

计算状态：马赫数为 0.1，雷诺数为 1.0×10^6，攻角范围为 -15.8° ～ 28.1°，采用自由转换和全湍流两种模型，使用 SA 湍流模型模拟湍流。

图 4-34 给出了采用全湍流和耦合自动转换判断两种 RANS 方程数值求解方法计算得到的翼型表面压力分布，以及与实验值的比较结果。从图可以看出，计算结果与实验测量结果基本一致，加转换判断的压力分布与实验值符合更好，而全湍流计算的吸力面前半段压力分布与前两者相差较大，说明考虑转换影响后的 RANS 方程求解能更准确地模拟翼型绕流流场。

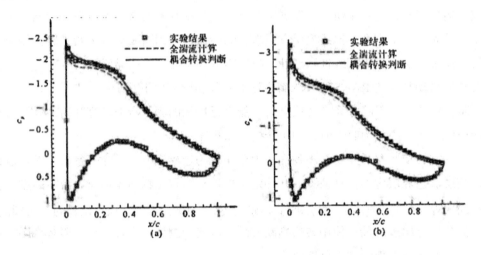

图 4-34　DU91—W2—250 翼塑表面压力分布计苏和实验结果比较

（a）α =7.686° ；（b）α =9.742°

如图 4-35 所示为采用全湍流和耦合转换判断两种方法数值计算得到的翼型升力、阻力特性曲线并与实验值的比较结果。从图可以明显看出，在风力机翼型的使用工况攻角变化范围（-10° ～ 10° ）内，加转换判断的计算结果与实验数据基本吻合，而全湍流计算的升力系数在攻角范围为 -5° ～ 10° 内比实验值要低 0.1 左右，阻力系数在攻角范围为 -10° ～ 10° 内也高于实验值。这说明，在考虑流动转换因素后的雷诺平均 N-S 方程计算对翼型的升阻力特性的预测精度都有了一定提高。同样可以看到，在攻角小于 -10° 和大于 10° 后，计算结果与实验值变化趋势基本一致，但计算的升力系数明显偏高而阻力系数偏小。这是由于数值计算所采用的湍流模型与真实情况还存在差异，高估了升力，低估了阻力，难以准确模拟大分离流动。

上述方法在没有层流分离泡的情况下，能较可靠地预测中、小迎角下翼型流动转换发生的位置，实现了考虑流动转换的翼型黏性绕流数值模拟，在一定迎角范围内提高了预测翼型气动特性的精度。

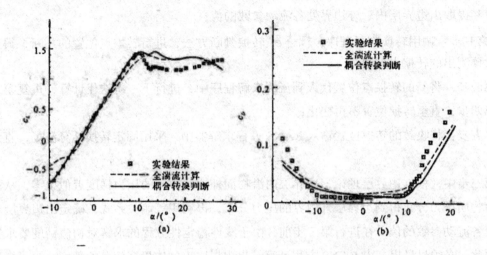

图 4-35 DU91—W2—250 翼型升力系数、阻力系数随迎角变化曲线

（a）升力特性曲线； （b）阻力特性曲线

但是，由于上述方法为减小网格量以提高计算效率，耦合了层流边界层方程的求解，通过沿流线推进求解层流边界层方程，得到稳定性分析需要的精确边界层信息。但是层流边界层方程的求解只能推进到层流分离点，因而这种方法无法解决有层流分离泡问题的转捩判断。因此，在上述基础上，进一步改进方法，在加密网格上直接求解 RANS 方程，为转捩判断方法提供高精度边界层的解，实现有层流分离流动的转捩点自动判断，进而进一步有效提高现有求解器预测翼型气动特性的精度。

改进后的在 RANS 方程求解器中耦合 e^N 转捩预测程序的流程如图 4-36 所示。

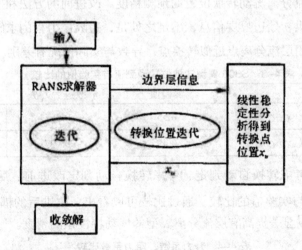

图 4-36 RANS 方程求解器与 e^N 转捩判断方法耦合流程图

耦合计算的具体过程如下所述。

第一步：由固定转换开始计算 RANS 方程，为获取充分的层流边界层信息，假设初始转捩位置在翼型靠近后缘处；

145

第二步：当流场解基本收敛时，由物面压力分布得到边界层外边界上的压力分布，由此计算和提取出边界层内、外边界处各流动参数的值；

.第三步：调用转换判断程序，耦合 e^N 转捩判断方法，进行转捩点位置的判断，得到第一次预测出的转捩点位置；

第四步：将新的转捩点位置代人到流场求解程序中，进行下一次迭代计算，重复第二步到第四步，直至转捩位置不再变化；

第五步：将收敛的转捩位置输入 RANS 方程求解器中，采用固定转换计算流场，直到收敛。

第二步中，根据边界层理论，边界层内沿物面外法线方向的压力梯度近似为零，从而可以由物面压力分布得到边界层外边界的压力分布，再利用等熵关系式，确定出边界层外边界处各流动参数的值。在进行第三步前，由于线性稳定性方程的求解对初值精度要求很高，因此，必须尽量提高由 RANS 方程计算结果中提取出的边界层信息的精度。为了得到可用于稳定性分析的高精度边界层信息，包括边界层速度型及速度沿物面外法线方向的一阶、二阶导数，可通过如下方法对边界层信息进行合理的处理：①边界层内网格加密；②采用 B 样条拟合方法对速度型进行光顺；③采用 Falkner-Skan 变换对物理边界层沿物面法向的尺度进行变换，并对各弦向位置处的边界层法向网格分布进行统一。第三步的转捩判断需要预先设定转换放大因子 N，通常与湍流度有关。当来流湍流度 $T_u > 0.1\%$ 时，转捩放大因子 N 的修正公式为

$$N = -8.43 - 2.4 \ln T_u \quad (4\text{-}8)$$

表 4-3 给出了 S809 翼型转捩位置的预测值与实验值的比较。可以看出，萍用改进的方法明显提高了有层流分离流动转捩位置的预测精度。改进前的方法和用求解边界层方程为线性稳定性方程提供初始边界层信息，不足之处是，边界层力程的求解只能推进到层流分离点。因此，只能用层流分离点近似转捩点，导致与实际情况有差别。

表 4-3　S809 翼型转捩位置预测值与实验值的比较

项目	实验值	改进后方法	改进前方法
上表面转拔点位置（x/c）	0.55	0.555	0.49
下表面转拔点位置（x/c）	0.49	0.497	0.45

表 4-4 给出了不考虑转换自动判定、考虑转换自动判定改进前、后方法计算得到的升力系数和阻力系数与实验值的比较。通过比较可以看出，改进后的耦合 e^N 转捩判断的 RANS 方程求解器可以显著提高有层流分离翼型的气动特性预测精度。

表 4-4　升力系数、阻力系数比较

项目	实验值	改进后方法	改进前方法	全湍流
c_L	0.281	0.286	0.276	0.243
c_D	0.003	0.006	0.007	0.011

5. 大涡模拟和直接数值模拟

尽管基于 RANS 方程耦合转换判断模型的计算方法能够提高翼型气动特性的计算精度，但对于较为复杂的三维非定常湍流流动，这类方法通常不能给出令人满意的计算结果。如翼型在大攻角失速状态下，流动失去二维特性，翼型黏性绕流会存在非定常涡和分离、横向流动等复杂的流动现象。此时，需要借助更精细的数值模拟手段，利用更精确的物理模型，求解非定常控制方程，如分离涡模拟、大润模拟，甚至直接数值模拟。但这类方法对计算网格的要求极高，计算量更大，在计算机当前的发展水平下，还不能在工程中取得实际应用，仍处于研究发展阶段。

大涡模拟（large-eddy simulation，LES）的主要思想是，通过过滤方法将湍流分为大尺度脉动和小尺度脉动。对大尺度脉动直接进行数值求解，对小尺度脉动建立亚格子模型。与 RANS 模拟相比，LES 可以获得更多的湍流信息，例如大尺度的速度和压力脉动。这些动态信息对于复杂的三维非定常流动是非常重要的。但是，LES 对空间分辨率的要求比 RANS 模拟更高，需要足够密的计算网格才能获得有意义的计算结果。此外，LES 对计算网格质量也有较高的要求，如对网格各向同性的需求。

为了提高 LES 的计算效率，降低 LES 对网格的要求，出现了组合 RANS 和 LES 的混合 RANS/LES 方法。混合 RANS/LES 方法包括分区混合方法和连续混合方法。分区混合 RANS/LES 方法将计算域分为 RANS 区和 LES 区，在两个区域边界进行数据交换；连续混合 RANS/LES 方法采用统一的模型方程，用网格分辨尺度区分 RANS 和 LES，例如在较稀疏或网格长细比较高的区域中使用 RANS。分离祸模拟（detached-eddy simulation，DES）是目前应用最为广泛的连续混合 RANS/LES 方法之一。它采用了统一的涡黏输运方程（Spalan-Allmaras 的涡黏模型）。

直接数值模拟（direct numerical simulation，DNS）不需要对湍流建立模型，采用数值计算直接求解完整的非定常 Navier-Stokes 方程，得到所有尺度的流动信息。这就要求更高的空间分辨率和时间分辨率，即很小的空间网格长度和时间步长。因此，实现 DNS 需要规模巨大的计算机资源。对于最简单的湍流，可以在理论上估计其计算量，计算网格量正比于 $Re^{\frac{9}{4}}$，无量纲时间步长正比于尺 $Re^{-\frac{3}{4}}$，总的计算量芷比于 Re^3。由于计算资源的限制，因此目前可实现湍流直接数值模拟的雷诺数较低，还需要很长的发展阶段才能用于实际之中。

二、基于计算流体力学的翼型设计方法

在计算机技术迅速发展以及计算流体力学（CFD）不断成熟的今天，CFD 数值模拟已经成为翼型设计中用来获得翼型的绕流特性及气动性能的主要手段。本小节首先介绍现有的基于 CFD 计算的翼型设计方法，包括直接修形方法、反设计方法和数值优化方法。最后，重点介绍笔者的课题组近年来发展的基于 Kriging 代理模型的高效全局优化算法。

1. 直接修形法

直接修形法依靠设计者的经验对翼型进行修形，再进行 CFD 计算获得翼型的气动特性，反复进行修形与 CFD 计算，直至获得满足所需气动性能的翼型。这种方法对设计者的要求较高，需要设计者深刻了解翼型气动特性和几何外形的关系，并具有足够多的设计经验。如果完全利用这种设计方法进行反复设计，需要的时间将很长。但该方法具有如下优点：通过与计算机图形软件、高效 CFD 软件结合可以实现在计算机屏幕上直接修改翼型几何外形，通过人—机对话修改设计，高效地设计出基本满足设计要求的初始外形，可作为翼型反设计和优化设计的基础。

2. 反设计方法

反设计方法（逆方法）是指按给定翼型表面压力分布作为目标压力分布设计翼型几何外形的方法。该方法的优点是计算工作置小，快速高效。但该方法的主要难点在于，如何确定翼型的目标压力分布，并且它也不适用于有两个以上设计点和有多种约束条件的设计问题。因此，在实际翼型设计中，该方法必须和其他设计方法综合使用。

3. 数值优化方法

数值优化方法是以气动特性为固标函数，如阻力系数或升阻比，并施加气动或几何约束条件，使用优化算法直接求解目标函数的最大或最小值。当处理约束时，可以直接使用约束优化算法，也可以很方便地将有约束问题转化为无约束问题求解。根据笔者的观点，基于 CFD 的数值优化方法一般分为三类：梯度法、非梯度法以及基于代理模型的优化方法。

（1）梯度法

梯度法的本质是，根据目标函数对设计变量扰动量的梯度信息，确定目标函数的搜索方向，反复迭代直到目标函数收敛到极小或极大值。计算梯度信息最简单的方法是有限差分法。该方法的计算量与设计变量的个数成正比，随着设计变量个数的增加，调用分析程序的次数也会增加，使得优化设计过程的计算量迅速增加。这个问题可以通过 A.Jameson 用于气动优化设计中的基于控制理论的方法（Adjoint 方法）来解决。该方法通过求解流动控制方程及其伴随方程来进行梯度求解，其计算量只相当于两倍的流场计算量，而与设计变量数目无关。这一优点使得较多设计变量的气动优化设计的计算量大大降低。因此，该方法自提出以来得到了迅速发展，并成功应用于翼型、机翼、翼身组合体及其他复杂外形的气动优化设计中。

（2）非梯度法

由于梯度法属于局部优化方法，因而具有全局优化能力的非梯度方法同样受到人们的关注。较为流行的全局优化方法有进化算法、遗传算法（GA）或粒子群算法等。这类方法在优化过程中直接调用流场分析程序来获得翼型的气动性能，能够获得全局最优解，但是需要大量的目标函数计算（即 CFD 计算）次数，而随着设计变量个数的增加，所需目标函数计算次数会快速增长。对于应用欧拉方程或 Navier-Stocks 方程进行多设计变量的优化设计时，所需计算量大。

（3）基于代理模型的优化方法

所谓代理模型，是指在分析和优化过程中可"代替"比较复杂和费时的物理分析模型（CFD）的一种近似数学模型。它利用设计空间内有限个样本点的信息，建立目标函数或状态函数与设计变量的近似对应关系。代理模型一旦建立，设计空间内任何一点的目标函数或状态函数便可迅速地得到。因此，代理模型方法可大大提高优化设计的效率。典型的代理模型有多项式响应面模型、Kriging 模型、径向基函数模型、人工神经网络以及支持向量回归模型等。近十几年来，基于代理模型的优化方法得到迅速发展，并在局部和全局气动优化设计中发挥着越来越重要的作用。

4. 基于 Kriging 模型的风力机翼型优化设计方法

相对于其他代理模型，Kriging 模型有以下优点：①能更好地模拟高度非线性、多峰值问题；②建立 Kriging 模型所需实验设计点数不受设计变量个数的限制，即对于设计变量较多的情况，很少的实验设计点数也可以建立 Kriging 模型，因此，有更高的计算效率；③ Kriging 模型在给出设计空间内任意一点近似响应值的同时，还能预测出该点的误差，利用误差信息可以构造出一定的样本点加点准则，通过自适应样本点加点来寻找设计空间内最有可能的全局最优值。因此，笔者的课题组近年来发展了基于 Kriging 代理模型的高效全局优化算法，并已应用于风力机翼型优化设计中。

（1）基于 Kriging 模型的优化设计方法

基于 Kriging 模型的优化设计方法首先使用实验设计方法（DOE），在设计空间内生成一定数量的样本点，调用真实的分析模型（CFD）获得这些样本点的响应值，利用这些样本信息，建立 Kriging 模型，从而可以由代理模型预测出设计空间内任意一点的响应值及其误差。使用遗传算法对目标函数或其他辅助函数（如 Expected Improvement）进行优化，使用真实的分析模型（CFD）求得上述最优值点的响应值，并将其新的样本点加入已有的样本集，重新建立 Kriging 模型并采用遗传算法进行优化，直至收敛或达到最大允许的计算量。

（2）翼型几何外形参数化方法

在翼型的优化设计中，须对翼型进行参数化，即利用一组参数描述翼型的形状，参数的改变对应了翼型几何形状的改变。下面仅介绍 Hicks-Henne 形状函数法和 CST 参数化方法。

第一，Hicks-Henne 形状函数法。Hicks-Henne 形状函数法由 Hicks 和 Henner，首先应用于机翼的气动优化设计中。该方法是在基准翼型上叠加一些解析函数来改变基准翼型的形状。而这些解析函数中含有的参数便是翼型优化设计的设计变量。

第二，CST 参数化方法。CST（class function/shape function transformation，CST）参数化方法是由波音公司的工程师 Kulfan 提出来的。与 Hicks-Henne 形状函数法不同的是，

该方法用一个类函数和一类型函数的乘积加上一个描述后缘厚度的函数来直接表示一个翼型的几何形状。型函数中含有的系数便是翼型优化设计中的设计变量，通过改变型函数的系数来实现翼型几何形状的改变。

（3）基于 Kriging 模型的风力机翼型优化设计示例

第一，风力机翼型最大升阻比优化算例。采用笔者课题组发展的含转换自动判定的雷诺平均 Navier-Stokes 方程求解器进行流场分析，利用 Hicks-Henne 形函数对翼型进行参数化，使用基于 Kriging 模型的优化方法，以 FFA-W3—211 为基准翼型，进行升阻比最大化的优化设计。设计状态为马赫数 0.1，攻角 7°，雷诺数 1.78×10^6，并含 6 个约束条件：①翼型剖面面积 A 基本不减；②升力系数 c_L 基本不减；③力矩系数 c_M 的绝对值不增；④翼型上表面最大厚度 t_{UP} 不增；⑤翼型上表面的转捩位置 T_{UP} 后移；⑥翼型下表面的转捩位置 T_{low} 后移。

本算例优化模型如下：

设计状态：$Ma = 0.1$，$a = 7°$，$Re = 1.78 \times 10^6$

目标：升阻比 c_L / c_D 最大化；

约束：① $A \geq 0.995A0$，② $c_L \geq 0.99 c_{L0}$，③ $|c_M| \leq |c_{M0}|$，④ $t_{UP} \leq t_{UP0}$，⑤ $T_{UP} \geq T_{UP0}$，⑥ $T_{low} \geq T_{low0}$。

第二，基于 Kriging 模型的风力机翼型反设计算例。采用雷诺平均 Navier-Stokes 方程求解器进行流场分析，利用 CST 方法对翼型进行参数化。使用基于 Kriging 代理模型的优化方法以西北工业大学风力机翼型 NPU-WA—300 为目标翼型进行反设计。设计状态为马赫数 0.15，雷诺数 3×10^6，攻角 7°。

5. 总述

现代风力机或飞行器的设计对翼型的气动性能提出了更高的要求，仅采用其中一种方法往往很难得到满足所需性能的翼型。因此，需要综合应用各种方法，结合不同的方法进行翼型设计。例如，首先给定合理的压力分布，由压力分布进行反设计，再对反设计所得的翼型进行优化设计，中间还可能需要对压力分布或翼型几何形状进行人 - 机对话修形等。

第四节　4NPU-WA 风力机翼型族设计

一、NPU-WA 翼型族的设计思想

美国 Sandia 国家实验室在 2004 年发表了大型风力机叶片的创新设计技术报告，提出了新翼型作为四项关键技术之一的大型风力机叶片创新设计新概念，所有四项关键技术都指向一个主要 Hi 标：在获得高空气动力学性能的条件下，减少叶片质量。新翼型技术要

求研究发展高设计升力系数翼型。

由于风力机叶片的质量和费用正比于半径的 2.4 次方，而发电量正比于风力机叶片半径的二次方，所以随风力机功率增加，风力机尺寸将会有更大的增加，更大的尺寸意味着更高的运行雷诺数、更大的质量、更大的阵风风载及伴随的振动和疲劳限制。因此，大型风力机叶片的主要技术要求是，减少叶片质量，以减少包括制造费用和运输成本在内的发电成本；减少惯性载荷、阵风载荷以及相应的系统载荷；提高叶片的风能捕获能力。由于大型风力机运行工况下，叶片主要剖面具有很高的雷诺数，故要求翼型在高雷诺数时具有高的气动性能。此外，大型风力机还要求翼型具有更高的设计升力。这是因为高设计升力可以减小实度（减小叶片弦长），以减小叶片面积，从而可以减小叶片质量、节约制造和运输成本，并减轻阵风载荷和惯性载荷。另外，高设计升力有利于在低于平均风速的使用周期内提高风能捕获能力，以增加风力机的年发电量。

在传统的风力机翼型设计中，要求叶片的外侧翼型（主翼型和叶尖翼型）保持相对较低的最大升力系数，以满足失速调节风力机对翼型的设计要求，也有利于降低噪声和改进叶片动态特性。主翼型从 0.4 ~ 1.0 的升力系数范围内保持低的阻力，翼型的力矩系数从 -0.07（如 FFA 翼型）到接近 -0.12（如 DU 翼型）或接近 -0.13（如 NACA 63621 翼型）。

对于变桨调节风力机，允许使用具有更高升力系数的翼型，大尺寸风力机叶片新设计技术研究表明，具有更高设计升力系数的翼型可以减小叶片剖面的弦长（从而减少叶片的结构质量），并且可以获得更高的升阻比（因而增加风力机的功率系数），S830，S831 和 S832 翼型是美国 NREL 为大尺寸风力机设计的高升力翼型。这些翼型在自由转换情形下，具有高的最大升阻比，而且最大升阻比对应的升力系数达到了 1.2，其设计力矩系数为 -0.15（使用 XFOIL 的计算结果为 -0.18）。其主要缺点是，全湍流情形的升阻比较低（低于 DU93—W—210 和 FFA—W3—211 翼型）以及升力系数高于 1.2 以后，立即出现大范围气流分离，导致翼型性能快速下降。此外，丹麦的 RIS0—B1 族翼型是 RIS0 新设计的高升力风力机翼型，对应最大升阻比的升力系数可以达到 1.16，接近于设计升力系数为 1.2 的高升力设计目标，但是该族翼型最大升阻比不是很高，失速特性不够平缓，最大升力对粗糙度比较敏感。

NPU-WA 风力机翼型系列设计目标是针对大型风力机叶片设计提出的，主要设计思想和技术要求如下：

第一，由于叶片剖面的升力是由升力系数与弦长、来流动压的乘积决定的，因此，为了减少大型风力机叶片质量及相应的惯性载荷，需要翼型能够在更大升力系数下工作，以减少叶片剖面弦长。此外，如果弦长不变，可以增加叶片的风能捕获能力（或减少叶尖速度）。

第二，NPU-WA 翼型族是针对变桨或变转速风力机设计的，因此要求 NPU-WAM 族型比传统风力机翼型有更高的最大升力系数。由于作用于叶片的气动力对产生功率输出的风轮转矩主要由升力系数的切向分 i 所贡献，因此，在接近最太升力的大迎角下，若翼型具有高升阻比，则可以提高叶片的风能捕获能力。

第三，大型风力机叶片在高雷诺数下工作，叶片翼型的当地雷诺数可以达到 6×10^6 以上，要求 NPU-WA 翼型族比传统风力机翼型有更好的高雷诺数性能。

二、NPU-WA 翼型族的设计指标

NPU-WA 风力机翼型族设计的主要指标有以下几个：

第一，主翼型的设计升力系数为 1.2，设计迎角为 6°，主翼型和叶片外侧鹄型的设计升力系数大于或等于 1.2。

第二，主翼型和外侧翼型的设计雷诺数为 6×10^6，在高雷诺数和高升力设计条件下，要求 NPU-WA 翼型族的升阻比高于现有翼型。在低于 1.5×10^6 的非设计雷诺数情形下，保持与传统翼型相当的升阻比。

第三，要求 NPU-WA 翼型族的最大升力系数比传统翼型的高。

第四，主翼型和外侧翼型的力矩系数接近于同类 NACA 翼型，内侧翼型的力矩系数不低于 -0.15。

第五，在全湍流情况下，要求 NPU-WA 翼型族的升阻比高于国外同类高升力风力机翼型。此外，要求翼型的最大升力系数对粗糙度不敏感，外侧翼型的不敏感性小于 15%，内侧翼型的不敏感性小于 25%。

第六，NPU-WA 翼型族相对厚度分别为 0.15，0.18，0.21，0.25，0.30，0.35，0.40。考虑加工的需要，翼型最大厚度接近 30% 弦长位置，并具有一定后缘厚度。弦长 c 取无纲数 100 时，不同相对厚度翼型的后缘厚度见表 4-6。

表 4-6　不同相对厚度翼型的后缘厚度要求

相对厚度	15%	18%	21%	25%	30%	35%	40%
后缘厚度	0.5	0.45	0.5	0.9	1.7	2.4	3.0

三、NPU-WA 翼型族的设计方法

在风力机翼型设计中，综合使用了笔者课题组多年来研究发展的翼型设计与计算方法。这里仅简介以下几种方法。

1. 反设计方法

按给定目标压力分布的翼型反设计方法，用于根据给定较小迎角（或较低设计升力系数）时的目标压力分布设计翼型；于亚声速速势方程的混合边界条件翼型设计方法，根据部分表面给定目标压力分布，部分表面给定几何外形的设计要求设计翼型；N-S 方程翼型设计方法，用于大迎角（或高升力）条件下，根据给定目标压力分布设计翼型，以适用于各种迎角和雷诺数。

2. 翼型数值优化设计方法

采用多目标数值优化方法，基于雷诺平均 Navier-Stokes 方程低速线化速势方程或跨

声速全速势方程 - 附面层迭代方法，进行优化设计。优化目标是提高翼型在高升力和高雷诺数下的升阻比，并将中等升力系数、较低雷诺数等非设计条件和翼型力矩系数以及翼型相对厚度作为需要满足的约束条件。

3. 人 - 机对话修改设计

通过计算机屏幕直接修改翼型几何外形，对修形后翼型的气动特性进行计算，检验修形效果。由于优化方法难以使翼型外形有大的改变，所以允许较大修改量的人—机对话修形是优化方法的必要补充，同时也是进行适当修形以满足非设计条件要求的补充手段。

4. 校核计算方法

对使用上述方法设计的翼型进行设计条件和非设计条件下的校核计算。当小迎角（或低升力）时，主要使用 XFOIL 计算软件；当大迎角（或高升力）时，使用笔者课题组研究发展的雷诺平均 Navier-Stokes 方程计算方法。

四、NPU-WA 翼型族的名称与几何外形

1.NPU-WA 翼型族名称和几何外形

根据上述设计技术要求，设计的 NPU-WA 风力机翼型族对应相对厚度分别为 0.15，0.18，0.21，0.25，0.30，0.35 和 0.40 的 7 个翼型，分别命名为 NPU-WA-150，NPU-WA-180，NPU-WA-210，NPU-WA-250，NPU-WA-300，NPU-WA-350 和 NPU-WA-400。NPU-WA 翼型族编号最后三位数字中的前两位表示相对厚度的百分数，最后一位 "0" 表示该翼型为初次设计，若为第一次修改设计则为 "1"，以此类推。编号中的 "NPU" 表示该翼型族是由西北工业大学（Northwestern Polytechnical University）研究发展的；"WA" 为 "Windturbine Airfoil" 的缩写，表示该翼型族是为风力机设计的专用翼型。

2.NPU-WA 翼型族的最大相对厚度及最大相对厚度的弦向位置

NPU-WA 翼型族的最大相对厚度位置 $x_{t,\max}$ 及其最大相对厚度 $t_{\max}$ 在表 4-7 中列出。

表 4-7　NPU-WA 翼型族的最大相对厚度及其最大相对厚度的弦向位置

翼型	$t_{\max}/c$	$x_{t,\max}/c$
NPU-WA-150	0.150	0.3300
NPU-WA-180	0.180	0.3200
NPU-WA-210	0.2096	0.3300
NPU-WA-250	0.2499	0.3300
NPU-WA-300	0.2998	0.3000
NPU-WA-350	0.3504	0.3100
NPU-WA-400	0.3966	0.3200

为了进行对比，表 4-8 列出了同类翼型 NACA 63615，NACA 63618，NACA 64618 和

NACA 63621 的最大相对厚度位置 $x_{t,\max}$ 及其最大相对厚度 $t_{\max}$。

表 4-8   NACA6 系列翼型的最大相对厚度及其最大相对厚度的弦向位置

翼型	$t_{\max}/c$	$x_{t,\max}/c$
NACA 63615	0.1500	0.3500
NACA 63618	0.1801	0.3400
NACA 64618	0.1799	0.3550
NACA 63621	0.2098	0.3545

表 4-9 列出了 DU 族翼型的最大相对厚度位置 $x_{t,\max}$ 及其最大相对厚度 $t_{\max}$。

表 4-9   DU 翼型的最大相对厚度及最大相对厚度的弦向位置

翼型	$t_{\max}/c$	$x_{t,\max}/c$
DU96-W-180	0.1799	0.35000
DU93-W-210	0.2087	0.33000
DU91-W-250	0.2505	0.32000
DU97-W-300	0.3000	0.29000
DU00-W2-350	0.3457	0.33000
DU00-W2-401	0.3955	0.32000

由表 4-7 ~ 表 4-9 可见，NPU-WA 翼型族最大相对厚度与设计要求是一致的，最大相对厚度的弦向位置在 30% 弦长到 33% 弦长之间，外侧翼型的最大相对厚度弦向位置比 NACA 系列翼型和 DU 翼型族略为靠前一些，但与 DU 翼型族很相近。

第五节   NPU-WA 风力机翼型风洞实验

在西北工业大学 NF—3 低速翼型风洞对所设计翼型进行了风洞实验。实验雷诺数为 1.0×10^6 ~ 5.0×10^6 的五个值，与已备国外风力机翼型较低雷诺数实验数据相比，给出了具有更高雷诺数、更完整的气动性能实验数据。

一、实验模型、设备与测量方法

NF—3 风洞为直流闭口式全钢结构风洞，有三个可更换实验段，洞体长 80 m。用于翼型实验的二元实验段宽 1.6 m、高 3 m、长 8 m。风速为 15 ~ 120 m/s，湍流度 0.045%。实验用的翼型模型均为钢质骨架木质结构模型，模型展长 1.595 m，弦长 0.8 m。

在翼型模型上、下表面开静压孔，测量表面的压力，用于计算翼型的升力和俯仰力矩；在距模型后缘 1.2 倍弦长处安装总压排管，有 186 根文德利型总压管和 9 根静压管，测量模型尾迹区的总压分布和静压，用以计算翼型的阻力。尾耙测量宽度范围为 2 000 mm，可根据实验的具体情况进行移动。

采用美国 PSI 公司的 9816 电子扫描阀采集数据，共有 512 个压力测量通道，采集速度为 100 Hz/ch，采集精度为 ±0.05%。该系统用来采集翼型的表面压力和尾耙的压力。除了自由转换实验外，还进行了固定转换实验。固定转换采用 zigzag 型（ZZ 型）粗植带，粗糙带宽度为 3 mm，粗植颗粒高度为 0.35 mm。相对厚度小于 30% 的翼型仅在上表面加粗糙带，对于相对厚度大于或等于 30% 知翼型，上、下表面都加粗糙带。

当翼型相对厚度小于 30% 时，粗糙带置于翼型上表面 5% 弦长处（粗糙带中心线），下表面不贴；当翼型相对厚度大于或等于 30% 时，上表面粗糙带置于翼型 5% 弦长处，下表面粗糙带置于翼型 10% 弦长处（粗糙带中心线）。

二、翼型风洞洞壁干扰修正

风洞实验中由于洞壁（包括隔板）的存在，以及洞壁和实验模型的相互干扰，因而实验条件与实际运行条件不能完全相同。此外，这些干扰效应还因不同的风洞而不同，从而导致了实验结果的不确定性。因此，在风洞实验中，需要对洞壁干扰进行分析，也必须对实验结果进行修正。一般来说，二维翼型的风洞实验不但存在常规的上、下壁干扰和阻塞干扰，而且还必须考虑侧壁干扰。

1. 常规洞壁影响修正

必须修正的实验测量值可以分为流动量与模型量。

（1）流动量的修正

最重要的流动量是接近模型位置的自由流速度。这是因为由洞壁附面层沿风洞纵向的增长、模型阻塞和尾迹阻塞所导致的模型区流动速度比实验段入口处测得的自由流速度有所增加。

第一，模型阻塞（solid blockage）修正。风洞实验段内模型的存在减小了实验段的有效面积，根据连续性方程和动量方程，在模型位置处的流动速度必须增加，从而引起给定迎角下模型的空气动力和力矩增加。因此，需要对实验结果进行修正。

模型阻塞度是模型大小和实验段尺度的函数，其影响可以由增加风洞有效风速进行修正，速度增量 ΔV 可表示为

$$\Delta V = \varepsilon_{sb} V_w \quad (4\text{-}9)$$

$$\varepsilon_{sb} = \frac{K_1 V_B}{S^{\frac{3}{2}}} \quad (4\text{-}10)$$

式中，V_B 为模型体积；对于水平模型 $K_1 = 0.74$，对于垂直模型 $K_1 = 0.52$；S 为风洞的实验段面积。

第二，尾迹阻塞（wake blockage）修正。由于尾迹中的速度低于自由流速度，从而引起了尾迹阻塞。对于闭口风洞，为了满足质量守恒方程，模型尾迹区外的流动速度必须增加。

尾迹阻塞效应也可以用增加接近模型处的有效风速进行修正，速度增量 ΔV 可表示为

$$\Delta V = \varepsilon_{wb} V_u \quad （4\text{-}11）$$

尾迹阻塞度 ε_{wb} 正比于与所测阻力相对应的尾迹尺度，由下式给出：

$$\varepsilon_{wb} = \frac{c}{2h} c_{du} \quad （4\text{-}12）$$

式中，c 为模型弦长；h 为风洞实验段高度；c_{du} 为未修正的阻力系数。

对于速度的组合修正公式为

$$V_c = V_u K_v \left(1 + \varepsilon_{sb} + \varepsilon_{wb}\right) \quad （4\text{-}13）$$

式中，V_c 为修正速度（即模型前的自由流速度）；V_u 为未修正速度（即实验段入口处测得的自由流速度）；K_v 是由于洞壁附面层增长导致实验段模型区流速增加引起的速度修正系数；ε_{wb} 是由于模型的固壁阻塞导致模型附近流动速度增加对应的修正系数（见式（4-10））；ε_{wb} 为实验模型的尾迹阻塞导致模型附近流动速度增加对应的修正系数（见式（4-12））。其他流动量，替如雷诺数 Re、动压等都应该由修正速度定义。

由于缺乏风洞流场的详细校测数据，本次实验使用风洞实验段模型区测得的静压和模型表面驻点压力确定风洞实验段模型区的自由流速度。

（2）模型量的修正

需要修正的模型量主要是升力、阻力、力矩和迎角。综合前述阻塞修正和流向曲率修正方法，可统一写出以下修正公式：

$$c_L = c_{L_4} \frac{1 - \sigma}{\left(1 + \varepsilon_b\right)^2} \quad （4\text{-}14）$$

$$c_D = c_{Du} \frac{1 - \varepsilon_{sb}}{\left(1 + \varepsilon_b\right)^2} \quad （4\text{-}15）$$

$$c_M = \frac{c_{M_u} + c_L \sigma(1 - \sigma)/4}{\left(1 + \varepsilon_b\right)^2} \quad （4\text{-}16）$$

$$\alpha = \alpha_u + \frac{57.3\sigma}{2\pi}\left(c_{Lu} + 4c_{Mu.c/4}\right) \quad （4\text{-}17）$$

其中

$$\varepsilon_b = \varepsilon_{sb} + \varepsilon_{wb} \quad （4\text{-}18）$$

$$\sigma = \frac{\pi^2}{48}\left(\frac{c}{h}\right)^2 \quad （4\text{-}19）$$

式中，C_{Lu}, C_{Du} 和 c_{Mu} 分别为未修正的升力、压差阻力和力矩系数；ε_{sb} 及 ε_{wb} 的定义见式（4-10）和式（4-12）。由于 ε_b 是小量，因此可以使用 Taylor 展开将式（4-14）～式（4-16）改写为不含有分式的代数表达式，c 表示翼型模型弦长，h 表示风洞实验段高度。

2. 侧壁干扰修正

由于 Murthy 修正方法可以适用于从低马赫数直到跨声速情形，这里给出由该方法导出的侧壁干扰修正公式。

马赫数修正

$$\overline{Ma_c} \approx Ma_c = Ma_\infty (1+k)^{-1/2} \quad (4\text{-}20)$$

压力系数修正

$$c_{pc} \approx (1+k)^{1/3} c_{pm} \quad (4\text{-}21)$$

法向力系数 c_n 可类似于压力系数进行修正

$$c_{nc} \approx (1+k)^{1/3} c_{nu} \quad (4\text{-}22)$$

$$k = \left(2 + \frac{1}{H} - Ma_\infty^2 \right) \frac{2\delta^*}{b} \quad (4\text{-}23)$$

式中，c_{nc} 和 c_{nu} 分别为法向力系数的修正值与测量值；H 为侧壁附面层型参数，对于低速湍流附面层 H 取 1.3；δ^* 为侧壁附面层位移厚度；b 为风洞宽度。由法向力系数 c_n 的修正公式，可得到类似形式的升力系数和压差阻力系数的修正公式。

三、风力机标模翼型 DU93—W—210 的风洞实验结果

为保证实验精度，并考虑不同风洞流场品质差异对实验结果的影响，首先进行了风力机翼型标模实验。采用有公开实验数据（$Re = 1 \times 10^6$）的 DU93—W—210 翼型作为标模翼型。该翼型雷诺数为 1×106 的自由转换实验结果是在荷兰 Delft 工业大学低湍流度风洞中得到的。将在西北工业大学 NF—3 风洞得到的实验结果与荷兰 Delft 大学的实验结果进行了对比，得到了较为一致的结果。

通过对 DU93—W—210 的风洞实验，说明 NF—3 风洞的测试方法和设备条件可以满足风力机翼型风洞实验的要求。由于 NF—3 风洞与公开的 DU93—W—210 实验数据所用风洞的口径和流场品质（特别是动态的品质）不完全一致，测量结果稍有差别。

为保证实验结果的可靠性，对 DU93—W—210 翼型在固定转换、$Re = 3.0 \times 10^6$ 条件下，间隔地进行了 7 次重复性实验。升力系数 c_L 阻力系数 c_D 和俯仰力矩系数 c_M 的重复性精度见表 4-10。表中也列出了国军标值进行对比。由表可见，风洞的实验精度满足国军标的要求。

表 4-10　重复性精度与国军标的比较（以 $a = 0° \sim 7°$ 计算）

项目	c_L	c_D	c_M
重复性实验精度	0.0010	0.0001	0.0001
国军标（先进指标）	0.0010	0.0002	0.0003
国军标（合格指标）	0.0040	0.0005	0.0012

第六节　NPU-WA 风力机翼型族的气动特性

采用所发展的实验测量方法，在 NF—3 风洞进行了 NPU-WA 翼型族的气动特性风洞实验测量，包括自由转换、固定转换实验，实验雷诺数范围为 $1 \times 10^6 \sim 5 \times 10^6$，迎角范围为 -10° ～ 20° 得到了约 2 000 个状态的翼型表面压力分布实验结果及尾迹测量结果。本节介绍由实验验证的 NPU-WA 翼型族的气动特性。

一、NPU-WA 翼型族的高升力特性

NPU-WA 翼型族可见，主翼型与外侧翼型具有高于 1.2 的设计升力，最大升阻比对应的升力很接近最大升力是该翼型族的主要特点之一。同时，与国外同类翼型，气动特性的实验结果对比，可看出 NPU-WA 翼型族的优势。

二、NPU-WA 翼型族的高雷诺数特性

虽然由于风洞条件限制，对于 800 mm 弦长的模型，最高实验雷诺数为 5×10^6，没有在设计雷诺数为 6×10^6 条件下对 NPU-WA 翼型族进行验证，但与国外同类实验相比，NPU-WA 翼型族是国内外首次进行了直到雷诺数为 5×10^6 系统风洞实验的翼型族，而国外很少有雷诺数为 3×10^6 以上的翼型族风洞实验。通过风洞实验，NPU-WA 翼型族的良好高雷诺数特性得到了验证。翼型的气动特性随雷诺数的变化和缓，直到 Re $=5.0 \times 10^6$ 时仍能保持高的升阻比。

三、最大升力系数对粗糙度的敏感性

对实验结果进行整理分析，得到了 NPU-WA 翼型族的粗糙度敏感性。最大升力系数 $c_{L,\max}$ 对粗糙度敏感性可定义为 $(C_{L,\max,f_r} - C_{L,\max}, \text{fix}) / C_L, \max, fr$ 下标中的 fr 表示自由转捩，fix 表示固定转捩。一般来说，高设计升力和大相对厚度都会增加翼型对粗糙度的敏感性。用于叶片外侧剖面的 NPU-WA-150 和 NPU-WA-180 翼型在所有实验雷诺数范围内，最大升力系数对粗糙度的敏感性都低于 0.10，分别为 0.049 ～ 0.076 和 0.052 ～ 0.095，表明其对粗糙度不敏感。主翼型 NPU-WA—210 在高雷诺数下，如 Re $=5.0 \times 10^6$ 时敏感性参数为 0.097，Re $=3.0 \times 10^6$ 时的感性参数为 0.123。内侧翼型最大升力系数对粗糙度敏感性通常是不很重要的，可以允许较高的敏感性，但不高于 0.25。

第五章　风力机气动载荷计算

风力机的气动力是风力机载荷的最主要来源。因此，在风力机设计过程中，分析风力机所受气动载荷是必不可少的一环。风力机的气动载荷计算又分为定常流动载荷计算和非定常流动载荷计算。

风力机定常流动载荷计算通常用来获取风力机的载荷和变桨特性。常用的计算方法有基于经典动量 - 叶素理论和 Schmitz 理论两种。

在风力机实际运行过程中，湍流、风切变、塔影效应等都会引起气流的非定常流动，会产生很大的动态载荷。因此，当评估风力机所受气动载荷时，必须进行非定常流动的气动载荷计算。目前，在风力机工程中，主要使用以加速势方法为基础进行修正的分析方法，例如 Pitt-Peters 方法对和通用动态入流（generalizied dynamic wake，GDW）方法。

本章首先根据变桨变速风力机物理特点，建立风力机分析坐标系统，讨论动态失速对风力机气动载荷的影响，然后详细介绍如何在偏航和动态入流的条件下对动量 - 叶素理论进行改进，以使其适用于动态载荷计算，并给出了具体的计算流程和实例。

第一节　风力机坐标系统

在风力机气动载荷分析及结构动力学分析中，必须建立合适的坐标系才能对风力机整机及部件进行建模，从而实现准确分析风力机载荷及变形的目标。德国船级社公布的 GL 标准和国际电气委员会（IEC）制定的相应风力机标准中规定了风力机的坐标系统，而后我国的相关标准均参照了国际标准的规定。

该坐标系统针对不同部件分析特点由以下几个坐标系组成。

1. 塔架底部坐标系 $O_t - X_t - Y_t - Z_t$

塔架底部坐标系为固定坐标系，不随塔架底部运动而改变，原点位置在塔架底面几何中心，但不在塔架上。X_t 为机舱没有偏航时的下风方向，Z_t 沿塔架垂直向上。

2. 塔架顶部坐标系 $O_{p,n} - X_p - Y_p - Z_p$

塔架顶部坐标系原点位于塔架顶部几何中心，当塔架没有变形时，其 $X_p - Y_p - Z_p$，同塔架底部坐标系对应坐标轴平行。该坐标系不随机舱偏航而旋转。

3. 机舱 / 偏航坐标系 $O_{p,n} - X_n - Y_n - Z_n$

机舱 / 偏航坐标系原点及方向均随塔架顶部部件运动。原点和塔架顶部坐标系相同，X_n 指向当前下风方向，Z_n 垂直向上。

4. 传动轴坐标系 $O_s - X_s - Y_s - Z_s$

传动轴坐标系不随转子系统的旋转而旋转，但是跟随机舱坐标系运动。原点位置在转轴与 $Y_n O_{p,n} Z_n$ 平面的交点，X_s 沿传动轴方向（可能存在一定倾角 θ），Y_s 与 Y_n 方向一致。

5. 轮毂坐标系（叶轮平面坐标系）$O_{h,e} - X_h - Y_h - Z_h$

轮毂坐标系跟随叶轮旋转，原点为叶轮平面与转轴的交点（无锥角叶轮）或者转轴同锥角顶端的交点（带锥角叶轮）。X_h 沿着轮毂中心线指向下风方向，Z_h 垂直于轮毂中心线，同 1 号叶片方位角相同。

6. 叶片锥角坐标系 $O_{b,e} - X_{c,i} - Y_{c,i} - Z_{c,i}$

叶片锥角坐标系对应每个叶片，随叶片转动而转动，但不受叶片变桨影响。原点位置和轮毂坐标系相同。$Z_{c,i}$ 沿着叶片变桨轴指向叶尖，$Y_{c,i}$ 为变桨角为 0° 时的叶片尾缘方向。

7. 叶片坐标系 $O_b - X_{b,i} - Y_{b,i} - Z_{b,i}$

叶片坐标系对应每个叶片，坐标方向定义同叶片锥角坐标系相同，只是该坐标系会随叶片变桨旋转。原点位置为叶片根部截面同变桨轴的交点。

8. 叶片截面坐标系 $O_{sc} - \eta - \zeta - \xi$

叶片截面坐标系原点位于变桨轴或者弹性轴（一般位于弦线上），ζ 沿前缘指向后缘方向，ξ 指向叶尖。

这里设偏航角为 γ、转轴倾角为 θ、叶轮旋转角度为 ϕ、叶轮锥角为 φ、叶片变桨角为 α_p。

塔架顶部坐标系内的矢量 G 可以通过转换矩阵 S 转化为叶片截面坐标系下的矢量 E：

$$E_{O_{sc}-\eta_S-\epsilon} = S \cdot G_{O_{p,n}} - x_p - Y_p - z_p \quad (5\text{-}1)$$

式中，转换矩阵 S 为 $\mathbf{S} = \mathbf{A}_6 \cdot \mathbf{A}_5 \cdot \mathbf{A}_4 \cdot \mathbf{A}_3 \cdot \mathbf{A}_2 \cdot \mathbf{A}_1$，其中

$$\mathbf{A}_1 = \begin{bmatrix} \cos\gamma & \sin\gamma & 0 \\ -\sin\gamma & \cos\gamma & 0 \\ 0 & 0 & 1 \end{bmatrix}, \quad \mathbf{A}_2 = \begin{bmatrix} \cos\theta & 0 & -\sin\theta \\ 0 & 1 & 0 \\ \sin\theta & 0 & \cos\theta \end{bmatrix}$$

$$\mathbf{A}_3 = \begin{bmatrix} 1 & 0 & 0 \\ 0 & \cos\psi & \sin\psi \\ 0 & -\sin\psi & \cos\psi \end{bmatrix}, \quad \mathbf{A}_i = \begin{bmatrix} \cos\varphi & 0 & \sin\varphi \\ 0 & 1 & 0 \\ -\sin\varphi & 0 & \cos\varphi \end{bmatrix}$$

$$\mathbf{A}_5 = \begin{bmatrix} \cos\alpha_p & -\sin\alpha_p & 0 \\ \sin\alpha_p & \cos\alpha_p & 0 \\ 0 & 0 & 1 \end{bmatrix}, \quad \mathbf{A}_6 = \begin{bmatrix} 1 & 0 & -v' \\ 0 & 1 & 0 \\ v' & 0 & 1 \end{bmatrix}$$

式中，v' 为叶片截面拍打方向的位移对 Z_b 轴的导数。

第二节　动态失速对风力机气动载荷的影响

在稳定来流情况下，叶片翼型的气动力与攻角存在一定的静态关系，这就是通常意义上的升力及阻力曲线。然而环境气流通常均处于非定常流动状态。因此，攻角是动态变化的。这时的气动力变化是个复杂的动态过程，翼型气动力与攻角的静态关系将不再成立，会发生失速延迟，这种现象称之为动态失速现象。发生失速延迟时，如仍用静态气动数据计算风力机载荷，会造成一定的误差。因此，当计算非定常流动气动载荷时，必须考虑动态失速修正。

Leishman-Beddoes 模型是工程中应用比较多的一种半经验模型。它更多地考虑动态翼型的绕流物理特性，通过准确的静态数据，能较好地预测翼型的动态失速特性，Pierce 和 Minnema 分别对该模型进行了修正。需要指出的是，与叶素理论中的升力和阻力不同，Leishman-Beddoes 模型中使用法向力和周向力进行分析修正。

本节将介绍如何将修正 Leishman-Beddoes 模型用于风力机气动分析。根据 Leishman-Beddoes 模型，可以将动态翼型气动特性的模拟分为三个部分。

1. 非定常附体流

准确模拟附体流的气动特性是求解非定常气动力的前提条件。采用扰动时产生的阶跃气动响应来模拟附体流的气动特性。总的阶跃响应由两部分组成：一是环量项，它很快增长到接近定常状态的值并保持稳定；二是非环量项（即脉冲项），它开始时是脉冲并且随时间迅速衰减。

环量项产生的法向力系数变化为

$$\Delta c_N^C = \left[c_{Na_A} \quad \left(\varphi_{a_A}^C \right)_N \right] \Delta_{\alpha_A} \quad (5\text{-}2)$$

式中，C_{Na_A} 为法向力系数 c_N 在 $0°$ 攻角附近的斜率，与升力线斜率近似；$\Delta\alpha_A$ 为攻角变化量。

$$\left(\phi_{a_A}^C \right)_n = 1 - A_1 \exp\left(-b_1\beta^2 s\right) - A_2 \exp\left(-b_2\beta^2 s\right) \quad (5\text{-}3)$$

式中，s 为无量纲时间，$s = 2V_r t / c$；A_1, A_2, b_1, b_2 为经验常数；$\beta = \sqrt{1-Ma^2}$，Ma 为马赫数。

非环量项法向力分量为

$$\Delta c_N^I = \left[\frac{4}{Ma} \left(\phi_{a_A}^I \right)_N \right] \Delta \alpha_A \quad (5\text{-}4)$$

其中

$$\left(\phi_{a_A}^I \right)_N = \exp\left(-\frac{s}{S_{a_A}^N} \right) \quad (5\text{-}5)$$

$$S_{\alpha_A}^N = \frac{1.5Ma}{1 - Ma + \pi\beta^2 Ma^2 \left(A_1 b_1 + A_2 b_2 \right)} \quad (5\text{-}6)$$

总的附体流法向力系数为

$$c_{N,stat}^P = c_N^I + c_N^C \quad (5\text{-}7)$$

2. 非定常分离流皿曲

分离流主要讨论翼型后缘分离点的动态变化对翼型气动特性的影响。分离点在翼型表面的位置用分离点相对弦长的比值 f 来表示（$f = x / c$，x 为翼型前缘到分离点的距离，c 为弦长），分离点的位置与气动力系数的关系可以用基尔霍夫流动理论获得：

$$\left. \begin{aligned} c_N\left(\alpha_A \right) &= c_{N_A}\left(\alpha_A - \alpha_{A0} \right)\left(\frac{1 + \sqrt{f}}{2} \right)^2 \\ c_C\left(\alpha_A \right) &= c_{N_A}\left(\alpha_A - \alpha_{A0} \right)\tan\left(\alpha_A \right)\sqrt{f} \end{aligned} \right\} \quad (5\text{-}8)$$

式中，$c_{N\alpha_A}$ 为法向力系数在 $0°$ 攻角附近的斜率；α_{A0} 为零升力时的攻角。因此，静态情况下不同攻角的流动分离点可以利用定常气动力系数和式（5-8）求解。

当分离点在叶片表面移动时，分离点相对于攻角存在动态延退，必须求得动态分离点位置 f，这里采用一个一阶延迟方程来反映分离点相对于静态值的滞后，即

$$\frac{\mathrm{d}f}{\mathrm{d}s} = \frac{f_{stat} - f}{T_f} \quad (5\text{-}9)$$

式中，T_f 为 s 空间的半经验时间常数；f_{stat} 为静态分离点。要求解式（5-9），需求静态分离点，而求静态分离点需已知有效攻角，由下式确定：

$$\alpha_{Ae} = \frac{c_{N,dyn}^P}{c_{Na_A}} + \alpha_{A0} \quad (5\text{-}10)$$

式中，$c_{N,dyn}^P$ 为发生前缘面分离时的法向力系数，$c_{N,stat}^P$ 影响它且存在一定的延迟，采用一阶延迟方程来描述：

$$\frac{\mathrm{d}c_{N,dyn}^{P}}{\mathrm{d}s} = \frac{c_{N,sat}^{P} - c_{N,dvn}^{P}}{T_{P}} \quad (5\text{-}11)$$

式中，T_P 为经验时间常数。

获得有效攻角 α_{Ae} 和发生前缘面分离时的法向力系数 $c_{N,dyn}^{P}$ 后，根据式（5-8）就可以获得静态分离点，然后使用式（5-9）求得动态分离点 f，最后再用式（5-8）求分离流的法向力系数 c_N^f 和弦向力系数 c_N^f。

3. 动态涡的模拟

当环流升力增大到一定值时，会发生涡流的产生和分离。涡流在向叶片后缘移动过程中气压降低，涡流升力随时间的增大而减少，同时又有涡流补充进来，产生新的涡流升力增量 c_v。动态涡模型为

$$\frac{\mathrm{d}c_N^v}{\mathrm{d}s} = \frac{c_v - c_N^v}{T_v} \quad (5\text{-}12)$$

式中，$c_v = c_N^C - c_N^f$。

求解式（5-12）可得涡流引起的法向力系数最终总的法向力系数与切向力系数为

$$c_N = c_N^I + c_N^f + c_N^v \quad (5\text{-}13)$$

$$c_C = c_C^f \quad (5\text{-}14)$$

从而可以获得升力系数与阻力系数

$$\left.\begin{array}{l} c_L = c_N \cos(\alpha_A) + c_C \sin(\alpha_A) \\ c_D = c_N \sin(\alpha_A) - c_C \cos(\alpha_A) + c_{d0} \end{array}\right\} \quad (5\text{-}15)$$

式中，c_{d0} 为零升力时的阻力系数值。

第一，通常，可以假设法向力与切向力系数关于 90° 和 -90° 对称。为了使动态失速模型在高攻角下仍然适用，对攻角进行如下修正：

$$\left.\begin{array}{ll} \alpha_{Am} = \alpha_A & \left(|\alpha_A| \leqslant 90^{\circ}\right) \\ \alpha_{Am} = 180^{\circ} - \alpha_A & \left(\alpha_A > 90^{\circ}\right) \\ \alpha_{Am} = -180^{\circ} - \alpha_A & \left(\alpha_A < -90^{\circ}\right) \end{array}\right\} \quad (5\text{-}16)$$

式中，α_A 为当前攻角；α_{Am} 为修正后的攻角。

第二，由于静态翼型数据有限，因此当应用式（5-9）求取气流分离点，时，对静态数据进行了线性插值，从而保证分离点求取的准确性。

第三，如果应用法向力系数公式计算的分离点来获取切向力系数，有时会得到偏高或偏低的阻力，从而对功率预测和载荷计算带来很大的误差。因此，计算切向力系数将采用所谓的切向力系数分离点 f_C。当靠近正、负 90° 的攻角时，式（5-8）出现矛盾，即有效

分离点位置 f 的开方为负值才能接近静态气动数据的结果。为了解决这一问题，进行如下修正：

$$t = 2\sqrt{\frac{c_N}{c_{N_a}(\alpha - \alpha_0)}} - 1, \quad f_N = t^2 \, \text{sign}(t)$$

$$c_N = c_{Na}(\alpha - \alpha_0)\left[\frac{1 + \sqrt{\text{abs}(f)}\,\text{sign}(f)}{2}\right]^2 \tag{5-17}$$

$$t = \frac{c_C}{c_{Na}(\alpha - \alpha_0)\alpha}, \quad f_C = t^2 \, \text{sign}(t)$$

$$c_c = c_{Na}(\alpha - \alpha_0)\alpha\sqrt{\text{abs}(f_c)}\,\text{sign}(f_c) \tag{5-18}$$

第四，利用无量纲涡时间参数 τ_v 来更准确地控制动态涡的产生与分离。当 $c_{N,dyn}^P$ 超过失速 c_N 数值时，设置 τ_v 为零，并随着涡的移动而增加，到达翼型尾缘时为 lo 当涡流过翼型尾缘后（$\tau_v > 1$），若补充涡没有产生时，涡强度会以 J < 1 时的时间常数的一半（$0.5\,T_v$）进行衰减，即

$$\frac{\mathrm{d}c_N^v}{\mathrm{d}s} = \frac{-c_N^v}{0.5 T_v} \tag{5-19}$$

当涡流过尾缘时，若攻角是向失速方向发展的，此时，重新设置 τ_v 为零；若攻角改变符号，τ_v 也被重新设置为零。若气流已经发生分离，涡时间参数增量为 $\Delta\tau_v = \mathrm{D}s / \text{TVL}$，其中 $\mathrm{D}s = 2\mathrm{V}_r \Delta t / c$，TVL 为涡从前缘运动到后缘的无量纲时间参数。若 $c_{N,dyn}^P$ 如没有超过失速 c_N 数值时，涡强度将以时间常数 $0.5\,T_v$ 衰减，见式（5-19）。

第五，弦向力系数 c_C 是以法向力系数 c_N 为基础计算出来的。涡强度对弦向力系数有影响，式（5-14）修正为

$$c_e = c_C^f + c_C^v \tag{5-20}$$

式中，$c_C^v = c_v\alpha_{Ae}(1 - \tau_v)$。

第六，由于 Leishman-Beddoes 模型是基于静态气动数据的，故初始计算应采用静态数据初始化模型。c_N 和 c_C 由以下静态数据获得

$$c_N = c_L\cos\alpha_A + c_D\sin\alpha_A$$
$$c_C = c_D\cos\alpha_A - c_L\sin\alpha_A \tag{5-21}$$

第七，攻角的变化不仅受风速和风向变化的影响，同时变桨控制中桨角变化速度也会反映到攻角的变化中。因此，该模型还可以反映桨角动态变化的气动特性。同时，叶片运动对桨角的影响也能反映到该模型中。

DU96—W—180 翼型的动态失速特性，经验常数为 TVL =11，T_p =1.7，T_f =6，A_1 =0.3，A_2 =0.7，b_1 =0.14，b_2 =0.53，声速为 340 m/s，攻角正弦变化

$\alpha_A = \alpha_{A平均} + \Delta\alpha_A \sin\omega t$。其中，$\omega$ 为攻角变化速度的度量，反映了风速、风向及变桨的速度，得到对应动态变化的升、阻力系数。

对 ZDS-2500 叶轮进行湍流下的气动分析，探讨动态失速对风力机载荷的影响。假定风力机不变桨，且固定转速为 18.6 r/min，仿真 10 s 中平均风速为 10 m/s，湍流度为 20.96%。当风力机非登气动计算时，必须考虑动态失速的影响，以避免对风力机气动载荷的低估。

第三节　偏航状态下的动量－叶素理论

在风力机实际运行过浦中，风向是不断发生变化的，叶轮不能及时跟踪风向的变化，导致风力机大部分情况运行在偏航状态。风力机传动链轴与水平面的倾斜角、叶片与叶轮平面的锥角，也会导致风力机来流风向与叶轮平面不垂直，导致叶轮上的诱导速度在方位角和径向发生变化。经典动量-叶素理论不能正确求解偏航状态下的风力机气动载荷。要将其应用于实际风力机坐标系中，需对诱导速度进行修正。

1. 运动方程的推导

如图 5-1 所示为偏航状态下的速度关系图。其中，U_∞ 为远端来流风速，了为偏航角。

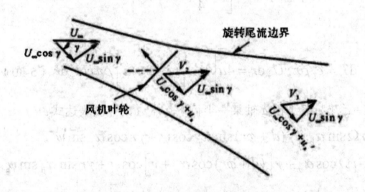

图 5-1　偏航状态下的速度关系

将远端来流风速分解为平行于叶轮的速度 U_x 和垂直于叶轮的速度 U_y：

$$U_x = U_\infty \sin\gamma, \quad U_y = U_\infty \cos\gamma \quad （5-22）$$

设只有 U_y 受到叶轮的影响。因此，在叶轮处垂直于叶轮的速度为

$$U_y' = U_y + u_a = U_\infty \sin\gamma + u_a \quad （5-23）$$

式中，u_a 为叶轮面平均轴向诱导速度。

于是，偏航下叶轮截面来流速度为

$$V_2 = \sqrt{\left(U_\infty \cos\gamma + u_a\right)^2 + U_\infty \sin^2\gamma} \quad （5\text{-}24）$$

Glauert 给出了轴向推力的动量方程表达式：

$$T = 2\rho u_a V_2 A \quad （5\text{-}25）$$

式中，A 为叶轮面积。

由推力系数定义关系式，可得偏航时叶轮的推力系数为

$$c_T(a,\gamma) = \frac{T}{\frac{1}{2}\rho A U_\infty^2} = 4a\sqrt{\sin^2\gamma + \left(\cos^2\gamma + a\right)^2} \quad （5\text{-}26）$$

式中，a 为叶轮平均轴向诱导系数，$u_a = aU_\infty$。

对于基元圆环而言，推力和扭矩分别为

$$\mathrm{d}T = 4\pi\rho u_a r\sqrt{\left(U_\infty \cos\gamma + u_a\right)^2 + U_\infty \sin^2\gamma}\,\mathrm{d}r \quad （5\text{-}27）$$

$$\mathrm{d}M = 4\pi\rho u_t r^2\sqrt{\left(U_\infty \cos\gamma + u_a\right)^2 + U_\infty \sin^2\gamma}\,\mathrm{d}r \quad （5\text{-}28）$$

式中，u_a 为基元圆环圆周平均轴向诱导速度；u_t 为基元圆环圆周平均周向诱导速度。

当轴向诱导因子 $a > 1/3$ 时，推力系数修正为

$$c_T = 4a\left[1 - \frac{1}{4}(5 - 3a)a\right] \quad （5\text{-}29）$$

则推力为

$$\mathrm{d}T = c_T\rho\pi r U_\infty \mathrm{d}r = 4a\left[1 - \frac{1}{4}(5 - 3a)a\right]\rho\pi r U_\infty \mathrm{d}r \quad （5\text{-}30）$$

$O_{sc} - \eta - \zeta - \xi$ 坐标系下沿 ξ 轴某一半径下，点 A 的速度表达式：

$$V_{A,\eta} = r\Omega\sin\alpha_p + \dot{\gamma}(d + \varphi r)\sin\alpha_p\cos\psi + \dot{\gamma}r\cos\alpha_p\sin\psi$$

$$V_{A,\xi} = -r\Omega\cos\alpha_p + \dot{\gamma}\left[(d + \varphi r)\cos\alpha_p + v\right]\cos\psi + \dot{\gamma}r\sin\alpha_p\sin\psi \quad （5\text{-}31）$$

$$V_{A,\xi} = \left(v'r - v\right)\Omega\sin\alpha_p - \dot{\gamma}\left[d + \left(v - v'r\right)\cos\alpha_p\right]\sin\psi$$

式中，v 和 v' 分别为叶片局部坐标系中叶片拍打方向的位移与该位移对 Z_b 方向的导数；d 为轮毂中心距离塔架轴线的距离。在式（5-31）中，考虑了偏航的动态变化速度对来流风速的影响。叶轮平面坐标系 $O_{h,c} - X_h - Y_h - Z_h$ 的诱导因子向量记为

$$\mathbf{u} = \begin{bmatrix} u_a/F \\ u_t/F \\ u_r \end{bmatrix} \quad （5\text{-}32）$$

式中，u_r 为诱导速度的径向分量；F 为叶片损失因数。

相对于动态叶片截面单元的来流风速通常由环境风速、诱导风速和叶片截面运动速度通过变换组成，如下式所示：

$$V_{(O_{sc}-\eta-\varsigma-\xi)} = S \cdot U_{\infty(O_{p,n}-X_p-Y_p-Z_p)} + A_6 \cdot A_5 \cdot A_4 \cdot u_{(O_{hc}-X_h-Y_h-Z_h)} - V_{A(O_{sc}-\eta-\varsigma-\xi)} \quad （5-33）$$

其中，环境风速 U_∞ 基于塔架顶部坐标系，诱导速度 u 基于叶轮平面坐标系，因此，他们需要进行必要的坐标变换。坐标变换矩阵 S, A_6, A_5 和 A_4 由式（5-1）确定。叶片截面速度 $\mathbf{V}_A = \begin{bmatrix} V_{A,\eta} & V_{A,\varsigma} & V_{A,\xi} \end{bmatrix}^T$。

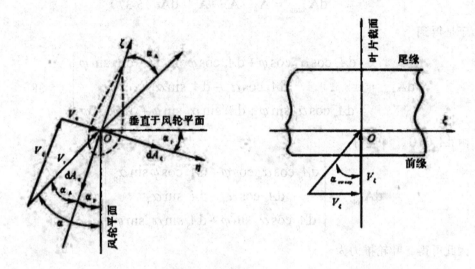

图 5-2　截面速度三角形

从图 5-2 可以看出，叶片截面内合成风速为

$$V_r = \sqrt{V_\eta^2 + V_\zeta^2} \quad （5-34）$$

攻角为

$$\alpha_A = \arctan\left(\frac{V_r}{V_\zeta}\right) \quad （5-35）$$

设长度为 dr 的叶片截面气动载荷向量为

$$d\mathbf{A} = \begin{pmatrix} dA_\eta \\ dA_\xi \\ dA_\xi \end{pmatrix} \quad （5-36）$$

其中

$$dA_\eta = \frac{1}{2}\rho c V_r^2 \left[c_L\left(\alpha_\Lambda, Re\right)\cos\alpha_\Lambda + c_D\left(\alpha_\Lambda, Re\right)\sin\alpha_\Lambda \right]dr$$

$$dA_\xi = \frac{1}{2}\rho c V_\tau^2 \left[c_D\left(\alpha_A, Re\right)\cos\alpha_A - c_L\left(\alpha_A, Re\right)\sin\alpha_\Lambda \right]dr$$

$$dA_\zeta = 0$$

式中，c 为弦长；Re 为雷诺数，$Re = \rho V_r c / \mu_a$，μ_a 为空气黏度。将叶片截面坐标系中叶片截面受力转换到叶轮平面，有

$$d\mathbf{A}_{\text{rotor}} = \mathbf{A}_4^{-1} \cdot \mathbf{A}_5^{-1} \cdot \mathbf{A}_6^{-1} \cdot d\mathbf{A} \quad (5\text{-}37)$$

于是得到

$$d\mathbf{A}_{\text{rour}} = \begin{bmatrix} dA_\eta \cos\alpha_p \cos\varphi + dA_\xi \cos\varphi \sin\alpha_p - dA_\xi \sin\varphi \\ dA_\xi \cos\alpha_p - dA_\eta \sin\alpha_p \\ dA_\eta \cos\alpha_p \sin\varphi + dA_\xi \sin\alpha_p \sin\varphi + dA_\xi \cos\varphi \end{bmatrix} \quad (5\text{-}38)$$

由 $dA_\zeta = 0$，整理得

$$d\mathbf{A}_{\text{rotor}} = \begin{bmatrix} dA_\eta \cos\alpha_p \cos\varphi + dA_\xi \cos\varphi \sin\alpha_p \\ dA_\xi \cos\alpha_p - dA_\eta \sin\alpha_p \\ dA_\eta \cos\alpha_p \sin\varphi + dA_5 \sin\alpha_p \sin\varphi \end{bmatrix} \quad (5\text{-}39)$$

因此可得，叶轮推力为

$$dT = dA_\eta \cos\varphi \cos\alpha_p + dA_\xi \cos\varphi \sin\alpha_p \quad (5\text{-}40)$$

驱动力矩为

$$dM = r\cos\varphi \left(dA_\eta \sin\alpha_p - dA_\xi \cos\alpha_p \right) \quad (5\text{-}41)$$

联立式（5-40）、式（5-36）和式（5-27）可得力矩平衡方程为

$$-4u_a\sqrt{\left(U_\infty\cos\gamma + u_a\right)^2 + U_\infty\sin\gamma^2} = \frac{c}{2\pi r}\cos\varphi\left\{ \sum_{b=0}^{N-1} V_r c_L\left(\alpha_A, Re\right)\times \right.$$
$$\left. \left[V_\zeta\cos\alpha_p - V_\eta\sin\alpha_p \right] + \sum_{b=0}^{N-1} V_r c_D\left(\alpha_A, Re\right)\left[V_\eta\cos\alpha_p + V_\zeta\sin\alpha_p \right] \right\} \quad (5\text{-}42)$$

当 $-u_a > U_\infty/3$ 时，式（5-42）中的等号左边用 $c_T U_\infty$ 来替代，此处，c_T 取式（5-29）。
联立式（5-41）、式（5-36）和式（5-28）可得力矩平衡方程为

$$4u_t\sqrt{\left(U_\infty\cos\gamma + u_a\right)^2 + U_{\infty\sin}^2\gamma^2} = \frac{c}{2\pi r}\cos\varphi\left\{ \sum_{b=0}^{N-1} V_r c_L\left(\alpha_A, Re\right)\times \right.$$
$$\left. \left[V_\xi\sin\alpha_p + V_\eta\cos\alpha_p \right] + \sum_{b=0}^{N-1} V_r c_D\left(\alpha_A, Re\right)\left[V_\gamma\sin\alpha_p + V_\xi\cos\alpha_p \right] \right\} \quad (5\text{-}43)$$

式中，N 为叶片数目。

求解式（5-42）和式（5-43）组成的平衡方程组就可以计算偏航状态下叶轮气动载荷。

2. 诱导速度的修正

（1）诱导因子的不均匀性

当叶轮处于偏航状态时，圆环内诱导因子实际上是不均匀的。应对均匀轴向诱导因子进行修正，来解决偏航对推力的影响。Glauert 提出了相应修正口可，表达了偏航时的诱导因子状态，这里同样采用该修正，表达式为

$$u_{a,c} = u_a \left(1 + K \frac{r}{R} \sin\psi \right) \quad （5-44）$$

式中，$K = (15\pi / 32)\tan(\chi / 2)$, $\chi = (0.6a + 1)\gamma$, a 为轴向诱导因子。

（2）气流膨胀影响

气流流过叶轮，会发生膨胀。偏航时，尾流会倾斜，气流膨胀将引起 Y_w 和 c 方向（尾流垂直平面内，与叶轮面成 x 角的坐标系，见图5-3）的速度变化。

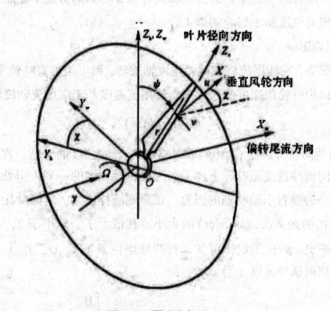

图5-3　尾流坐标系

Coleman 等给出了方位角为正、负 90° 位置的 Y_w 方向气流膨胀速度的解析解，但该解析解要求取完整的椭圆积分，实用性不强。对 Coleman 的速度表达式进行了简化和拓展，给出的任意叶片截面位置 Y_w 和 Y_w 方向气流膨胀速度的近似表达式，其水平方向分量为

$$v_w(\chi, \mu, \psi) = -aU_\infty F(\mu)\sin\psi \quad （5-45）$$

垂直方向为

$$w_w(\chi, \mu, \psi) = aU_\infty F(\mu)\cos\psi \quad （5-46）$$

式中，μ 为相对半径，$\mu = r / R$；x 以为尾流偏斜角度；$F(\mu)$ 为气流膨胀函数，即

$$F(\mu) = \frac{2\mu}{\pi} \int_0^{\frac{\pi}{2}} \frac{\sin^2 2\varepsilon}{\sqrt{(1+\mu)^2 - 4\mu \sin^2 \varepsilon}} \frac{1}{(\mu + \cos 2\varepsilon)^2 \cos^2 \chi + \sin^2 2\varepsilon} d\varepsilon \quad （5-47）$$

1992 年 Φye 对气流膨胀函数式（5-47）进行了曲线拟合并修正了式（5-47）在叶尖部分数值过大的问题，提出了如下公式：

$$F_\phi(\mu) = \frac{1}{2}\left(\mu + 0.4\mu^3 + 0.4\mu^5\right) \quad （5-48）$$

将气流膨胀速度转换到叶轮平面坐标系，并用式（5-48）修正 $F(\mu)$ 得

$$\left. \begin{aligned} u(\chi, \mu, \psi) &= -aU_\infty \left[1 + 2\sin\psi \tan\frac{\chi}{2} F_\phi(\mu)\right] \\ v(\chi, \mu, \psi) &= aU_\infty \cos\psi \tan\frac{\chi}{2} \left[1 + 2\sin\phi \tan\frac{\chi}{2} F_\diamond(\mu)\right] \end{aligned} \right\} \quad （5-49）$$

将式（5-49）得到的气流膨胀速度的轴向分量 u 和周向分量 v 叠加到叶片截面气流速度中，就可以实现对气流膨胀影响的修正。

（3）旋转尾流影响

在偏航的情况下，旋转尾流将绕偏斜尾流轴旋转，而不是垂直叶轮平面的风力机轴线。旋转尾流速度可以用叶轮角速度来表示（旋转尾流速度基于绕尾流轴旋转的轴系）：

$$V_w = \Omega r_w a' h(\psi) \quad （5-50）$$

式中，a' 为周向诱导因子；$h(\psi)$ 为决定涡流影响强度的函数。在偏航角为 0° 的情况下，叶轮上周向诱导速度是叶轮下风无穷远处诱导速度的一半。当处于偏航状态时，对圆心处于叶轮中心的垂直于偏斜轴的圆盘，该原则同样成立。实际叶轮平面上的点到过垂直偏斜轴圆盘平面的距离决定了 $h(\psi)$ 的大小，其值大于。且小于 2，在两个平面的交轴上 $h(\psi) =1$。由毕奥 - 萨伐尔定律可知，在圆柱坐标系（x_w, ψ_w, r_w）上，由强度 Γ 的单向无限涡产生的周向诱导速度（沿 x 轴）为

$$\mathbf{V}_w = \frac{\Gamma}{4\pi r_w}\left[1 + \frac{x_w}{\sqrt{x_w^2 + r_w^2}}\right] = \begin{bmatrix} 0 \\ V_w \\ 0 \end{bmatrix} \quad （5-51）$$

其中，当 $x_w \to \infty$ 时，诱导速度 $\mathbf{V}_w$ 是 $x_w = 0$ 时的两倍，而当 $x_w \to -\infty$ 时 $\mathbf{V}_w$ 的值等于零。

叶轮平面坐标系上的点 x（$0, \psi, r$）转换为坐标系（x_w, ψ_w, r_w）中的坐标为

$$x_w = -y\sin\chi = r\sin\psi \sin\chi \quad （5-52）$$

$$r_w = r\sqrt{\cos^2\psi + \cos^2\chi \sin^2\psi} \quad （5-53）$$

$$\cos\psi_w = \frac{r}{r_w}\cos\psi \quad （5\text{-}54）$$

$$\sin\phi_w = \frac{r}{r_w}\sin\psi\cos\chi \quad （5\text{-}55）$$

由毕奥 - 萨伐尔定律可知，周向诱导因子还可以表示如下：

$$a' = \frac{\Gamma}{4\pi r_w^2\Omega} \quad （5\text{-}56）$$

综合式（5-51）和式（5-56），可得点 x 处的诱导速度为

$$V_w = \Omega r_w a'\left(1 + \frac{x_w}{\sqrt{x_w^2 + r_w^2}}\right) \quad （5\text{-}57）$$

该诱导速度转换到叶轮平面就为

$$\mathbf{V} = \begin{bmatrix} 1 & 0 & 0 \\ 0 & \cos\psi & \sin\psi \\ 0 & -\sin\psi & \cos\psi \end{bmatrix} \begin{bmatrix} \cos\chi & \sin\chi & 0 \\ -\sin\chi & \cos\chi & 0 \\ 0 & 0 & 1 \end{bmatrix} \begin{bmatrix} 1 & 0 & 0 \\ 0 & \cos\psi_w & -\sin\psi_w \\ 0 & \sin\psi_w & \cos\psi_w \end{bmatrix} \begin{bmatrix} 0 \\ V_w \\ 0 \end{bmatrix} \quad （5\text{-}58）$$

整理得

$$\mathbf{V} = \begin{bmatrix} \cos\psi\sin x \\ \cos x \\ 0 \end{bmatrix} sra'(1 + \sin\psi\sin\chi) \quad （5\text{-}59）$$

将 A，B，C 三种诱导速度修正集成，得到最终的诱导速度修正公式为

$$u_{\text{mod}} = \begin{bmatrix} \left[u_a\left(1 - K_{a膨胀}\right)\right]/\left(F_{sa}F\right) + u_{a旋转} \\ u_i K_{t旋转}/F + u_{t膨胀} \\ 0 \end{bmatrix} \quad （5\text{-}60）$$

式中，F 为叶片损失因数；$K_{a膨胀} = 1 + 2\sin\phi\tan\dfrac{\chi}{2}F_\phi(\mu)$；

$u_{a旋转} = \Omega ra'\cos\psi\sin\chi(1 + \sin\psi\sin\chi)$；$F_{sa} = 1 + K\dfrac{r}{R}\sin\psi, K = \dfrac{15\pi}{32}\tan(\chi/2)$；

$K_{t旋转} = \cos\chi(1 + \sin\psi\sin\chi)$；$u_{t膨胀} = u_a\cos\psi\tan\dfrac{\chi}{2}\left[1 + F_\Phi(\mu)2\tan\dfrac{\chi}{2}\sin\psi\right]$

（4）三维气动系数修正

由于叶轮是一个三维结构，因此，当进行气动分析时，需要将二维气动数据进行必要的三维修正才能加以应用。三维升力系数表示为

$$c_{L,3D} = c_{L \cdot 2D} + \Delta c_L \quad (5\text{-}61)$$

式中，Δc_L 为附加升力系数，表示为

$$\Delta c_L = \tanh\left[3\left(\frac{c}{r}\right)^2\right]\left(c_{L,\text{inv}} - c_{L,2D}\right)\cos^2\alpha_{\text{A}} \quad (5\text{-}62)$$

式中，$c_{L,\text{inv}} = 2\pi\left(\alpha_{\text{A}} - \alpha_{\text{A0}}\right), \alpha_{\text{A0}}$ 为零升力时的攻角。

通常阻力系数变化较小，可不进行修正。

3. 程序实现

应用诱导速度的修正方法计算偏航状态风力机气动载荷的计算步骤。

叶片方位角可表示为

$$(\psi)_{\tau,b} = (\psi)_{\tau,0} + \frac{2\pi b}{B} \quad (5\text{-}63)$$

式中，$b = 0$ 为第一个叶片。

计算步骤如下（对于每一个截面 i 和每一个方位角位置 τ）：

第一，给定初始的平均轴向诱导因子 $(u_a)_{\tau,i}$，周向诱导速度 $(u_t)_{\tau,i}$ 和初始迎风角；

第二，计算叶片单元的运动绝对速度；

第三，计算普朗特损失因数、诱导速度修正参数；

第四，计算修正后的 $(u_{\text{mod}})_{\tau,b,i}$；

第五，计算叶片单元相对诱导速度 $(V_\eta)_{\tau,b,i}, (V_\xi)_{\tau,b,i}, (V_\xi)_{\tau,b,i}, (V_r)_{\tau,b,i}$；

第六，计算攻角 $(\alpha_A)_{\tau,b,i}$ 和雷诺数 $(Re)_{\tau,b,i}$；

第七，计算升力系数、阻力系数、力矩系数（考虑三维修正和动态失速）$(c_L)_{\tau,b,i}, (C_D)_{\tau,b,i}, (C_M)_{\tau,b,i}$；

第八，求解平衡方程，获得新的 $(u_a)_{\tau,i}$ 和 $(u_t)_{\tau,i}$；

第九，获得的诱导速度和迎风角代入步骤二中，重复以上步骤，直到收敛；

第十，计算气动载荷、推力和力矩，同时可以计算对偏航轴承处的载荷；

第十一，计算下一个叶片截面或下一个方位角，从而获得风轮连续旋转的载荷。

第四节　基于动态入流的动量 - 叶素理论

同 GDW 修正方法以及 Pitt-Peters 修正方法一样，动量 - 叶素理论（BEM）修正方法的基本控制方程的推导也是从流体的欧拉方程开始的。假设各个方向的诱导速度远小于风速，因此动量方程有以下形式：

$$\left.\begin{array}{l}\rho\left(\dfrac{\partial u}{\partial t}+U_\infty\dfrac{\partial u}{\partial x}\right)=-\dfrac{\partial P}{\partial x}\\[2mm]\rho\left(\dfrac{\partial v}{\partial t}+U_\infty\dfrac{\partial v}{\partial x}\right)=-\dfrac{\partial P}{\partial y}\\[2mm]\rho\left(\dfrac{\partial w}{\partial t}+U_\infty\dfrac{\partial w}{\partial x}\right)=-\dfrac{\partial P}{\partial z}\end{array}\right\}\quad(5\text{-}64)$$

式中，u,v,w 分别为轮毂坐标系（叶轮平面坐标系）x,y,z 方向的诱导速度；U_∞ 为来流风速。

对式（5-64）两端在各自的特定方向上求导并相加，有

$$\rho\left[\dfrac{\partial}{\partial t}\left(\dfrac{\partial u}{\partial x}+\dfrac{\partial v}{\partial y}+\dfrac{\partial w}{\partial z}\right)+U_\infty\dfrac{\partial}{\partial x}\left(\dfrac{\partial u}{\partial x}+\dfrac{\partial v}{\partial y}+\dfrac{\partial w}{\partial z}\right)\right]=-\left(\dfrac{\partial^2 p}{\partial x^2}+\dfrac{\partial^2 p}{\partial y^2}+\dfrac{\partial^2 p}{\partial z^2}\right)\quad(5\text{-}65)$$

由于流动的连续性，有

$$\dfrac{\partial u}{\partial x}+\dfrac{\partial v}{\partial y}+\dfrac{\partial w}{\partial z}=0\quad(5\text{-}66)$$

于是，式（5-65）就变为

$$\dfrac{\partial^2 p}{\partial x^2}+\dfrac{\partial^2 p}{\partial y^2}+\dfrac{\partial^2 p}{\partial z^2}=0\quad(5\text{-}67)$$

$$\nabla^2 p=0$$

记为

式（5-67）为拉普拉斯方程，通过给定边界条件就可以求解此方程，获得叶轮周围的压力分布，从而可以获得叶轮诱导速度分布。

Kinner 在 1937 年给出了适合拉普拉斯方程的压强分布公式，该公式是建立在长球面坐标系中的：

$$\Phi(v,\eta,\psi,t)=\sum_{m=0}^{\infty}\sum_{n=0,x-1,i,\ldots,n}\mathrm{Pr}_n(v)Q_n^m(\eta)\left[C_n^m(t)\cos(m\psi)+D_n^n(t)\sin(m\psi)\right]\quad(5\text{-}68)$$

式中，P_n^m 为第一类伴随勒让德函数；Q_n^m 为第二类伴随勒让德函数；n,m 分别是伴随勒让德函数的级数和阶数；C_n^m,D_n^m 为任意常数；v,η,ψ 为长球面坐标系坐标，同笛卡儿坐标系的关系如下：

$$x=u\eta,\quad y=\sqrt{1-v^2}\sqrt{1+\eta^2}\sin\psi,\quad z=\sqrt{1-v^2}\sqrt{1+\eta^2}\cos\psi\quad(5\text{-}69)$$

式中，ψ 为方位角；长球面坐标范围为 $-1\leqslant v\leqslant1,0\leqslant\eta\leqslant\infty,0\leqslant\psi\leqslant2\pi$；当处于叶轮处时，$\eta=0$。

在对压力分布方程求解中，当 $m=0$ 时，压力成轴对称分布；当 $n=1$ 时，有如下压力场：

$$\Phi_1^0(v,\eta,\psi)=C_1^0 P_1^0(u)Q_1^0(i\eta)=C_1^0 v\left(\eta\arctan\frac{1}{\eta}-1\right) \quad (5\text{-}70)$$

在叶轮圆盘处压降为

$$P_1^0(\mu)=-2C_1^0 P_1^0(\omega)Q_1^0(i0)=2C_1^0 v=2C_1^0\sqrt{1-\mu^2} \quad (5\text{-}71)$$

式（5-71）是以动态流动压力 $0.5\rho U_\infty^2$ 为参考、的无量纲结果，在叶轮面上积分得到整个叶轮的推力为

$$c_T\pi R^2=\int_0^{2\pi}\int_0^R P(\mu)r\mathrm{d}r\mathrm{d}\psi=\int_0^{2\pi}\int_0^R 2C_1^0\sqrt{1-\left(\frac{r}{R}\right)^2}\,r\mathrm{d}r\mathrm{d}\psi \quad (5\text{-}72)$$

从而得到

$$C_1^0=\frac{3}{4}c_T \quad (5\text{-}73)$$

由于风力机叶轮旋转轴处的压降应该接近于零，显然式（5-71）不满足这个边界条件，进一步计算 $m=0$，$n=3$ 的压力分布为

$$\Phi_3^0(u,\eta,\psi)=C_3^0 P_3^0(v)Q_3^0(i\eta) \quad (5\text{-}74)$$

其中

$$P_3^0(v)=\frac{1}{2}v\left(5v^2-3\right)=\frac{1}{2}\sqrt{1-\mu^2}\left(2-5\mu^2\right) \quad (5\text{-}75)$$

$$Q_3^0(i\eta)=-\frac{\eta}{2}\left(5\eta^2+3\right)\arctan\left(\frac{1}{\eta}+\frac{5}{2}\eta^2+\frac{2}{3}\right) \quad (5\text{-}76)$$

在叶轮圆盘处压降为时

$$P_3^0(\mu)=-2C_3^0 P_3^0(v)Q_3^0(i0)=-\frac{2}{3}C_3^0\sqrt{1-\mu^2}\left(2-5\mu^2\right) \quad (5\text{-}77)$$

在 $\mu=0$ 处，两个压力降之和为零，可以求得 $C_3^0=\dfrac{9}{8}c_T$。

联立式（5-68）与式（5-74）压力分布可得

$$\Phi(v,\eta)=-\frac{15}{32}vc_{T,\mathrm{D}}\left[-7\eta\arctan\frac{1}{\eta}+4\left(1-v^2\right)\right]+15v^2\eta^2\left(\eta\arctan\frac{1}{\eta}-1\right)+$$
$$9\eta\left[\eta+\left(v^2-\eta^2\right)\arctan\frac{1}{\eta}\right] \quad (5\text{-}78)$$

式中，$C_{T,D}$ 为由动态入流导致的附加推力系数。

圆盘处的压降为

$$P(\mu) = P_1^0(\mu) + P_3^0(\mu) = \frac{15}{4} c_{T\mu}^2 \sqrt{1 - \mu^2} \quad （5\text{-}79）$$

由式（5-69）可进一步得叶轮平面坐标系与长球面坐标系的转换关系为

$$
\begin{bmatrix} \dfrac{\partial}{\partial v} \\[2mm] \dfrac{\partial}{\partial \eta} \\[2mm] \dfrac{\partial}{\partial \psi} \end{bmatrix} =
\begin{bmatrix} \dfrac{\partial x}{\partial v} & \dfrac{\partial y}{\partial v} & \dfrac{\partial z}{\partial v} \\[2mm] \dfrac{\partial x}{\partial \eta} & \dfrac{\partial y}{\partial \eta} & \dfrac{\partial z}{\partial \eta} \\[2mm] \dfrac{\partial x}{\partial \psi} & \dfrac{\partial y}{\partial \psi} & \dfrac{\partial z}{\partial \psi} \end{bmatrix}
\begin{bmatrix} \dfrac{\partial}{\partial x} \\[2mm] \dfrac{\partial}{\partial y} \\[2mm] \dfrac{\partial}{\partial z} \end{bmatrix} \quad （5\text{-}80）
$$

对式（5-80）求逆矩阵得

$$
\begin{bmatrix} \dfrac{\partial}{\partial x} \\[2mm] \dfrac{\partial}{\partial y} \\[2mm] \dfrac{\partial}{\partial z} \end{bmatrix} =
\begin{bmatrix} \dfrac{\partial}{\partial x} & \dfrac{\partial \eta}{\partial x} & \dfrac{\partial \psi}{\partial x} \\[2mm] \dfrac{\partial}{\partial y} & \dfrac{\partial \eta}{\partial y} & \dfrac{\partial \psi}{\partial y} \\[2mm] \dfrac{\partial}{\partial z} & \dfrac{\partial \eta}{\partial z} & \dfrac{\partial \psi}{\partial z} \end{bmatrix}
\begin{bmatrix} \dfrac{\partial}{\partial v} \\[2mm] \dfrac{\partial}{\partial \eta} \\[2mm] \dfrac{\partial}{\partial \psi} \end{bmatrix} \quad （5\text{-}81）
$$

在叶轮平面内，式（5-81）中的数值为

$$\frac{\partial \eta}{\partial x} = \frac{1}{Rv}, \quad \frac{\partial}{\partial x} = 0, \quad \frac{\partial \psi}{\partial x} = 0$$

$$\frac{\partial \eta}{\partial y} = 0, \quad \frac{\partial}{\partial y} = \frac{-\sqrt{1-v^2}}{2uR} \sin\psi, \quad \frac{\partial \psi}{\partial y} = \frac{\cos\psi}{R\sqrt{1-v^2}}$$

$$\frac{\partial \eta}{\partial z} = 0, \quad \frac{\partial}{\partial z} = \frac{-\sqrt{1-v^2}}{2vR} \sin\psi, \quad \frac{\partial \psi}{\partial z} = \frac{-\sin\psi}{R\sqrt{1-v^2}}$$

采用式（5-78）中的压力分布，在叶轮平面上有如下关系：

$$\frac{\partial \Phi}{\partial x} = -\frac{15\pi}{64R} c_{T,\mathrm{D}} \left(9v^2 - 7\right) \quad （5\text{-}82）$$

$$\frac{\partial \Phi}{\partial y} = -\frac{15}{64Rv} c_{T,\mathrm{D}} \sqrt{1-v^2} \left(12v^2 - 4\right) \sin\psi \quad （5\text{-}83）$$

$$\frac{\partial \Phi}{\partial z} = -\frac{15}{64Rv} c_{T,\mathrm{D}} \sqrt{1-v^2} \left(12v^2 - 4\right) \cos\psi \quad （5\text{-}84）$$

式（5-64）可表示为

$$\rho \frac{\partial u}{\partial t} = -\frac{\partial \Phi}{\partial x} \frac{1}{2} \rho U_\infty^2 = \frac{15\pi}{64R} c_{T.\mathrm{D}\mu} \left(2 - 9\mu^2\right) \frac{1}{2} \rho U_\infty^2 \quad （5\text{-}85）$$

$$\rho\frac{\partial v}{\partial t}=-\frac{\partial\Phi}{\partial y}\frac{1}{2}\rho U_\infty^2=\frac{15}{64R\sqrt{1-\mu^2}}c_{T,D\mu}\left(8-12\mu^2\right)\sin\psi\frac{1}{2}\rho U_\infty^2 \quad（5-86）$$

$$\rho\frac{\partial w}{\partial t}=-\frac{\partial\Phi}{\partial z}\frac{1}{2}\rho U_\infty^2=\frac{15}{64R\sqrt{1-\mu^2}}c_{T,D}\mu\left(8-12\mu^2\right)\cos\psi\frac{1}{2}\rho U_\infty^2(4-87) \quad（5-87）$$

轴向加速度在叶轮盘上的平均值为

$$\frac{\partial u_0}{\partial t}=-\frac{75\pi}{256}\frac{U_\infty^2}{R}c_{T,D} \quad（5-88）$$

而由动态入流导致的附加推力为

$$F_{T,D}=\frac{1}{2}\rho U_\infty^2\pi R^2 c_{T,D} \quad（5-89）$$

将式（4-88）中的$C_{T,D}$导出，代入式（5-89）中可得

$$F_{T,D}=-\frac{128}{75}\rho R^3\frac{\partial u_0}{\partial t} \quad（5-90）$$

附加质量为$\frac{128}{75}\rho R^3$，对于叶轮圆环附加推力为

$$\frac{128}{75}\rho\left[(r+\mathrm{d}r)^3-r^3\right]=\frac{384}{75}\rho r^2\mathrm{d}r \quad（5-91）$$

叶轮圆环截面周向气流速度可以用下式表示：

$$u_t=-v\cos\psi-w\sin\psi \quad（5-92）$$

于是有

$$\frac{\partial u_t}{\partial t}=-\frac{\partial v}{\partial t}\cos\psi-\frac{\partial w}{\partial t}\sin\psi \quad（5-93）$$

将式（5-86）和式（5-87）代入式（5-93）整理可得

$$\frac{\partial u_t}{\partial t}=\frac{15}{16}\frac{c_{T,D}\left(3\mu^2-2\right)\mu}{\rho R\sqrt{1-\mu^2}}\sin(2\psi)\frac{1}{2}\rho U_\infty^2 \quad（5-94）$$

进一步整理得

$$\rho R\sqrt{1-\mu^2}\frac{\partial u_t}{\partial t}=\frac{15}{16}c_{T,D}\left(3\mu^2-2\right)\mu\sin(2\psi)\frac{1}{2}\rho U_\infty^2 \quad（5-95）$$

将式（5-95）两端对μ^2从0到1求积分，有

$$\int_0^1\rho R\sqrt{1-\mu^2}\frac{\partial u_t}{\partial t}\mathrm{d}\mu^2=\int_0^1\frac{15}{16}c_{T,D}\left(3\mu^2-2\right)\mu\sin(2\psi)\frac{1}{2}\rho U_\infty^2\mathrm{d}\mu^2 \quad（5-96）$$

令$\frac{\partial u_t}{\partial t}$在整个圆盘上的平均值为$\frac{\partial u_{t0}}{\partial t}$，式（5-96）变为

$$\frac{\partial u_{\text{to}}}{\partial t} = -\frac{3c_{T,\text{D}}}{16\rho R}\sin(2\psi) \quad (5\text{-}97)$$

将式（5-88）中的 $C_{T,D}$ 导出，代入式（5-97）可得

$$\frac{\partial u_{\text{to}}}{\partial t} = -\frac{8}{25}\sin(2\psi)\frac{\partial u_0}{\partial t} \quad (5\text{-}98)$$

由以上分析可以发现，轴向及周向诱导速度的变化率对叶轮平面推力和力矩有影响。因此，将动量叶素理论方程进行基于动态入流的修正，推力平衡方程如下：

$$-4u_{\text{a}}\sqrt{\left(U_\infty\cos\gamma + u_{\text{a}}\right)^2 + U_\infty^2\sin^2\gamma} - \frac{384}{75\pi}r\frac{\partial u_{\text{a}}}{\partial t} =$$

$$\frac{c}{2\pi r}\cos\varphi\left[\sum_{b=0}^{N-1}V_r c_L\left(\alpha_A, Re\right)\left(V_\zeta\cos\beta - V_\eta\sin\beta\right) + \right. \quad (5\text{-}99)$$

$$\left. \sum_{b=0}^{N-1}V_r c_D\left(\alpha_A, Re\right)\left(V_\eta\cos\beta + V_\xi\sin\beta\right)\right]$$

当 $-u_{\text{a}} > U_\infty/3$ 时，式（5-99）中的等号左边用 $c_T U_\infty - \frac{384}{75\pi}r\frac{\partial u_{\text{a}}}{\partial t}$ 来替代。
力矩平衡方程为

$$4u_t\sqrt{\left(U_\infty\cos\gamma + u_n\right)^2 + U_\infty^2\sin^2\gamma} + \frac{384}{75\pi}r\frac{\partial u_t}{\partial t} =$$

$$\frac{c}{2\pi r}\cos\varphi\left[\sum_{b=0}^{N-1}V_r c_L\left(\alpha_A, Re\right)\left(V_\zeta\sin\beta + V_\eta\cos\beta\right) + \right. \quad (5\text{-}100)$$

$$\left. \sum_{b=0}^{N-1}V_r c_D\left(\alpha_\Lambda, Re\right)\left(V_\eta\sin\beta + V_\xi\cos\beta\right)\right]$$

将周向变化率用轴向诱导因子变化替代，力矩平衡方程变为

$$4u_1\sqrt{\left(U_\infty\cos\gamma + u_n\right)^2 + U_\infty^2\sin^2\gamma} + \frac{1}{625\pi}r\sin 2\psi\frac{\partial u_{\text{a}}}{\partial t} =$$

$$\frac{c}{2\pi r}\cos\varphi\left[\sum_{b=0}^{N-1}V_r c_L\left(\alpha_A, Re\right)\left(V_s\sin\beta + V_\eta\cos\beta\right) + \right. \quad (5\text{-}101)$$

$$\left. \sum_{b=0}^{N-1}V_r c_D\left(\alpha_A, Re\right)\left(V_\eta\sin\beta + V_\xi\cos\beta\right)\right]$$

利用修正后的平衡方程就能够在风力机载荷计算中考虑动态入流的影响。使用迭代的方法，求解力矩平衡方程和推力平衡方程就可以得到风力机叶片微元所受气动载荷。

第五节 载荷计算程序及分析结果

美国可再生能源实验室（NREL）对风力机进行了大量风洞实验。其中，第 6 期实验主要针对风力机的非定常流动进行了测试。本节以该期实验的上风型风力机作为分析对象，建立了相应的模型，具体参数见表 5-1。该风力机可变桨、可偏航，实验时沿翼展方向在 r/R =0.3，0.47，0.63，0.80 和 0.95 的 5 个叶片表面位置装有测压孔，并在这 5 个截面处的前缘前端装了 5 孔探针等测试仪器，用于测量入流角和风速。

以下分别使用 Pitt-Peters 修正方法、GDW 修正方法及动量 - 叶素理论修正方法对风速为 10 m/s、固定偏航角为 30。的工况进行计算，并同 NREL 实验数据进行对比。

表 5–1　实验风力机参数

类型	直径 m	额定转速 R·min-1	翼型	倾角(°)	额定功率 kW	叶片个数
上风水平轴异步发电机	10.058	71.63	S809	0	19.8	2

由于 NREL 测试用的风力机轮毂上装有测试装置，在偏航条件下，这些测试装置会干扰风力机叶片前的气流流动，测试结果的准确性可能会受到影响。而且 NREL 实验风力机只在一个叶片上安装了测压装置，故在偏航条件下不能准确获得偏航下的叶轮功率、推力等。因此，只对所测试叶片的截面气动系数与根部弯矩进行对比分析。

将叶片截面升力系数与阻力系数在叶轮平面内的合成结果定义为截面切向力系数，将垂直于叶轮平面方向的合成结果定义为截面法向力系数。应用 Pitt-Peters 修正方法、GDW 修正方法、动量 - 叶素理论修正方法（考虑动态入流修正和未考虑动态入流修正）计算叶片截面 0.8 R 位置处的切向力系数、叶轮功率、叶轮总推力、叶根弯矩，并与 NREL 实验结果进行比较。三种修正方法的稳态计算结果与 NREL 实验结果对比表明，GDW 修正方法的计算结果稳态误差最小，而三种修正方法稳态误差均在 17% 以内，可以用于工程实际中的载荷计算，见表 5-2。当桨角突然变化时，Pitt-Peters 修正方法、GDW 修正方法、基于动态入流的动量 - 叶素理论修正方法均可以反映由于动态入流引起的载荷冲击，且与测试结果趋势一致。而未考虑动态入流修正的动量 - 叶素理论在桨角瞬间变化时不能反映桨角突变的动态影响。由此证明，Pitt-Peters 修正方法、GDW 修正方法以及基于动态入流的动量 - 叶素理论修正方法，均能较好反映动态入流的影响，能够应用于风力机的动态载荷计算。

表 5–2　三种方法的稳态计算误差（%）

项目	截面切向力系数	叶轮功率	叶轮推力	叶片根部拍打弯矩
BEM 修正	13.6	11.9	16.6	14.9
Pitt-Peters 修正	15.7	12.85	13.4	12.7
GDW 修正	2.47	6.2	9.7	6.9

第六章 风力机模态分析

风力机模态分析主要是指获得风力机主要部件及整机的各阶自振频率以及对应的振型。其目的在于使风力机设计者能够通过各种手段使风力机运行在非共振区，从而避免风力机因产生结构共振而损坏，提高风力机的使用寿命，减少维护成本。

分析结构模态通常有两种方法。一是实验测试的方法。实验测试法的主要优点是所得结果正确可信。但是由于风力机的结构巨大，测试和加载均存在一定的困难，通常只有风力机部件，例如叶片和传动系统，能使用实验法。二是数值分析法。数值分析法中最常用的方法有传递矩阵法和有限元方法。目前有多款基于有限元方法的风力机模态分析商业软件。本章详细介绍如何使用多体系统传递矩阵方法研究风力机整机及叶片塔架的模态。多体系统传递矩阵方法是在经典传递矩阵方法基础上发展而来的，可以分析结构静力学及动力学问题，继承了经典传递矩阵法建模灵活、计算效率高、无须建立系统总体动力学模型等优点，同时又克服了原有方法使用情况单一，不能解决多维、时变、非线性系统的难题。相对于有限元方法，传递矩阵法建模更加简便，计算速度更快。

第一节 叶片建模及模态分析

本节介绍如何使用传递矩阵法建立风力机叶片自由振动传递矩阵模型，并以美国国家可再生能源实验室（NREL）1.5 MW 示例风力机叶片为例进行了计算分析。

一、叶片自由振动传递矩阵建模

风力机叶片是典型的细长杆结构。因此，通常情况下可将其简化为带扭转变形的无质量梁单元和集中质量惯量单元的组合。这里，假设叶片与轮毂为刚性连接。为了方便后续的叶片动力学特性研究及载荷分析，此处使用叶片锥角坐标系。因为该坐标系的 X 轴和 Y 轴分别对应叶轮平面外（out-of-plane）和平面内（inplane）两个常用叶片载荷分析方向。如果需要研究叶片弦向（edgewise）及翼型厚度方向（flapwise）特性及载荷只需要进行一次坐标变换，将叶片锥角坐标系变为叶片坐标系，如式（6-1）所示，其中 R_{hub} 为轮毂半径，α_p 为叶片变桨角。为了研究和分析方便，锥角在这里设为零。

$$\begin{bmatrix} x \\ y \\ z \end{bmatrix}_{b,i} = \begin{bmatrix} \cos\alpha_p & -\sin\alpha_p & 0 \\ \sin\alpha_p & \cos\alpha_p & 0 \\ 0 & 0 & 1 \end{bmatrix} \begin{bmatrix} x \\ y \\ z \end{bmatrix}_{c,i} + \begin{bmatrix} 0 \\ 0 \\ -R_{hub} \end{bmatrix} \quad (6\text{-}1)$$

为了描述简单方便，本章中所提的 X，Y，Z 轴均表示叶片锥角坐标系坐标轴。

根据叶片结构及其振动表现，Z 轴方向的振动、位移及受力可以忽略，但 Z 轴方向的力由于叶片截面 X，Y 方向运动而产生的力矩需要加以考虑。集中质量惯量单元具有 X 方向平动、Y 方向平动及绕 Z 轴旋转三个自由度。叶片系统的状态矢量如式（6-2）所示，下标 Z 表示第 i 个叶片截面，M 为弯矩，Q 为剪切力。

$$Z_i = \begin{bmatrix} x & y & \theta_x & \theta_y & \theta_z & M_x & M_y & M_z & Q_x & Q_y \end{bmatrix}_i^T \quad (6\text{-}2)$$

以下针对不同单元、不同变形情况推导建立其传递矩阵模型。

1. 无质量弯曲变形梁单元传递矩阵

叶片无质量梁单元 X 方向弯曲变形的受力及位移关系示意

如图 6-1 所示为叶片无质量梁单元 X 方向弯曲变形的受力及位移关系示意图。这里考虑了 Z 轴方向力产生的弯矩。

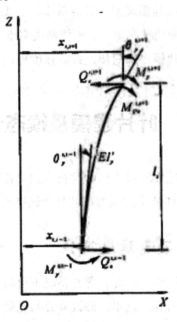

图 6-1　无质量梁单元 X 方向弯曲变形的受力及位移示意图

这里 $M_{Q_z}^{i,i+1}$ 为 Z 方向力产生的力矩，当考虑重力及离心力时，Z 方向的力 Q_z 满足以下关系：

$$Q_Z^{i+1} = \sum_{j=i+1}^{N_s} m_j g \cos\psi - \sum_{j=i+1}^{N_s} m_j r_j \Omega^2 \quad (6\text{-}3)$$

式中，N_s 为叶片的梁单元总数。

根据材料力学及静力学原理，可得下式：

$$
\left.
\begin{aligned}
&Q_x^{i,t-1} - Q_x^{i,i+1} = 0 \\
&-M_y^{i,i-1} + M_y^{i+1} - Q_x^{i,i+1}l_i + M_{Qz}^{i+1} = 0 \\
&x_{i,i+1} = x_{i,t-1} + \theta_j^{i,f-1}l_i + \left(M_y^{i,i+1} + M_{Qz}^{i+1}\right)\frac{l_i^2}{2EI_y^i} - Q_i^2 + \frac{l_i^3}{3EI_s^i} \\
&\theta_j^{i_j+1} = \theta_j^{i,t-1} + \left(M_j^{i,i+1} + M_{\alpha\alpha}^{i,j+1}\right)\frac{l_i}{EI_s^i} - Q_x^{(i+1)}\frac{l_i^2}{2EI_s^i} \\
&M_{Qz}^{i,t+1} = Q_Z^{i,t+1}\left(x_{i,i+1} - x_{i,i-1}\right)
\end{aligned}
\right\} \quad (6\text{-}4)
$$

式中，I_y^i 为叶片截面相对于 Y 轴的惯性矩，也称为叶轮平面外方向惯性矩。弦线和 Y 轴重合时，I_y^i 为叶片厚度方向相对于弦线的惯性矩，通常记为 I_{flap}^i。与此对应，I_x^i 为叶片截面相对于 X 轴的惯性矩，也称为叶轮平面内方向惯性矩。当叶片弦线和 Y 轴重合时，I_x^i 为叶片弦线方向相对于垂直于弦线的惯性矩，通常记为 I_{edge}^i。由于目前使用的大型风力机多为变桨变速风力机，其 I_x^i，I_y^i 随叶片桨角而变化。因此，在风力机设计及载荷分析中，通常提供的惯性矩数据为 I_{flap}^i，I_{edge}^i。这里就需要使用惯性矩的转轴公式，并考虑叶片变桨方向，进行变换才能得到 I_x^i，I_y^i，见式（6-5）。这里假设 Z 轴为主惯性轴，因此惯性积 $I_{xy}^i = 0$。

$$
\left.
\begin{aligned}
I_y^i &= \frac{1}{2}\left(I_{flap}^i + I_{clge}^i\right) + \frac{1}{2}\left(I_{flag}^i - I_{edge}^i\right)\cos\left[-2\left(\alpha_p + \alpha_{bau}^i\right)\right] \\
I_x^i &= \frac{1}{2}\left(I_{flag}^i + I_{edge}^i\right) - \frac{1}{2}\left(I_{flag}^i - I_{edge}^i\right)\cos\left[-2\left(\alpha_p + \alpha_{bau}^i\right)\right]
\end{aligned}
\right\} \quad (6\text{-}5)
$$

式中，α_{bau}^i 为叶片 i 截面设计扭角。

对应该系统，其状态矢量为

$$
Z_x^i = \begin{bmatrix} x & \theta_y & M_y & Q_x \end{bmatrix}_i^T \quad (6\text{-}6)
$$

整理式（6-4），可以得到无质量梁单元在 X 方向的自由振动传递矩阵为

$$
\mathbf{B}_x^i = \begin{bmatrix}
1 & l_i & \dfrac{l_i^2}{2EI_y^i} & \dfrac{l_i^3}{6EI_y^i} \\[2mm]
0 & 1 & \dfrac{l_i}{EI_y^i} & \dfrac{l_i^2}{2EI_j^i} \\[2mm]
0 & -Q_Z^{i+1}l_i & 1 - \dfrac{Q_i^{i+1}l_i^2}{2EI_y^i} & l_i\left(1 - \dfrac{Q_Z^{i+1}l_i^2}{6EI_j^i}\right) \\[2mm]
0 & 0 & 0 & 1
\end{bmatrix} \quad (6\text{-}7)
$$

在 Y 方向，梁单元有类似的传递矩阵。

2. 平移运动集中质量单元传递矩阵

如图 6-2 所示为叶片集中质量单元的受力示意图，以 Y 自由度为例。其中，$m_i\omega_i^2 y_i$ 为集中质量惯性力，ω 为振动频率

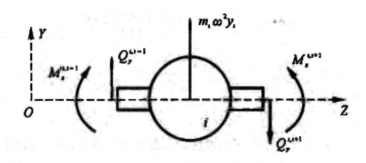

图 6-2 叶片集中质量单元的受力示意图

根据运动学方程，可以很容易得出其传递矩阵：

$$\mathbf{H}_y^i = \begin{bmatrix} 1 & 0 & 0 & 0 \\ 0 & 1 & 0 & 0 \\ 0 & 0 & 1 & 0 \\ m_i\omega^2 & 0 & 0 & 1 \end{bmatrix} \quad (6\text{-}8)$$

3. 无质量扭转梁单元及集中惯量单元传递矩阵

实际运行时，叶片存在以 Z 轴为转轴的扭转振动。这里的状态矢量为

$$Z_i = \begin{bmatrix} \theta_z & M_z \end{bmatrix}_i^T \quad (6\text{-}9)$$

从运动微分方程推导了无质量扭转梁单元的传递矩阵，其形式如下：

$$\mathbf{T}_i = \begin{bmatrix} 1 & \dfrac{l_i}{GJ_p^i} \\ 0 & 1 \end{bmatrix} \quad (6\text{-}10)$$

式中，G 为材料抗扭截面模量；J_p^i 为截面的极惯性矩；GJ_p^i 为截面的抗扭刚度。扭转集中惯量的传递矩阵为

$$\mathbf{TH}_i = \begin{bmatrix} 1 & 0 \\ -J_i\omega^2 & 1 \end{bmatrix} \quad (6\text{-}11)$$

式中，J_i 为集中转动惯量。

4. 梁单元及集中质量总体传递矩阵

根据所选择的叶片截面状态矢量式（6-2），假设截面三个自由度的运动相互独立，

无质量梁单元的总体传递矩阵为

$$\mathbf{B}_i = \begin{bmatrix} 1 & 0 & 0 & l_i & 0 & 0 & \dfrac{L_i^2}{2EI_j'} & 0 & \dfrac{L_i^2}{6EI_j'} & 0 \\[2mm] 0 & 1 & l_i & 0 & 0 & \dfrac{L_i^2}{2EI_x^i} & 0 & 0 & 0 & \dfrac{L_i^2}{6ET_x'} \\[2mm] 0 & 0 & 1 & 0 & 0 & \dfrac{L_i}{EI_x^i} & 0 & 0 & 0 & \dfrac{L_i^2}{2ET_x'} \\[2mm] 0 & 0 & 0 & 1 & 0 & 0 & \dfrac{L_i}{EI_y'} & 0 & \dfrac{l_i^i}{2ET_y^i} & 0 \\[2mm] 0 & 0 & 0 & -Q_z^{i,i+1}l_i & 0 & 0 & 0 & 1-\dfrac{Q_z^{i,i+1}l_i^2}{2EI_x^i} & 0 & 0 & 0 \\[2mm] 0 & 0 & 0 & 0 & 0 & 0 & 0 & 0 & 1 & 0 \\ 0 & 0 & 0 & 0 & 0 & 0 & 0 & 0 & 1 & 0 \\ 0 & 0 & 0 & 0 & 0 & 0 & 0 & 0 & 0 & 1 \end{bmatrix}$$

$$(6\text{-}12)$$

集中质量惯量单元的总体传递矩阵为

$$\mathbf{H}_i = \begin{bmatrix} 1 & 0 & 0 & 0 & 0 & 0 & 0 & 0 & 0 & 0 \\ 0 & 1 & 0 & 0 & 0 & 0 & 0 & 0 & 0 & 0 \\ 0 & 0 & 1 & 0 & 0 & 0 & 0 & 0 & 0 & 0 \\ 0 & 0 & 0 & 1 & 0 & 0 & 0 & 0 & 0 & 0 \\ 0 & 0 & 0 & 0 & 1 & 0 & 0 & 0 & 0 & 0 \\ 0 & 0 & 0 & 0 & 0 & 1 & 0 & 0 & 0 & 0 \\ 0 & 0 & 0 & 0 & -J_i\omega^2 & 0 & 0 & 1 & 0 & 0 \\ m_i\omega^2 & 0 & 0 & 0 & 0 & 0 & 0 & 0 & 1 & 0 \\ 0 & m_i\omega^2 & 0 & 0 & 0 & 0 & 0 & 0 & 0 & 1 \end{bmatrix} \quad (6\text{-}13)$$

将各个单元传递矩阵按照叶片离散化顺序相乘，就可以得到叶片总的传递矩阵，见式（6-14）。式（6-15）为叶片自由振动整体传递方程。

$$U = H_n B_{n-1} H_{n-2} \cdots B_2 H_1 B_0 \quad (6\text{-}14)$$

$$Z_n = U Z_0 \quad (6\text{-}15)$$

式中，Z_0 和 Z_n 分别为叶根及叶尖的状态矢量，也称为叶片传递矩阵的边界条件。在已知边界条件后，即可通过叶片传递矩阵求得叶片中间截面的状态矢量。

二、叶片模态分析

在得到叶片整体传递矩阵后，使用以下方法可以求得叶片的自振频率及其对应的振型。

当叶片自由振动时，Z_0 和 Z_n 中的某些状态变量必须满足以下边界条件：

$$\left.\begin{array}{l} x_0 = 0, \theta_y^0 = 0, M_y^n = 0, Q_x^n = 0 \\ y_0 = 0, \theta_x^0 = 0, M_x^n = 0, Q_y^n = 0 \\ \theta_z^0 = 0, M_x^n = 0 \end{array}\right\} \quad (6\text{-}16)$$

将式（6-16）代入式（6-15），可得

$$\begin{bmatrix} 0 \\ 0 \\ 0 \\ 0 \\ 0 \end{bmatrix} = \begin{bmatrix} u_{6,6} & u_{6,7} & u_{6,8} & u_{6,9} & u_{6,10} \\ u_{7,6} & u_{7,7} & u_{7,8} & u_{7,9} & u_{7,10} \\ u_{8,6} & u_{8,7} & u_{8,8} & u_{8,9} & u_{8,10} \\ u_{9,6} & u_{9,7} & u_{9,8} & u_{9,9} & u_{9,10} \\ u_{10,6} & u_{10,7} & u_{10,8} & u_{10,9} & u_{10,10} \end{bmatrix} \begin{bmatrix} M_x \\ M_y \\ M_z \\ Q_x \\ Q_y \end{bmatrix} \Rightarrow \mathbf{0} = \mathbf{U}'\mathbf{Z}_0' \quad (6\text{-}17)$$

式中，$\mathcal{U}_{i,j}$ 为叶片整体传递矩阵元素，它们是频率 ω 的函数；U' 为结构的特征矩阵。由上可见，式（6-17）为齐次线性方程组，它有非零解的条件为其系数矩阵 U' 的行列式为零，即 $\det\left(\mathbf{U}'\right) = 0$。该方程也称为整体传递矩阵的特征方程。由上可知，$\det\left(\mathbf{U}'\right)$ 只是频率 ω 的函数，使结构特征方程成立的频率值即为结构的自振频率。通常情况下，$\det\left(\mathbf{U}'\right)$ 为 ω 的高阶多项式，很难直接获得解析解。因此，常使用扫频法来求解。

以上为通常情况下的自振频率求解过程。这样求解出来的自振频率包括三个自由度所有的自振频率。针对叶片整体传递矩阵的构建特点，可以进行如下的处理。

根据叶片截面三个自由度相互独立的假设，特征矩阵 U' 具有如下的形式：

$$\mathbf{U}' = \begin{bmatrix} u_{6,6} & 0 & 0 & 0 & u_{6,10} \\ 0 & u_{7,7} & 0 & u_{7,9} & 0 \\ 0 & 0 & u_{8,8} & 0 & 0 \\ 0 & u_{9,7} & 0 & u_{9,9} & 0 \\ u_{10,6} & 0 & 0 & 0 & u_{10,10} \end{bmatrix} \quad (6\text{-}18)$$

对 U' 分别进行两次行变换和两次列变换，对应特征方程式（6-17）变为

$$\begin{bmatrix} 0 \\ 0 \\ 0 \\ 0 \\ 0 \end{bmatrix} = \begin{bmatrix} u_{6.6} & u_{6.10} & 0 & 0 & 0 \\ u_{10.6} & u_{10.10} & 0 & 0 & 0 \\ 0 & 0 & u_{s.8} & 0 & 0 \\ 0 & 0 & 0 & u_{7.7} & u_{7.9} \\ 0 & 0 & 0 & u_{s,7} & u_{3.9} \end{bmatrix} \begin{bmatrix} M_x \\ Q_x \\ M_x \\ M_y \\ Q_x \end{bmatrix} \Rightarrow 0 = U''Z_0'' \quad (6\text{-}19)$$

因此，求解 $\det\left(\mathbf{U}''\right)=0$ 同样可以得到叶片的自振频率。变形后的特征矩阵顶 U'' 又可以分解为三个子矩阵：$\mathbf{U}_{ip},\mathbf{U}_t,\mathbf{U}_{op}$。

$$U''=\begin{bmatrix} u_{6,6} & u_{6,10} & 0 & 0 & 0 \\ u_{10,6} & u_{10.10} & 0 & 0 & 0 \\ 0 & 0 & u_{8.8} & 0 & 0 \\ 0 & 0 & 0 & u_{7.7} & u_{7.9} \\ 0 & 0 & 0 & u_{9.7} & u_{9.9} \end{bmatrix}=\begin{bmatrix} U_{ip} & & \\ & U_t & \\ 0 & 0 & U_{OP} \end{bmatrix} \quad (6\text{-}20)$$

$$\mathbf{U}_{ip}=\begin{bmatrix} u_{6,6} & u_{6,10} \\ u_{10,5} & u_{10,10} \end{bmatrix}, \quad \mathbf{U}_1=\begin{bmatrix} u_{8,8} & 7 \end{bmatrix}, \quad \mathbf{U}_{op}=\begin{bmatrix} u_{7,7} & u_{7,9} \\ u_{9,7} & u_{9,9} \end{bmatrix}$$

由线性代数理论可得

$$\det\left(\mathbf{U}''\right)=\det\left(\mathbf{U}_{op}\right)\det\left(\mathbf{U}_{ip}\right)\det\left(\mathbf{U}_t\right) \quad (6\text{-}21)$$

因此，特征方程 $\det\left(\mathbf{U}''\right)=0$ 可以分解为三个子方程：

$$\left.\begin{aligned} \det\left(\mathbf{U}_{op}\right)=0 \\ \det\left(\mathbf{U}_{ip}\right)=0 \\ \det\left(\mathbf{U}_t\right)=0 \end{aligned}\right\} \quad (6\text{-}22)$$

其中，每个子方程所求得的解分别对应叶轮平面外、叶轮平面内和扭转自由度自振频率。如果某个 ω 能使式（6-22）中多个方程成立，则该 ω 为多自由度耦合自振频率。

在求解出各阶自振频率后，只需要给叶片一个初始边界条件，使用已建立的传递矩阵方程就可以迭代出各个截面的状态矢量，其位置参数即为叶片的振型。

本节以美国可再生能源实验室（NREL）1.5MW 示例风力机作为分析对象，对其叶片的模态进行分析。该叶片总长为 33.25 m，其截面质量、扭转角度、刚度、惯性等。

表 6-1 为本书使用传递矩阵方法计算的叶片在桨角为 0°、叶轮转速为 0r/min、叶轮方位角为 0° 时，20 Hz 内各阶自振频率，并同美国可再生能源实验室开发的 Modes 程序进行了对比。

表 6-1 传递矩阵与 Modes 计算的 NREL 1.5 MW 叶片自振频率　　单位：Hz

项目	一阶	二阶	三阶	四阶
平面外	1.240（1.256）	3.679（3.792）	8.055（8.995）	14.88（18.552）
平面内	1.866（1.897）	6.351（6.485）	14.68（15.152）	
扭转	8.982	16.016		

注：括号内为 Modes 结果

从表 6-1 可以看出，两种方法低阶自振频率计算结果非常接近，只有叶轮平面外方向第四阶自振频率差别较大。

第二节　塔架建模及模态分析

本节介绍了如何使用传递矩阵法建立风力机塔架和基础自由振动传递矩阵模型，以计算塔架的自振频率及振型。同时，考虑到数值分析方法对边界条件的严重依赖性，这里还介绍了一种通过测试结果估计塔架模型边界条件的方法。使用该方法对塔架模型进行修正以获得准确的动力学分析结果。

与风力机叶片类似，风力机塔架也是一种典型的细长杆结构。因此，这里同样将其简化为带弯曲和扭转变形的无质量梁单元和集中质量惯量单元的组合。与叶片情况不同的是，在忽略塔筒门等因素后，塔架是一对称结构，而且其基础通常情况下也不会旋转。因此，当分析塔架自振频率及振型时，通常将塔架弯曲变形和扭转变形情况分别进行分析，而不需要建立统一的模型，这样可以简化分析过程，提高计算速度。以下分别对两种变形情况进行建模，其中重点介绍弯曲变形传递矩阵模型的建立、弯曲变形情况下塔架基础刚度和阻尼的估计以及弯曲变形模态的计算。

一、塔架弯曲变形自由振动传递矩阵建模也俗

风力机塔架建模使用的是风力机塔架底部坐标系。在考虑到塔架基础的刚度和阻尼后，塔架模型可以简化为如图 6-3 所示的模型。这里将塔架底部法兰盘单独分离出来作为一个刚体进行建模，机舱当作一个集中质量，而塔架其他部分离散为无质量梁单元和集中质量单元的组合。底部法兰盘有两个自由度，X 方向平动及绕 Y 轴方向的转动。塔架基础简化为两个弹簧阻尼系统，其中一个为平动弹簧阻尼系统，其刚度和阻尼分别为 K_h, C_h；另外一个为扭转弹簧和扭转阻尼系统，其刚度和阻尼分别为 K_t, C_t。塔架顶部质量，包括机舱及叶轮质量均集中加载到塔架顶部集中质量单元上。

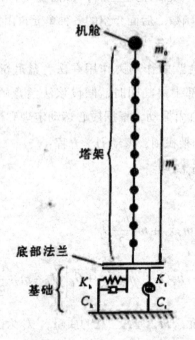

图 6-3　风力机塔架及基础简化模型

塔架无质量梁单元的传递矩阵为

$$
\mathbf{B}_i = \begin{bmatrix}
1 & l_i & \dfrac{l_i^2}{2EI_i} & \dfrac{l_i^3}{6EI_i} \\[3mm]
0 & 1 & \dfrac{l_i}{EI_i} & \dfrac{l_i^2}{2EI_i} \\[3mm]
0 & -\displaystyle\sum_{j=1}^{N_i} m_j g l_i & 1-\dfrac{\displaystyle\sum_{i=1+1}^{N_j} m_j l_i^2}{2EI_i} & l_i & \left(\dfrac{\displaystyle\sum_{i=1-1}^{N_s} m_j g l_i^2}{6EI_i}\right)
\end{bmatrix}
\tag{6-23}
$$

式中，E 为塔架材料的弹性模量；I_i 为塔架截面相对于 X 轴或者 Y 轴的截面惯性矩；EI_i 为截面的抗弯刚度；N_s 为塔架梁单元总数目。

在不考虑阻尼的情况下，集中质量单元的自由振动传递矩阵仍然为

$$
\mathbf{H}_i = \begin{bmatrix}
1 & 0 & 0 & 0 \\
0 & 1 & 0 & 0 \\
0 & 0 & 1 & 0 \\
m_i \omega^2 & 0 & 0 & 1
\end{bmatrix}
\tag{6-24}
$$

式中，ω 为振动频率。在考虑结构阻尼后，ω 需要变为 $\lambda i, i$ 是虚数单位，λ 为结构特征值，它是结构自振频率的函数。后面介绍的各种单元自由振动传递矩阵在有阻尼的情况下也要进行类似的变换。

假设基础对塔架底部法兰盘的作用力作用在法兰盘底部中央，而塔架对底部法兰盘的作用力作用在法兰盘顶部中央。同时，假设该法兰盘的角位移 θ 很小，也就是说 $\sin\theta \approx \theta, \cos\theta \approx 1$，对系统自由振动，根据质心运动定理和活动矩心绝对动量矩定理，略去微小量 θ 的乘积项与 θ^2 的乘积项，得动力学方程：

$$\left.\begin{aligned}
x_O &= x_I - h_f\theta_I \\
\theta_O &= \theta_I \\
Q_O &= Q_I - m_f\ddot{x}_I + m_1\frac{h_f}{2}\ddot{\theta}_I \\
M_O &= M_I - h_fQ_I + m_1\ddot{x}_1\frac{h_1}{2} + \ddot{\theta}_I\left(J_I - m_f\frac{h_f^2}{2}\right)
\end{aligned}\right\} \quad (6\text{-}25)$$

式中，h_f 为法兰盘的高度；m_f 为法兰盘的质量；J_I 为法兰盘相对于通过基础作用点的水平轴的转动惯量。由此可得塔架底部法兰盘的传递矩阵为

$$\mathbf{L} = \begin{bmatrix} 1 & -h_f & 0 & 0 \\ 0 & 1 & 0 & 0 \\ -m_f\omega^2\dfrac{h_f}{2} & -\omega^2\left(J_1 - m_f\dfrac{h_f^2}{2}\right) & 1 & -h_f \\ m_f\omega^2 & -m_f\omega^2\dfrac{h_f}{2} & 0 & 1 \end{bmatrix} \quad (6\text{-}26)$$

由于已经将塔架基础简化为两个弹簧阻尼系统，因此，基础的传递矩阵很容易求得。式（6-27a）为无阻尼情况下基础的传递矩阵，式（6-27b）为有阻尼情况下基础的传递矩阵。

$$\mathbf{F} = \begin{bmatrix} 1 & 0 & 0 & -\dfrac{1}{K_h} \\ 0 & 1 & \dfrac{1}{K_t} & 0 \\ 0 & 0 & 1 & 0 \\ 0 & 0 & 0 & 1 \end{bmatrix} \quad (6\text{-}27a)$$

$$\mathbf{F} = \begin{bmatrix} 1 & 0 & 0 & -\dfrac{1}{K_h + C_h\lambda} \\[2mm] 0 & 1 & \dfrac{1}{K_t + C_t\lambda} & 0 \\[2mm] 0 & 0 & 1 & 0 \\[1mm] 0 & 0 & 0 & 1 \end{bmatrix} \quad （6\text{-}27\text{b}）$$

将所有单元传递矩阵按照塔架离散化顺序乘积起来，就可以得到塔架（含基础）整体的自由振动传递矩阵，见式（6-28）。式（6-29）为塔架整体传递方程。

$$\mathbf{U} = \mathbf{H}_n\mathbf{B}_{n-1}\mathbf{H}_{n-2}\cdots\mathbf{B}_2\mathbf{H}_{\mathbf{B}_0}\mathbf{LF}$$

$$\mathbf{Z}_n = \mathbf{H}_n\mathbf{B}_{n-1}\mathbf{H}_{n-2}\cdots\mathbf{B}_z\mathbf{H}_1\mathbf{B}_0 LF Z_0 = \mathbf{UZ}_0 \quad \Rightarrow （6\text{-}28）$$

$$\begin{bmatrix} x \\ \theta \\ M \\ Q \end{bmatrix} = \begin{bmatrix} u_{11} & u_{12} & u_{13} & u_{14} \\ u_{21} & u_{22} & u_{23} & u_{24} \\ u_{31} & u_{32} & u_{33} & u_{34} \\ u_{41} & u_{42} & u_{43} & u_{14} \end{bmatrix} \begin{bmatrix} x \\ \theta \\ M \\ Q \end{bmatrix}_0 \quad （6\text{-}29）$$

式中，u_{ij} 为整体传递矩阵元素（i，j =1，2，3，4），它是 ω 或者 λ 的函数，取决于是否考虑基础阻尼。

二、塔架弯曲变形自振频率计算

在得到塔架（含基础）整体自由振动传递矩阵后，根据塔架及基础的边界条件，使用以下方法可以求得塔架的自振频率。

塔架自由振动时，其边界条件见式（6-30）。将边界条件带入塔架整体传递方程，可以得到一个线性齐次方程组，见式（6-31）。该方程组有非零解的充分必要条件：其系数矩阵行列式的值必须为零。这样就得到了一个新的方程 $\det\left(\mathbf{U}'\right) =0$。求解该方程就可以得到塔架的各阶自振频率。在不考虑阻尼的情况下，该方程应该是自振频率 ω 的高阶实数方程，通过扫频法可以很容易求得方程的解，即塔架的自振频率。当考虑阻尼时，该方程是特征值 λ 的复数方程，不能直接用扫频法求解，这时需要使用其他数值方法，例如米勒法进行求解。

$$x_0 = 0, \quad \theta_0 = 0, \quad M_n = 0, \quad Q_n = 0 \quad （6\text{-}30）$$

$$\begin{bmatrix} 0 \\ 0 \end{bmatrix} = \begin{bmatrix} u_{33} & u_{34} \\ u_{43} & u_{44} \end{bmatrix} \begin{bmatrix} M \\ Q \end{bmatrix}_0 \quad \Rightarrow \boldsymbol{\theta} = \mathbf{U}'\mathbf{Z}_0' \quad （6\text{-}31）$$

三、风力机塔架自振频率现场测试

风力机塔架自振频率是风力机结构和控制器设计的重要参数。目前，在风力机设计过程中，主要是通过数值仿真的方法来确定塔架的自振频率。但是，即使是最准确的数值分析方法，要获得正确的分析结果也需要准确地输入边界条件和连接条件，例如塔架段与段之间、塔架底部与基础之间的连接刚度以及基础的刚度和阻尼等。实际上，这些参数很难事先估准。因此，塔架自振频率的现场测试很有必要。由于大型风力机塔架尺寸巨大，只能考虑使用改进的冲击响应测试法进行塔架自振频率测量。风力机在工况转变时（也称为暂态工况）会对风力机结构，尤其是塔架产生较大的冲击载荷。考虑到实际测试条件及风力机运行状态，推荐选择紧急停机和偏航停止两个过程产生的冲击载荷响应作为测试信号。

为了准确可靠地获取塔架冲击载荷响应信号，需要可靠的测量系统。根据所选测试参数及传感器的类型不同，通常有两种测量方法：第一种为测量风力机机舱振动，所用传感器为超低频振动传感器，例如超低频加速度传感器，安装位置为机舱机座水平及轴向位置；第二种为测量风力机塔架根部应变，所用传感器为应变计，安装位置在塔架根部。考虑到风力机存在偏航的情况，需要在同一高度每隔 45° 位置贴一个纵向应变计，对应两个应变计组成一个半桥测试电路。将传感器获得的电信号通过数据采集系统导入计算机，再使用专业的采集处理程序就可以获得所要的自振频率测量结果。整个测试系统及测量位置的示意图如图 6-4 所示。

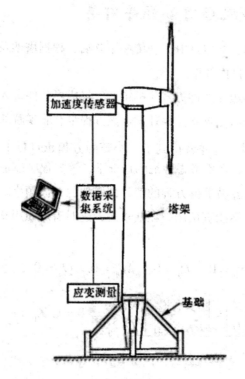

图 6-4 塔架自振频率现场测试系统示意图

如图 6-9 所示为某 2 MW 风力机所得的机舱振动冲击响应时域波形及频谱图。从图中可以得到以下结论(3)：

第一，所测试的风力机塔架一阶自振频率为 0.354 Hz，二阶自振频率为 1.05 Hz。

第二，通过对冲击响应的衰减曲线进行分析，计算得到该塔架及地基的阻尼比为 0.003 ～ 0.005。

第三，使用冲击响应测试法只能测得塔架有限的动力学特性。本测试获得塔架的一阶和二阶自振频率及阻尼比。如果还需要了解更多的塔架动力学特征，例如其他阶次的自振频率及各阶振型，就只有依靠数值分析方法。

例如：某 2MW 风力机所得的机舱振动冲击响应时域波形。可以得到以下结论：

第一，所测试的风力机塔架一阶自振频率为 0.354 Hz，二阶自振频率为 1.05 Hz。

第二，通过对冲击响应的衰减曲线进行分析，计算得到该塔架及地基的阻尼比为 0.003 ～ 0.005。

第三，使用冲击响应测试法只能测得塔架有限的动力学特性。本测试获得塔架的一阶和二阶自振频率及阻尼比。如果还需要了解更多的塔架动力学特征，例如其他阶次的自振频率及各阶振型，就只有依靠数值分析方法。

四、塔架基础刚度及阻尼估计

综上所述，要准确计算塔架的自振频率，必须准确确定基础的刚度和阻尼。以下介绍一个结合塔架现场测试结果估计塔架基础刚度和阻尼的方法。使用该方法可以准确的估计出不同类型塔架基础的刚度和阻尼，对风力机塔架的设计提供技术基础。

在风力机工程中，考虑塔架一阶模态时，可以将风力机简化为一个带阻尼的弹簧振子系统。这时，其特征值 λ_1 为以下形式：

$$\lambda_1 = -\omega_{n,1}\xi \pm i\omega_{n,1}\sqrt{1-\xi^2} = -\lambda_1^r \pm i\lambda_1^i \quad （6\text{-}32）$$

式中，$\omega_{n,1}$ 为系统无阻尼下的一阶自振频率；ξ 为系统阻尼比。特征值的虚部 λ_1^i 又称为系统带阻尼情况下的自振频率。在通常情况下，阻尼比很小，带阻尼自振频率和无阻尼自振频率几乎相等，即式

$$\lambda_1^i = \omega_{n,1}\sqrt{1-\xi^2} = \omega_{d,1} \approx \omega_{n,1} \quad （6\text{-}33）$$

由以上可知，可以通过塔架自振频率现场测试测得塔架的一阶自振频率和阻尼比，即现场测试可以得到结构的一阶特征值。因此，估计塔架基础刚度和阻尼的基本思想是，通过调整风力机塔架传递矩阵模型中基础的刚度和阻尼，使传递矩阵分析结果同测试结果相符。这时的刚度和阻尼就是塔架基础合理的刚度和阻尼。但是，通过现场测试得到的动力学特征参数有限，而塔架基础模型中一共有四个未知量，通过有限的测量参数并不能完全确定这四个未知量。因此，当评估塔架基础刚度和阻尼时，必须对这些未知量再进行合理的简化。

五、风力机塔架弯曲模态分析

在风力机塔架自由振动传递矩阵模型建立后，估计出塔架基础合理的刚度和阻尼，就可以准确的计算出塔架的各阶自振频率及特征值，然后赋给塔架一个初始边界条件，使用已建立的传递矩阵方程就可以迭代出各个截面的状态矢量，其中位置参数即为塔架的振型。

表 6-2 列出了被测风力机塔架基础刚度及阻尼的估计结果，这里分别列出了阻尼比为 0.003 和 0.005 两种情况。从表中可以看出，两个阻尼比下，塔架基础的刚度差别不大，但是基础阻尼的差别很大，这和理论分析是一致的。另外，基础阻尼同塔架整体阻尼比呈线性关系，这个结果符合模型简化的情况。

表 6-2　风力机塔架基础刚度及阻尼估计结果

情况	塔架阻尼比	基础刚度 /（N·m-1）	基础阻尼 /（N·s·m-1）
1	0.003	3.938×106	3.884×104
2	0.005	3.935×106	6.469×104

表 6-3 列出了传递矩阵法与有限元法计算被测风力机塔架一阶自振频率的结果对比。其中，η 为计算结果同测试结果的相对误差，ξ =0.003 和 ξ =0.005 分别为表 6-2 中对应的两种塔架基础情况。由该表可以看出，如果不考虑塔架基础的刚度和阻尼（表 6-3 和表 6-4 中的完全约束，即刚度无穷大），数值分析方法存在很大的计算误差，其结果完全不能用于风力机设计。说明，基础的刚度和阻尼对塔架的自振频率影响很大。另外，三种约束条件下，ANSYS 同传递矩阵法计算结果均非常相近，说明风力机塔架传递矩阵模型以及计算程序完全可行。

表 6-3　用传递矩阵法与有限元法计算的塔架一阶自振频率结果对比

塔架底部约束条件	完全约束		ξ =0.003		ξ =0.005	
	ω_n / Hz	η（%）	ω_n / Hz	η（%）	ω_n / Hz	η（%）
ANSYS	0.4156	17.4	0.3545	0.14	0.3544	0.11
传递矩阵	0.4141	17.0	0.3540	0	0.3540	0

表 6-4 列出了使用传递矩阵法计算的塔架前三阶自振频率，括号内的值为实测结果。对比可以发现，传递矩阵法计算所得第一、二阶自振频率与实测结果相符。第三阶自振频率未能测出。从表中还可以看出，不止一阶自振频率，其他各阶自振频率受塔架基础刚度的影响也很大。

表 6-4　用传递矩阵法计算的塔架前三阶自振频率

传递矩阵	$\omega_{n,1}$ / Hz	$\omega_{n,2}$ / Hz	$\omega_{n,3}$ / Hz
约束条件	0.4141	3.7278	11.0395
ξ =0.003	0.354（0.354）	1.117 1（1.05）	4.6859
ξ =0.005	0.354（0.354）	0.354（0.354）	4.6854

代入塔架基础刚度及阻尼后风力机塔架前三阶振型。其中，一阶和二阶振型变形情况相近，只是塔架底部位移有所不同，而第三阶振型为典型的二弯振型。

六、塔架扭转振动传递矩阵建模

塔架扭转振动特性在风力机设计过程中通常并不受重视。这是因为塔架扭转自振频率相对于弯曲自振频率要高得多，远高于风力机工作频段，而且风力机所受载荷中几乎没有如此高频的扭转载荷。因此，这里仅作简要介绍。

同叶片建模情况类似，这里也将塔架离散为无质量扭转梁单元和集中惯量单元的组合，可以很容易得到塔架无质量扭转梁单元和集中惯量单元的自由振动传递矩阵。按照塔架离散化顺序，将各个单元的传递矩阵乘起来，就可以得到塔架扭转变形整体传递矩阵。通常情况下，将基础扭转自由度的约束设为完全约束。计算塔架扭转自振频率和振型的过程同叶片相似，这里不再赘述。

第三节　风力机整机模态分析

本节首先介绍使用多体系统传递矩阵法构建风力机整机传递矩阵模型，得到其结构特征方程用于自振频率及振型分析。以 NREL 5 MW 示例风力机为例，分析该型风力机的整机自振频率及振型，并同 Bladed 和 FAST 分析结果进行对比。

一、整机传递矩阵建模

风力机叶片安装在轮毂上，轮毂固接在转子系统上，而转子系统通过支承系统将载荷传递到机舱机座，机座又由塔架支撑。叶片及塔架的简化及建模在前文中已经给出。因此，建立风力机整机模态分析模型只需要对机舱及各部件之间的链接进行简化建模即可。

考虑到叶片及塔架的简化情况，兼顾分析精度和计算速度要求，本书将机舱和轮毂看作一体，并简化为一集中质量惯量单元。叶片和塔架均与机舱单元刚性连接。如图 6-5 所示为三叶片风力机整机简化模型示意图。

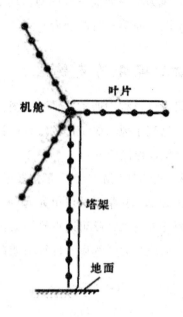

图 6-5　三叶片风力机整机简化模型示意图

从图 6-5 中可以看出，风力机模型是一个典型的分叉式系统，其传递矩阵模型的构建同链式系统传递矩阵构建有明显的不同。分叉式系统可以看作一个多输入、单输出系统。设风力机的三个叶片为输入端，风力机塔架为输出端，三叶片风力机即为一个三输入、单输出的系统园。

前文中给出了叶片的传递矩阵模型，该模型是建立在叶片锥角坐标系中，所选状态矢量见式（6-2）。设三个叶片叶尖的状态矢量分别为 $Z_{b1,t}, Z_{b2,t}, Z_{b3,t}$，它们也是整个系统的输入矢量，叶根的状态矢量分别为 $Z_{b1,t}, Z_{b2,t}, Z_{b3,t}$，叶片传递矩阵为 $\mathbf{U}_{b1}, \mathbf{U}_{b2}, \mathbf{U}_{b3}$，则以下等式成立：

$$\left.\begin{array}{l} Z_{b1,t} = U_{b1}Z_{b1,r} \\ Z_{b2,t} = U_{b2}Z_{b2,r} \\ Z_{b3,t} = U_{b3}Z_{b3,r} \end{array}\right\} \Rightarrow \left.\begin{array}{ll} Z_{b1,r} &= U_{b1}^{-1}Z_{b1,t} \\ Z_{b2,r} &= U_{b2}^{-1}Z_{b2,t} \\ Z_{b3,r} &= U_{b3}^{-1}Z_{b3,t} \end{array}\right\} \quad （6\text{-}35）$$

风力机塔架的传递矩阵模型以塔底坐标系为参照系，所选状态矢量与叶片状态矢量相似。设塔架底部状态矢量为 $Z_{t,b}$ 盘，同时也是整个系统的输出状态矢量，塔架顶部的状态矢量为 $Z_{t,t}$。设自底向上构建的塔架传递矩阵为 U_t，则下式成立

$$Z_{t,t} = U_t Z_{t,b} \Rightarrow Z_{t,b} = U_t^{-1}Z_{t,t} \quad （6\text{-}36）$$

机舱单元作为连接单元，一共有三个输入矢量，一个输出矢量。考虑到输入点位移参数相同，因此，机舱单元的输入变量为

$$Z_{n,I}=[x \quad y \quad \theta_x \quad \theta_y \quad \theta_z \quad \theta_z, M_{x1} \quad M_{y1} \quad M_{z1} \quad Q_{x1} \quad Q_{x1} \quad Q_{yz} \quad M_{x2} \quad M_{y2}$$
$$M_{x2} \quad Q_{x2} \quad Q_{y2} \quad Q_{y2} \quad M_{x3} \quad M_{y3} \quad M_{x3} \quad Q_{x3} \quad Q_{y3}]^T$$

（6-37）

式中，M_{xi} 表示第 i 个叶片对机舱 X 方向的弯矩；Q_{xi} 表示第 i 个叶片对机舱 X 方向的剪切力。式（6-37）所示的状态矢量是不考虑机舱受外力情况下的，然而在建模过程中，必须考虑由于机舱质心位置偏离塔架中心而引入的对塔架顶部的弯矩。因此，必须扩展式（6-37）表示的机舱单元输入状态矢量，即

$$Z_{n,I}=[x \quad y \quad \theta_x \quad \theta_y \quad \theta_z \quad \theta_z, M_{x1} \quad M_{y1} \quad M_{z1} \quad Q_{x1} \quad Q_{x1} \quad Q_{yz} \quad M_{x2} \quad M_{y2}$$
$$M_{x2} \quad Q_{x2} \quad Q_{y2} \quad Q_{y2} \quad M_{x3} \quad M_{y3} \quad M_{x3} \quad Q_{x3} \quad Q_{y3}]^T$$

（6-38）

机舱单元的传递矩阵及状态矢量也以塔底坐标系为参照系。的状态矢量需要进行坐标变换才能作为机舱的输入状态矢量。

当进行风力机整机模态分析时，可以忽略风力机的偏航。目前，大部分大型风力机叶片锥角为 0°。因此，从叶片锥角坐标系到塔架底部坐标系仅需要进行两次坐标变换：

$$V_{O_1-X_1-Y_1-Z_1} = \begin{bmatrix} \cos\theta & 0 & \sin\theta \\ 0 & 1 & 0 \\ -\sin\theta & 0 & \cos\theta \end{bmatrix} \begin{bmatrix} 1 & 0 & 0 \\ 0 & \cos\psi_i & -\sin\psi_i \\ 0 & \sin\psi_i & \cos\psi_i \end{bmatrix}$$ （6-39）

$$V_{O_{h,c}} - X_{c,i} - Y_{c,i} - Z_{c,i} = S V_{O_{h,e}-X_{c,1}-Y_{c,i}-Z_{c,i}}$$

式中，S 为坐标变换矩阵。

由此得到叶片状态矢量从叶片锥角坐标系到塔架底部坐标系的变换矩阵为

$$T_i = \begin{bmatrix} S_{1,1} & S_{1,2} & 0 & 0 & 0 & 0 & 0 & 0 & 0 \\ S_{2,1} & S_{2,2} & 0 & 0 & 0 & 0 & 0 & 0 & 0 \\ 0 & 0 & S_{1,1} & S_{1,2} & S_{1,3} & 0 & 0 & 0 & 0 \\ 0 & 0 & S_{2,1} & S_{2,2} & S_{2,3} & 0 & 0 & 0 & 0 \\ 0 & 0 & S_{3,1} & S_{3,2} & S_{3,3} & 0 & 0 & 0 & 0 \\ 0 & 0 & 0 & 0 & 0 & S_{1,1} & S_{2,} & S_{2,3} & 0 & 0 \\ 0 & 0 & 0 & 0 & 0 & S_{3,1} & S_{3,2} & S_{3,3} & 0 & 0 \\ 0 & 0 & 0 & 0 & 0 & 0 & 0 & S_{1,1} & S_{1,2} \\ 0 & 0 & 0 & 0 & 0 & 0 & 0 & S_{2,1} & S_{2,2} \\ 0 & 0 & 0 & 0 & 0 & 0 & 0 & S_{2,1} & S_{2,2} \end{bmatrix}$$ （6-40）

式中，$S_{i,j}$ 为坐标变换矩阵的元素。

机舱单元的输入状态矢量可以分解为三个叶片根部状态矢量的线性叠加。由于输入状态矢量为扩展形式，因此，三个叶片中的其中一个状态矢量也需要转换为对应的扩展形式。

设 3 号叶片的状态矢量为其原有状态矢量的扩展形式，其对应的传递矩阵和坐标变换矩阵也相应变为原矩阵的扩展矩阵。机舱单元输入矢量的分解可表示为

$$Z_{n,t} = E_1 T_1 Z_{b1,r} + E_2 T_2 Z_{b2,r} + E_3 T_3 Z_{b3,r} \quad （6-41）$$

式中

$$\mathbf{E}_1 = \begin{bmatrix} \mathbf{I}_{10\times10} \\ \mathbf{O}_{11\times10} \end{bmatrix}, \quad \mathbf{E}_2 = \begin{bmatrix} \mathbf{O}_{3\times5} & \mathbf{O}_{5\times5} \\ \mathbf{O}_{5\times5} & \mathbf{I}_{5\times5} \\ \mathbf{O}_{6\times5} & \mathbf{O}_{6\times5} \end{bmatrix}, \quad \mathbf{E}_3 = \begin{bmatrix} \mathbf{O}_{15\times5} & \mathbf{O}_{15\times6} \\ \mathbf{O}_{6\times5} & \mathbf{I}_{6\times6} \end{bmatrix} \quad （6-42）$$

式中，$O_{m\times n}$ 为 m 行 n 列的零矩阵；$\mathbf{I}_{n\times n}$ 为 n 阶单位阵。

机舱单元为集中质量惯量单元。前文中已经给出了单输入、单输出集中质量惯量单元的传递矩阵。根据力学关系可以很容易地写出机舱单元的传递矩阵。在考虑了三个叶片作用点位置以及机舱轮毂质量产生的弯矩后，机舱单元的传递矩阵为

$$\mathbf{U}_n = \begin{bmatrix} \mathbf{U}_{n1} & \mathbf{U}_{n2} & \mathbf{U}_{n3} & Ma \end{bmatrix} \quad （6-43）$$

式中

$$\mathbf{U}_{n1} = \begin{bmatrix} 1 & 1 & 0 & 0 & 0 & 0 & 0 & 0 & 0 & 0 \\ 0 & 0 & 1 & 0 & 0 & 0 & 0 & 0 & 0 & 0 \\ 0 & 0 & 0 & 1 & 0 & 0 & 0 & 0 & 0 & 0 \\ 0 & 0 & 0 & 1 & 0 & 0 & 0 & 0 & 0 \\ 0 & 0 & 0 & 0 & 1 & 0 & 0 & 0 & 0 \\ 0 & 0 & 0 & 0 & 0 & 1 & 0 & 0 & 0 & L_{x,1} \\ 0 & 0 & 0 & 0 & J_n\omega^2 & 0 & 0 & 1 & L_{y,1} & L_{x,1} \\ -(m_n+m_h)\omega^2 & 0 & 0 & 0 & 0 & 0 & 0 & 1 & 0 \\ 0 & -(m_n+m_n)\omega^2 & 0 & 0 & 0 & 0 & 0 & 0 & 0 & 1 \end{bmatrix}$$

$$（6\text{-}44a）$$

$$\mathbf{U}_{ni} = \begin{bmatrix} 0 & 0 & 0 & 0 & 0 & 1 & 0 & 0 & 0 & 0 \\ 0 & 0 & 0 & 0 & 0 & 0 & 1 & 0 & 0 & 0 \\ 0 & 0 & 0 & 0 & 0 & 0 & 0 & 1 & 0 & 0 \\ 0 & 0 & 0 & 0 & 0 & 0 & L_{z,i} & L_{y,i} & 1 & 0 \\ 0 & 0 & 0 & 0 & 0 & 0 & L_{x,i} & 0 & L_{x,i} & 0 & 1 \end{bmatrix}^T \quad (i=2,3) （6\text{-}44b）$$

$$Ma = \begin{bmatrix} 0 & 0 & 0 & 0 & 0 & 0 & m_n L_{x,n} + m_h L_{x,h} & 0 & 0 & 0 \end{bmatrix}^T （6\text{-}44c）$$

式中，m_n 为机舱质量；m_h 为轮毂质量；$L_{x,n}$ 为机舱质心到塔架顶部中心 X 轴方向的距离；$L_{x,h}$ 为轮毂中心到塔架顶部中心 X 轴方向的距离；$L_{x,i}, L_{y,i}, L_{z,i}$ 为第 i 个叶片根部中心在塔架顶部坐标系中的坐标。

机舱单元的传递方程为

$$Z_{t,t} = Z_{n,O} = U_n Z_{n,I} \quad (6\text{-}45)$$

联立式（6-35）、式（6-36）、式（6-41）和式（6-45），可得

$$\mathbf{z}_{t,b} = \mathbf{U}_t^{-1} \mathbf{Z}_{t,t} = \mathbf{U}_t^{-1} \mathbf{U}_n \mathbf{Z}_{n,I} = \mathbf{U}_i^{-1} \mathbf{U}_n \left(\mathbf{E}_1 \mathbf{T}_1 \mathbf{Z}_{b1.r} + \mathbf{E}_2 \mathbf{T}_2 \mathbf{Z}_{b2.r} + \mathbf{E}_3 \mathbf{T}_3 \mathbf{Z}_{b3.r} \right) =$$
$$\mathbf{U}_t^{-1} \mathbf{U}_n \mathbf{E}_1 \mathbf{T}_1 \mathbf{U}_{b1}^{-1} \mathbf{Z}_{b1,t} + \mathbf{U}_t^{-1} \mathbf{U}_n \mathbf{E}_2 \mathbf{T}_2 \mathbf{U}_{b2}^{-1} \mathbf{Z}_{b2.t} + \mathbf{U}_t^{-1} \mathbf{U}_n \mathbf{E}_3 \mathbf{T}_3 \mathbf{U}_{b3}^{-1} \mathbf{Z}_{b3..1} \quad (6\text{-}46)$$

三个叶片根部状态矢量中的位移变量在塔底坐标系中应该一致，所以有下式：

$$\mathbf{F}_1 \mathbf{T}_1 \mathbf{U}_{b1}^{-1} \mathbf{Z}_{b1,t} = \mathbf{F}_2 \mathbf{T}_2 \mathbf{U}_{b2}^{-1} \mathbf{Z}_{b2,t} = \mathbf{F}_3 \mathbf{T}_3 \mathbf{U}_{b3}^{-1} \mathbf{Z}_{b3.t} \quad (6\text{-}47)$$

式中，F_i 为位置变量提取矩阵，即

$$\left. \begin{array}{l} \mathbf{F}_i = \begin{bmatrix} \mathbf{I}_{5\times5} & \mathbf{O}_{5\times5} \end{bmatrix} \quad (i = 1,2) \\ \mathbf{F}_3 = \begin{bmatrix} \mathbf{I}_{5\times5} & \mathbf{O}_{5\times6} \end{bmatrix} \end{array} \right\} \quad (6\text{-}48)$$

联立式（6-46）和式（6-47），可得

$$\mathbf{U}_{all} \mathbf{Z}_{all}^l = \mathbf{Z}_{all}^o \quad (6\text{-}49)$$

式中

$$\mathbf{U}_{all} = \begin{bmatrix} \mathbf{U}_t^{-1} \mathbf{U}_n \mathbf{E}_1 \mathbf{T}_1 \mathbf{U}_{bi}^{-1} & \mathbf{U}_t^{-1} \mathbf{U}_n \mathbf{E}_2 \mathbf{T}_2 \mathbf{U}_{b2}^{-1} & \mathbf{U}_t^{-1} \mathbf{U}_n \mathbf{E}_3 \mathbf{T}_3 \mathbf{U}_{b3}^{-1} \\ \mathbf{F}_1 \mathbf{T}_1 \mathbf{U}_{b1}^{-1} & -\mathbf{F}_2 \mathbf{T}_2 \mathbf{U}_{b2}^{-1} & \mathbf{O}_{s\times\pi} \\ \mathbf{O}_{s\times10} & \mathbf{F}_2 \mathbf{T}_2 \mathbf{U}_{b2}^{-1} & -\mathbf{F}_3 \mathbf{T}_3 \mathbf{U}_{b3}^{-1} \end{bmatrix}_{20\times31}$$

$$Z_{all}^l = \begin{bmatrix} Z_{b1.t} \\ Z_{b2.t} \\ Z_{b3.t} \end{bmatrix}_{31\times1} \quad (6\text{-}50)$$

$$Z_{all}^O = \begin{bmatrix} Z_{t.b} \\ O_{10\times1} \end{bmatrix}_{20\times1}$$

风力机系统存在如下边界条件：

$$Z_{bit} = \begin{bmatrix} X & Y & \Theta_x & \Theta_y & \Theta_x & 0 & 0 & 0 & 0 & 0 \end{bmatrix}^T \quad (i = 1,2)$$
$$Z_{b3,t} = \begin{bmatrix} X & Y & \Theta_x & \Theta_y & \Theta_z & 0 & 0 & 0 & 0 & 0 & 1 \end{bmatrix}^T \quad (6\text{-}51)$$
$$Z_{t,b} = \begin{bmatrix} 0 & 0 & 0 & 0 & 0 & M_x & M_y & M_z & Q_x & Q_y \end{bmatrix}^T$$

将式（6-51）带入式（6-49）可得

$$\begin{bmatrix} U_{\text{all}}(1:5,1:5) & U_{\text{all}}(1:5,11:15) & U_{\text{all}}(1:5,21:25) \\ U_{\text{all}}(11:20,1:5) & U_{\text{sil}}(11:20,11:15) & U_{\text{an}}(11:20,21:25) \end{bmatrix}_{15 \times 15} \cdot$$

$$\begin{bmatrix} Z_{\text{sil}}^I(1:5) \\ Z_{\text{all}}^I(11:15) \\ Z_{\text{all}}^I(21:25) \end{bmatrix} = 0 \Rightarrow \bar{U}_{\text{all}} \bar{Z}_{\text{all}} = 0 \quad （6\text{-}52）$$

其中，$U_{\text{all}}(m,n,k:l)$ 表示该子矩阵由 U_{all} 如矩阵中的第 m 行到 n 行 k 列到 l 列元素组成，$Z_{\text{all}}^I(i:j)$ 表示由 i 列到 j 列元素组成。

因此，风力机整机结构的特征方程为：

$$\det\left(\bar{\mathbf{U}}_{\text{all}}\right) = 0 \quad （6\text{-}53）$$

二、整机模态分析

求解特征方程式（6-53）就可以得到风力机整机的各阶自振频率 $\omega_k(k=1,2,\cdots,n)$。对每个 ω_k 求解式（6-52），可得对应 ω_k 的边界状态矢量 $Z_{\text{b1,t}}$，$Z_{\text{b2,t}}$，$Z_{\text{b3,t}}$ 和 $Z_{\text{t,b}}$，进而由传递方程可得各截面状态矢量以及整个风力机振型。整机振型的求解过程与叶片以及塔架振型求解过程相似。

本书以美国可再生能源实验室（NRED5 MW 陆地风力机为分析对象，计算了该型风力机整机 3 Hz 内的各阶自振频率及振型，并同 NREL 手册以及 FAST 的分析结果进行了对比。分析工况为叶片桨角为 0°，1 号叶片的方位角为 0°，叶轮转速为 0 r/min。表 6-5 为 NREL 5 MW 风力机整机自振频率分析结果对比。

表 6-5　NREL 5 MW 风力机整机自振频率对比　　单位：Hz

模态	传递矩阵法	FAST 分析法	NREL 手册
塔架一阶左、右向	0.3276	0.3137	0.312
塔架一阶前、后向	0.3352	0.3243	0.324
叶片一阶 flap 不对称	0.6629	0.6675	0.6675
叶片一阶 flap 对称	0.7134	0.6980	0.6993
叶片一阶 edge 不对称	1.0007	1.0791	1.0793
叶片一阶 edge 对称	1.1019	1.0902	1.0898
叶片二阶 flap 不对称	1.9234	1.9208	1.9337
叶片二阶 flap 对称	2.0207	1.9333	2.0205
塔架二阶左、右向	3.0179	2.9528	2.9361
塔架二阶前、后向	3.1074	2.9184	2.9003
叶片二阶 edge	3.7704		

由表 6-5 可以看出 -FAST 的分析结果同 NREL 手册值最为接近，这主要是因为它们均源自美国可再生能源实验室，手册值很有可能就是用 FAST 算得的。传递矩阵法所得结果同 FAST 以及 NREL 手册值的误差在许可范围内，完全能满足风力机工程应用。传递矩阵

法分析风力机整机自振频率在便利性上具有明显的优势，使用传递矩阵法可以直接求解出整机各阶自振频率和振型。

从前文可以看出，目前风力机塔架的一阶自振频率通常为 0.32 ~ 0.38 Hz，对应的叶轮转速范围为 19.2 ~ 22.8 r/min。变桨变速风力机的叶轮工作转速通常为 10 ~ 20 r/min。由此可见，塔架的一阶自振频率通常不在叶轮工作转速范围，也不在三倍工作转速范围。这样就可以有效地避免风力机最主要的工频和三倍频载荷引起塔架共振。

第七章 风力发电机组运行

风力机将风的动能转化为机械能，再由机械能转化为电能，完成了风力发电的全过程。在此过程中，除了要求风轮设计最佳之外，对发电机也提出了同样高的要求。在风力机转速随风速变化的同时，需要考虑风轮、发电机功率（转矩）。转速特性及其调节匹配；在保证机组可靠安全运行、成本适当的前提下，以期获得最大发电量，以达到最佳经济利益。

为此，本章介绍了发电机额定工况设计，风力机的主要电器设备、风力机的供电方式。

第一节 风力机的额定工况设计

一、风轮与发电机的功率转速特性

图 7-1 所示为风力机特性曲线（功率与转速曲线），以及发电机经齿轮箱速比转化后的功率特性曲线。图中的垂直线代表恒速发电机特性曲线，功率随风速增加而增大。发电机自身的转速很高，处于齿轮箱低速端风轮的转速则比较低。异步发电机以略高于电网频率所对应的转速运行，因而其特性曲线与同步机的略有差异。直流发电机的功率则随着转速的增加而增加，并且其形状非常接近风力机的最佳风能利用系数曲线。

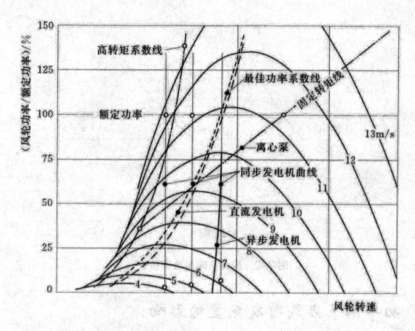

图 7-1 风力机的功率－转速特性与发电机经齿轮箱速比转化后的功率特性曲线

风力发电机组的额定功率和额定转速要尽可能地靠近风轮功率特性的顶点。在非额定工况下，也要在当地最常出现的工作风速范围内力争达到此要求。若额定功率点在最佳功率曲线的左边，风能利用率较低，这时在确定的发电机转速下，应减小齿轮箱速比来提高风轮的额定转速，而如果齿轮箱增速比减小到使风轮的额定转速过高时，相应地发电机的垂直功率特性向右移动过头，此时不但风轮的风能利用系数下降，而且低风速风能已不能被利用，风力机总的运行时间也将减少。

二、年度发电量计算

风力机设计以尽可能多地发出最廉价的电能为目标。为此，一方面要降低风力机的制造成本和运行维护费用；另一方面也要考虑当地风能资源，尽可能地使风力机的运行工况与风能资源匹配，以获得最大的年度发电量。

已知风力机功率随风速变化的特性曲线及其安装所在地的年风速分布规律，就可方便地计算出该风力机的年度发电量。

如图 7-2 所示为风力机输出功率特性。第一象限曲线 $P(v)$ 代表风力机输出功率与风速变化的规律。第四象限代表风速的年累计出现天数；第二象限中的曲线代表风力机实际发出的不同功率值，其横坐标值是产出对应功率的年统计天数。

在第二象限内，两坐标轴与功率曲线之间的面积就是该风力机的年度发电量。

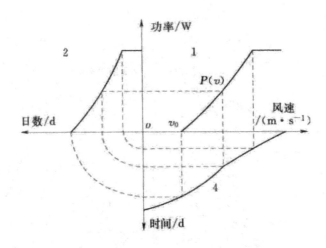

图 7-2　风力机输出功率特性

三、功率调节方式对发电量的影响

风力发电功率有失速调节、变桨距调节和变转速三种调节方式。

风力机失速调节运行时，当功率超过额定值后，叶片周围气流产生失速现象，风力机与同步发电机组合的功率特性曲线相应于图 7-3 上最左边某一特定转速。因为，如果设计单位风轮扫风面功率值为 $300W/m^2$，风轮在设计最高风速下失速，只能对应于这一较低的设定转速值。

变桨距风力机在达到与失速风力机同样的额定功率 $300W/m^2$ 后，随着风速的继续增大，其功率仍将保持不变。所以，变桨距风力机的设计工作转速应高于失速型风力机的转速。

变转速调节是使风力机在不同风速下都能具有最佳风能利用系数值的调节方式，使风力机的输出功率随风速的加大而持续增加，也使风轮、发电机的额定转速提高。但需要注意的是，转速过高，会使叶片气流相对速度达到 70 ~ 80m/s，这会产生很强的噪声。

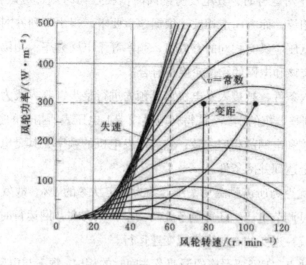

图 7-3　风轮功率与转速的关系曲线

　　高风速下，失速调节风力机的输出功率将减小，变桨距风力机的功率保持不变，而变转速调节风力机的输出功率特性最好。所以，相同条件下，变转速保持最佳风能利用系数的风力机的年发电量最大，变桨距风力机的次之，失速调节风力机的最小。

第二节　主要电气设备

一、同步发电机

　　转速和交流电网的频率成恒定比例的发电机称为同步发电机 . 其工作转速为迎

$$n = \frac{60f}{p} \quad （7-1）$$

式中

p ——电机的磁极对数；

f ——电网的频率。

　　从式（7-1）可以看出，在额定转速下，同步发电机的电压和频率也达到额定值；在变转速运行时，电压和频率随转速变化而变化。同步发电机的电枢绕组装在定子上，而励磁绕组装在转子上，如图 7-4 所示。通常，转子激磁的直流电由与转子装在同一轴上的直流发电机供给；或者采用由交流电网经硅整流器馈给的激磁回路提供。自激式同步发电机功转子激磁用的直流电是利用接到发电机定子绕组的硅整流器得到的，在转子刚起动时，旋转转子微弱剩磁的磁场，在定子绕组中感应出少许交流电动势，而硅整流器会发出直流电来加强转子磁场，因而发电机电压升高。

当同步发电机并网运行时，其电动势的瞬时值在任何时刻都应该和电网 X 寸应电压的瞬时值在数值上相等，而方向上相反。根据这一要求，得出下列并网条件：被接入发电机的电动势与电网电压应具有相同的有效值，频率等于电网频率，相位和电网相位恰巧相反，而相位的轮换应该和电网的相位轮换相符合。

要完成并网接入条件，被接入发电机需要预先进行整步，其方式为：先使电机大致达到同步转速，然后调整电机的励磁，使得在电机线端上电压表所指示的数值等于电网电压，此时电机的相序应该和电网的相序一致；然后对发电机的频率尤其是电动势的相位作更精确地调整，直至完全达到并网条件。

同步发电机的优点为所需励磁功率小，约为额定功率的1%，故发电机效率高；通过调节它的励磁不但可调节电压，还可调节无功功率，从而在并网运行时，无须电网提供无功功率；可采用整流—逆变的方法来实现变速运行。

同步发电机的缺点：①需要严格的调速及并网时的相序、频率与电网同步的装置；②直接并网时，阵风引起的风力发电机组转矩波动无阻尼地输入给发电机，强烈的转矩冲击产生失步力矩，将使发电机与电网解裂，通常需要风力发电机组采用变桨距控制，来将瞬态转矩限制在同步发电机的失步力矩之内；③价格高于异步发电机。

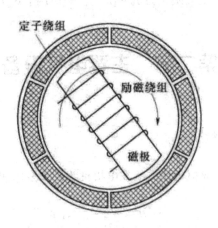

图 7-4　三相同步发电机结构原理

二、异步发电机

异步发电机也称为异步感应发电机，可分为笼型和绕线型两种。

在定桨距并网型风力发电系统中，一般采用笼型异步发电机。笼型异步发电机定子由铁芯和定子绕组组成。转子采用笼型结构，转子铁芯由硅钢片叠成，呈圆筒形，槽中嵌入金属导条。在铁芯两端用铝或铜端环将导条短接。转子不需要外加励磁，没有集电环和电刷。

感应电机既可作为电动机运行，也可作为发电机运行。当作电动机运行时，其转速 n_2 总是低于同步转速 n_1，这时电机中产生的电磁转矩与转向相同。若感应电机由某原动机（如风力机）驱动至高于同步速的转速（$n_1 > n_2$）时，则电磁转矩的方向与旋转方向相反，电机作为发电机运行，其作用是把机械功率转变为电功率。把 $s=(n_1-n_2)/n_1$ 称为转差率，则作电动机运行时 $s>0$，而作发电机运行时 $s<0$。

异步感应发电机原理如图 7-5 所示，用外加机械力使接在三相电网中的发电机以高于定子旋转磁场的转速旋转，这时转子中的电势和电流变到与电动机相反的方向，其后果是旋转磁场和转子电流间的相互作用力也改变方向而反抗旋转，电动机功率为负，即转而向外输出电能。此时转差率 $s=(n_1-n_2)/n_1$ 为负，这里 n_1、n_2 分别为定子旋转磁场和转子的转速．异步发电机的功率随负转差率绝对值的增大而提高。额定转差率在 -0.5% ~ -0.8% 之间，特殊装配的转子可以提高转差率，但使发电机的效率下降。异步发电机向电网输送有功电流，但也从电网吸收落后的反抗电流，因此需要感性电源来得到这样的电流，而与它并联工作的同步发电机可以作为电源，所以异步发电机不能单独工作，但它所需反抗电流也可以由和异步发电机并联的静电电容器供给。在此情况下，异步发电机在起动时依靠本身的剩磁而得到自励磁。异步发电机吸收反抗电流的这一特点使其在并网工作时，将使电网的功率因数恶化。

异步发电机的优点为结构简单，价格便宜，维护少；运行期转速在一定限度内变化，可吸收瞬态阵风能量，功率波动小；并网容易，不需要同步设备和整步操作。

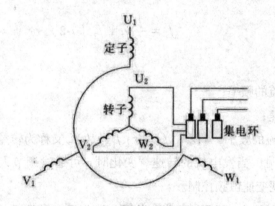

图 7-5　异步感应发电机

三、双馈异步发电机系统

双馈发电机定子结构与异步发电机相同，转子结构带有集电环和电刷。与绕线转子异步电机和同步电机不同的是，转子侧可以加入交流励磁，既可以输入电能也可以输出电能，具有异步机的某些特点，又有同步机的某些特点。

双馈异步发电机发电系统是由一台带集电环的绕线转子异步发电机和变流器组成，变流器有 AC/AC 变流器、AC/DC/AC 变流器及正弦波脉宽调制双向变流器三种。AC/DC/AC 变流器中的整流器通过集电环与转子电路相连接，将转子电路中的交流电整流成直流电，经平波电抗器滤波后再由逆变器逆变成交流电回馈电网。发电机向电网输出的功率由直接从定子输出的功率，和通过逆变器从转子输出的功率两部分组成。其外形和发电系统的结构如图 7-6 所示。

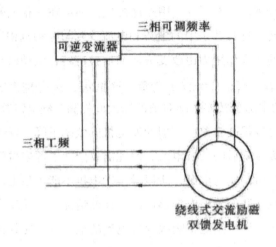

图 7-6　双馈异步发电机

异步发电机中定、转子电流产生的旋转磁场始终是相对静止的，当发电机转速变化而频率不变时，发电机转子的转速和定、转子电流的频率关系可表示为

$$f_1 = \frac{p}{60}n \pm f_2 \quad （7\text{-}2）$$

式中

f_1——定子电流的频率，

n_1——同步转速；

f_2——转子电流的频率，Hz，$f_2 = |s| f_1$，故 f_2 又称为转差频率

由式（7-2）可见，当发电机的转速"变化时，可通过调节人来维持不变，以保证与电网频率相同，实现变速恒频控制。

根据转子转速的不同，双馈异步发电机可以有以下三种运行状态：

第一，亚同步运行状态。此时 $n < n_1$，转差率 $s > 0$，式（7-2）取正号，频率为 f_2 的转子电流产生的旋转磁场转速与转子转速同方向，功率流向如图 7-7（a）所示。

第二，超同步运行状态。此时 $n > n_1$，转差率 $s < O$，式（7-2）取负号，转子中的电流相序发生了改变，频率 f_2 转子电流产生的旋转磁场转速与转子转速反方向，功率流向如图 7-7（b）所示。

第三，同步运行状态。此时 $n = n_1$，$f_2 = 0$，转子中的电流为直流，与同步发电机相同。

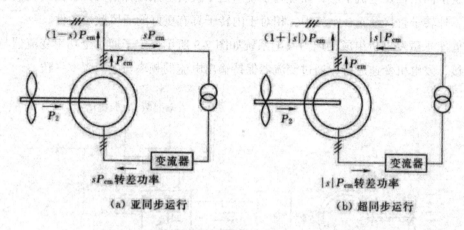

（a）亚同步运行　　　　　　　（b）超同步运行

图 7-7　双馈异步发电机运行时的功率流向

四、永磁同步发电机

永磁式交流同步发电机定子与普通交流电机相同，由定子铁芯和定子绕组组成，在定子铁芯槽内安放有三相绕组。转子采用永磁材料励磁。当风力带动发电机转子旋转时，旋转的磁场切割定子绕组，在定子绕组中产生感应电动势，由此产生交流电流输出。定子绕组中的交流电流建立的旋转磁场转速与转子的转速同步。

永磁发电机的横截面如图 7-8 所示。永磁发电机的转子上没有励磁绕组，因此无励磁绕组的铜损耗，发电机的效率高；转子上无集电环，运行更为可靠；永磁材料一般有铁氧体和铱铁硼两类，其中采用钛铁硼制造的发电机提价较小，重量较轻，被广泛应用。

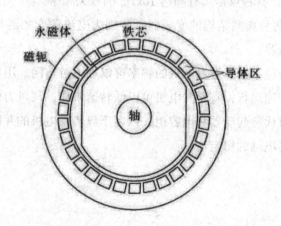

图 7-8　永磁电机的横截面

永磁发电机的转子极对数可以做得很多。从式（7-1）可知，其同步转速较低。轴向尺寸较小，径向尺寸较大，可以直接与风力发电机相连接，省去了齿轮箱，减小了机械噪声和机组体积，从而提高永磁发电机在运行中必须保持转子温度在永磁体最高允许工作温度之下，因此，风力机中永磁发电机常做成外转子型，以利于永磁体散热。外转子永磁发电机的定子固定在发电机中心，而外转子绕着定子旋转。永磁体沿圆周径向均匀安放在转子内侧，外转子直接暴露在空气中。相对于内转子具有更好的通风散热条件。

由低速永磁发电机组成的风力发电系统如图7-9所示。定子通过全功率变流器与交流电网连接，发电机变速运行，通过变流器保持输出电流的频率与电网频率一致。

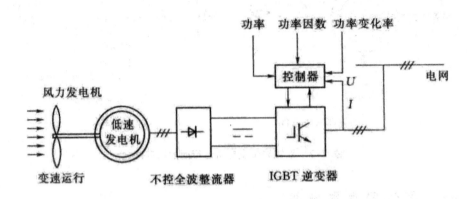

图 7-9　低速永磁发电机风力发电系统

低速发电机组除应用永磁发电机外，也可采用电励磁式同步发电机，同样可以实现直接驱动的整体结构。

五、变频器

为了使风力机适应风速的特点变转速运行，始终输出用户要求的工频交流电，就需要变频器把不同频率电力系统连接起来。变频器包含了绝缘栅双极管（Insulated Gate Bipolar Transistors，IGBT），其特点是具有高达10kHz的开关频率。

图7-10所示为两种典型结构的变频器，分别为电流源变频器与电压源变频器，目前常用的为电压源变频器。

变频器的存在使位于其上游发电机的频率可以和下游电网、用户需求的交流电的频率不一致，发电机可变速运行，直至发电机可以低转速工作，与风力机直连，不再需要增速齿轮箱。变频器还可代替起动器和电容组，以利于异步发电机的并网，并有效控制有功功率和无功功率，提高电网的稳定性。

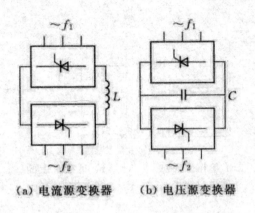

（a）电流源变换器　　（b）电压源变换器

图 7-10　两种结构变频器

六、逆变器

实现将直流电转变为交流电的设备称为逆变器。其逆变技术建立在电力电子、半导体材料、现代控制、脉宽调制等技术科学之上。用于风力发电的逆变器输出交流电的频率为 50Hz。

1. 逆变器分类

按逆变器主电路形式可分为单端式（含正激式和反激式）逆变器、推挽式逆变器、半桥式逆变器和全桥式逆变器。

按逆变器主开关器件的类型可分为晶闸管逆变器、大功率晶体管逆变器、可关断晶闸管逆变器、功率长效应逆变器、绝缘栅双极晶体管逆变器和 MOS 控制晶体管逆变器等。

按逆变器稳定输出的参量可分为电压型逆变器和电流型逆变器。

按逆变器输出交流电的波形可分为正弦波逆变器和非正弦波逆变器。

按逆变器相数分类可分为单相逆变器、三相逆变器和多相逆变器。

按控制方式可分为调制式逆变器和脉宽调制式逆变器。

2. 工作原理

典型的 DC/AC 逆变器主要由主开关半导体功率集成器件和逆变电路两大部分组成。其中，半导体功率集成器件从普通晶闸管到可关断晶闸管、大功率晶体管、功率场效应晶体管等，直到 MOS 控制晶闸管以及智能型功率模块等大功率器件的出现，使可供逆变器使用的电力电子开关器件形成一个趋向高频化、节能化、全控化、集成化和多功能化的发展轨迹。

逆变开关电路是逆变器的核心，简称为逆变电路。它通过半导体开关器件的导通与关断完成逆变的功能。

以最简单的逆变电路单相桥式逆变电路为例来具体说明逆变器的 .'逆变"过程。单相桥式逆变电路的原理如图 7-11 所示。

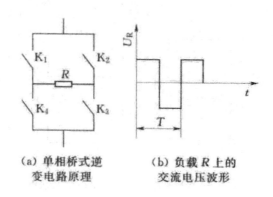

（a）单相桥式逆　　　（b）负载 R 上的
变电路原理　　　　　　交流电压波形

图 7-11　DC/AC 逆变器原理

如图 7-12 所示，完整的逆变电路由主逆变电路、输入电路、输出电路、控制电路、辅助电路和保护电路等组成。以下对每一部分进行说明。

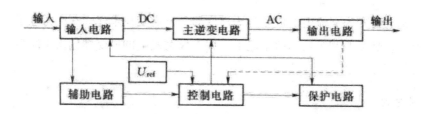

图 7-12　逆变电路的基本构成

主逆变电路：由半导体开关器件组成，分为隔离式和非隔离式两类。变频器、能量回馈等都是非隔离式逆变器，而 UPS、通信基础开关电流等则是隔离式逆变电路。无论是隔离式还是非隔离式主逆变电路，基本上都是由升压和降压两种电路不同拓扑形式组合而成。这些电路既可以组成单相逆变器，也可以组成三相逆变器。

输入电路：为主逆变电路提供可确保其正常工作的直流电压。

输出电路：对主逆变电路输出的交流电的质量和参数（包括波形、频率、电压、电流幅值以及相位等）进行调节，使之满足用户需求。

控制电路：为主逆变电路提供一系列控制脉冲，用以控制逆变开关管的导通和关断，配合主逆变电路完成逆变功能。

辅助电路：将输入电压转化成适合控制电路工作的直流电压。

保护电路：提供输入电压过高过低保护、输出电压超限保护、过载保护、短路保护及过热保护等。

逆变器用于风力发电，使风力机可变速运行，减小了风力机整体结构的载荷；避免了功率的波动；可使风力机即使在部分负荷范围内，也总是在最佳的风能利用系数值下运行。

其缺点是有谐波出现，需滤波；需消耗功率，引起电力系统的效率损失，特别是当系统处于部分负荷情形下更为显著；逆变器价格较贵。

第三节　发电系统

一、恒速/恒频发电系统

恒速/恒频发电系统是指发电机在风力发电过程中转速保持不变，得到和电网频率一致的恒频电能。恒速/恒频系统简单，采用的发电机主要是同步发电机和鼠笼型异步发电机。同步发电机转速为由电机对数和频率所决定的同步转速。鼠笼型异步发电机以稍高于同步转速的转速运行。

目前，单机容量为 600～750kW 的风力发电机组多采用恒速运行方式。这种机组控制简单，可靠性好，大多采用制造简单、并网容易、励磁功率可直接从电网中获得的鼠笼型异步发电机。

恒速风力发电机组主要有两种功率调节类型：定桨距失速型和变桨距型风力机。定桨距失速型风力机利用风轮叶片翼型的气动特性来限制叶片吸收过大的风能。功率调节由风轮叶片来完成，对发电机的控制要求比较简单。这种风力机的叶片结构复杂，成型工艺难度很大。变桨距型风力机则是通过风轮叶片的变桨距调节机构控制风力机的输出功率。由于采用的是鼠笼型异步发电机，无论是定桨距失速型还是变桨距型风力机，并网后发电机磁场旋转速度都被电网频率所固定不变。异步发电机转子的转速变化范围很小，转差率一般为 3%～5%，属于恒速/恒频风力发电机。

二、变速/恒频发电系统

变速/恒频发电系统是 20 世纪 70 年代中期以后逐渐发展起来的一种新型风力发电系统，其主要优点在于风轮以变速运行，可以在很宽的风速范围内保持近乎恒定的最佳叶尖速比，从而提高了风力机的运行效率，从风中获取的能量比恒速风力机高得多。此外，这种风力机在结构上和实用中还有很多的优越性。利用电力电子学是实现变速运行最佳化的最好方法之一，虽然与恒速/恒频系统相比，也可能使风电转换装置的电气部分变得较为复杂和昂贵，但电气部分的成本在中、大型风力发电机组中所占比例不大，因而发展中、大型变速/恒频风力发电机组受到很多国家的重视。

（一）控制方案

风力机变速/恒频控制方案一般有四种：鼠笼型异步发电机变速/恒频风力发电系统；交流励磁双馈发电机变速/恒频风力发电系统；无刷双馈发电机变速/恒频风力发电系统

和永磁发电机变速／恒频风力发电系统。

第一，鼠笼型异步发电机变速／恒频风力发电系统。采用的发电机为鼠笼型转子．其变速／恒频控制策略是在定子电路实现的。由于风速的不断变化，导致风力机以及发电机的转速也在变化，所以实际运行中鼠笼型风力发电机发出频率变化的电流，即为变频的电能。通过定子绕组与电网之间的变频器，把变频的电能转化为与电网频率相同的恒频电能。尽管实现了变速恒频控制，具有变速恒频的一系列优点，但由于变频器在定子侧，变频器的容量需要与发电机的容量相同。使得整个系统的成本、体积和种类显著增加，尤其对于大型风力发电机组，增加幅度更大。

第二，交流励磁双馈发电机变速／恒频风力发电系统。双馈发电机变速／恒频风力发电系统常采用的发电机为转子交流励磁双馈发电机，结构与绕线式异步电机类似。由于这种变速／恒频控制方案是在转子电路中实现的，流过转子电路的功率是由交流励磁发电机的转速运行范围所决定的转差功率。该转差功率仅为定子额定功率的一小部分，故所需的双向变频器容量仅为发电机容量的一小部分，这样变频器的成本以及控制难度大大降低。

这种采用交流励磁双馈发电机的控制方案除了变速／恒频控制、减少变频器的容量外，还可实现对有功、无功功率的灵活控制，对电网可起到无功补偿的作用。缺点是交流励磁发电机仍需要滑环和电刷。

第三，无刷双馈发电机变速／恒频风力发电系统。目前，商用的有齿轮箱的变速／恒频系统大部分采用绕线型异步电机作为发电机。由于绕线型异步发电机有滑环和电刷，这种摩擦接触式在风力发电恶劣的运行环境中较易出现故障。而无刷双馈电机定子有两套极数不同的绕组，转子为笼型结构，无须滑环和电刷，可靠性高。这些优点都使得无刷双馈电机成为当前研究的热点，但目前此类电机在设计和制造上仍然存在着一些难题。

第四，永磁发电机变速／恒频风力发电系统。近几年来，直驱发电技术在风电领域得到了重视。这种风力发电系统采用多级发电机，与叶轮直接连接进行驱动，从而免去了齿轮箱。由于有很多技术方面的优点，特别是采用永磁发电机技术，可靠性和效率更高，在今后风力发电机组发展中将有很大的发展空间，德国安装的风力机中有 40.9% 采用无齿轮箱直驱型系统。直驱型变速恒频风力发电系统的发电机多采用永磁同步发电机．转子为永磁式结构，无须外部提供励磁电源，提高了效率。变速／恒频控制是在定子电路实现的．把永磁发电机发出的变频交流电，通过变频器转变为电网同频的交流电，因此变频器的容量与系统的额定容量相同。

采用永磁发电机系统风力机与发电机直接耦合，省去了齿轮箱结构，可大大减少系统运行噪声，提高机组可靠性。由于是直接耦合，永磁发电机的转速与风力机转速相同，发电机转速很低，发电机体积就很大，发电机成本较高。由于省去了价格更高的齿轮箱，所以整个风力发电系统的成本大大降低。

电励磁式径向磁场发电机也可视为一种直驱风力发电机的选择方案。在大功率发电机组中，它直径大，轴向长度小。为了能放置励磁绕组和极靴，极距必须足够大。它输出的交流电频率通常低于 50Hz，必须配备整流逆变器。

直驱式永磁发电机的效率高、极距小，且随着永磁材料的性价比正在不断提升，应用前景十分广阔。

还有一种为混合式变速 / 恒频风力发电系统。直驱式风力发电系统不仅需要低速、大转矩发电机，而且需要全功率变频器。为了降低电机设计难度，带有低变速比齿轮箱的混合式变速 / 恒频风力发电系统得到实际应用。这种系统可以看成是全直驱传动系统和传统传动系统方案的一个折中方案，发电机是多级的，和直驱设计本质上一样，但更紧凑，有相对较高的转速和更小的转矩。

（二）变速运行的风力机

变速运行的风力机分为不连续变速和连续变速两大类，下面分别作概要介绍。

1. 不连续变速系统

一般说来，利用不连续变速发电机可以获得连续变速运行的某些益处，但不是全部益处。主要效果是与以单一转速运行的风力发电机组相比有较高的年发电量，因为它能在一定的风速范围内运行于最佳叶尖速比附近。但它面对风速的快速变化（湍流）实际上只是一台单速风力机，因此不能期望它像连续变速系统那样有效地获取变化的风能。更重要的是，不能利用转子惯性来吸收峰值转矩，所以这种方法不能改善风力机的疲劳寿命。下面介绍不连续变速运行方式常用的几种方法。

第一，采用多台不同转速的发电机。通常是采用两台转速、功率不同的感应发电机，在某一时间内只有一台被连接到电网，传动机构的设计使发电机在两种风轮转速下运行在稍高于各自的同步转速。

第二，双绕组双速感应发电机。这种电机有两个定子绕组，嵌在相同的定子铁芯槽内，在某一时间内仅有一个绕组在工作，转子仍是通常的鼠笼型。电机有两种转速，分别决定于两个绕组的极数。比起单速机来，这种发电机要重一些，效率也稍低一些，因为总有一个绕组未被利用，导致损耗相对增大。价格当然也比通常的单速电机贵。

第三，双速极幅调制感应发电机这种感应发电机只有一个定子绕组，转子同前，但可以有两种不同的运行速度，只是绕组的设计不同于普通单速发电机。它的每相绕组由匝数相同的两部分组成，对于一种转速是并联，另一种转速是串联，从而使磁场在两种情况下有不同的极数，导致两种不同的运行速度。这种电机定子绕组有六个接线端子，通过开关控制不同的接法，即可得到不同的转速。双速单绕组极幅调制感应发电机可以得到与双绕组双速发电机基本相同的性能，但重量轻、体积小，因而造价也较低，它的效率与单速发电机大致相同。缺点是电机的旋转磁场不是理想的正弦形，因此产生的电流中有不需要的谐波分量。

2. 连续变速系统

连续变速系统可以通过多种方法来得到，包括机械方法、电/机械方法、电气方法及电力电子学方法等。机械方法如采用变速比液压传动或可变传动比机械传动，电/机械方法如采用定子可旋转的感应发电机，电气式变速系统如采用高滑差感应发电机或双定子感应发电机等。这些方法虽然可以得到连续的变速运行，但都存在一些不足，在实际应用中难以推广。目前，最有前景的为电力电子学方法，这种变速发电系统主要由两部分组成，即发电机和电力电子变换装置。发电机可以是通常的电机如同步发电机、鼠笼型感应发电机、绕线型感应发电机等，也有近来研制的新型发电机如磁场调制发电机、无刷双馈发电机等；电力电子变换装置有 AC/DC/AC 变换器和 AC/AC 变换器等。下面结合发电机和电力电子变换装置介绍三种连续变速的发电系统。

第一，同步发电机 AC/DC/AC 系统其中同步发电机可随风轮变速旋转，产生频率变化的电功率，电压可通过调节电机的励磁电流来进行控制。发电机发出频率变化的交流电首先通过三相桥式整流器整流成直流电，再通过线路换向的逆变器变换为频率恒定的交流电输入电网。

变换器中所用的电力电子器件可以是二极管、晶闸管（Silicon Controlled Rectifier，SCR）、功率晶体管（Giant Transistor，GTR）、可关断晶闸管（Gate Turn-off Thyristor，GTO）和绝缘栅双极型晶体管（Insulated Gate Bipolar Transistor，IGBT）等。除二极管只能用于整流电路外，其他器件都能用于双向变换，即由交流变换成直流时，它们起整流器作用；而由直流变换成交流时，它们起逆变器作用。在设计变换器时，最重要的考虑是换向，换向是一组功率半导体器件从导通状态关断，而另一组器件从关断状态导通。

在变速系统中，可以有两种换向：自然换向和强迫换向。自然换向又称线路换向。当变换器与交流电网相连，在换向时刻，利用电网电压反向加在导通的半导体器件两端使其关断，这种换向称为自然换向或线路换向。而强迫换向则需要附加换向器件，如电容器等，利用电容器上的充电电荷按极性反向加在半导体器件上强迫其关断。这种强迫换向逆变器常用于独立运行系统，而线路换向逆变器则用于与电网或其他发电设备并联运行的系统。一般说来，采用线路换向的逆变器比较简单、便宜。

开关这些变换器中的半导体器件，通常有两种方式：矩形波方式和脉宽调制（Pulse-Width Modulation，PWM）方式。在矩形波变换器中，开关器件的导通时间为所需频率的半个周期或不到半个周期，由此产生的交流电压波形呈阶梯形而不是正弦形，含有较大的谐波分量，必须滤掉。脉宽调制法是利用高频三角波和基准正弦波的交点来控制半导体器件的开关时刻，如图 7-13 所示。这种开关方法的优点是得到的输出波形中谐波含量小且处于较高的频率，比较容易滤掉，因而能使谐波的影响降到很小。已成为越来越常见的半导体器件开关控制方法。

这种由同步发电机和 AC/DC/AC 变换器组成的变速恒频发电系统的缺点是电力电子

变换器处于系统的主回路，因此容量较大，价格也较贵。

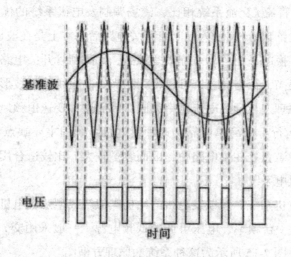

图 7-13 脉宽调制原理

第二，磁场调制发电机系统。这种变速／恒频发电系统由一台专门设计的高频交流发电机和一套电力电子变换电路组成，图 7-14 所示为磁场调制发电机单相输出系统的原理方框图及各部分的输出电压波形。

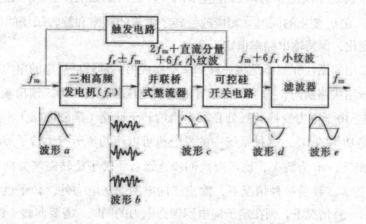

图 7-14 磁场调制发电机单相输出系统方框图及各部分输出电压波形

发电机本身具有较高的旋转频率 f_r，与普通同步电机不同的是，它不用直流电励磁，而是用频率为 f_m 的低频交流电励磁，f_m 即为所要求的输出频率一般为 50Hz。当频率 f_r 远低于频率无时，发电机三个相绕组的输出电压波形将是由频率为（$f_r + f_m$）和（$f_r - f_m$）的两个分量组成的调幅波（图中波形 b，这个调幅波的包络线的频率是 f_m，包络线所包含的高频波的频率是 f_r）。

将三个相绕组接到一组并联桥式整流器，得到如图 7-14 中波形 c 所示的基本频率为 f_m（带有频率为 $6 f_r$ 的若干纹波）的全波整流正弦脉动波。再通过晶闸管开关电路使这个正弦脉动波的一半反向，得到图中的波形 d。最后经滤波器滤去纹波，即可得到与发电机转速无关、频率为 f_m 的恒频正弦波输出（波形 e ）。

与前面的交流 / 直流 / 交流系统相比，磁场调制发电机系统的优点是：①由于经桥式整流器后得到的是正弦脉动波，输入晶闸管开关电路后基本上是在波形过零点时开关换向，因而换向简单容易，换向损耗小，系统效率较高；②晶闸管开关电路输出波形中谐波分量很小，且谐波频率很高，很易滤去，可以得到相当好的正弦输出波形；③磁场调制发电机系统的输出频率在原理上与励磁电流频率相同，因而这种变速恒频风力发电机组与电网或柴油发电机组并联运行十分简单可靠。这种发电机系统的主要缺点与 AC/DC/AC 系统类似，即电力电子变换装置处在主电路中，因而容量较大。比较适合用于容量从数十千瓦到数百千瓦的中小型风电系统。

第三，双馈发电机系统。双馈发电机的结构类似绕线型感应电机，其定子绕组直接接入电网．转子绕组由一台频率、电压可调的低频电源（一般采用交 / 交循环变流器供给三相低频励磁电流），图 7-15 所示为这种系统的原理方框图。

当转子绕组通过三相低频电流时，在转子中形成一个低速旋转磁场，这个磁场的旋转速度（ n_2 ）与转子的机械转速（ n_r ）相叠加，使其等于定子的同步转速（ n_1 ），即

$$n_r \pm n_2 = n_1 \quad (7\text{-}3)$$

从而在发电机定子绕组中感应出相应于同步转速的工频电压。当风速变化时，转速 n_r 随之而变化。在 n_r 变化的同时，相应改变转子电流的频率和旋转磁场的速度 n_2 ，以补偿电机转速的变化，保持输出频率恒定不变。

系统中所采用的循环变流器是将一种频率变换成另一种较低频率的电力变换装置，半导体开关器件采用线路换向，为了获得较好的输出电压和电流波形，输出频率一般不超过输入频率的 1/3。由于电力变换装置处在发电机的转子回路（励磁回路），其容量一般不超过发电机额定功率的 1/3，这种系统中的发电机可以超同步运行（转子旋转磁场方向与机械旋转方向相反， n_2 为负），也可以次同步速运行（转子旋转磁场方向与机械旋转方向相同， n_2 为正）。在前一种情况下，除定子向电网馈送电力外，转子也向电网馈送一部分电力；在后一种情况下，则在定子向电网馈送电力的同时，需要向转子馈入部分电力。

上述系统由于其发电机与传统的绕线式感应电机类似，一般具有电刷和滑环，需要一定的维护和检修。目前正在研究一种新型的无刷双馈发电机，它采用双极定子和嵌套耦合的笼型转子。这种电机转子类似鼠笼型转子，定子类似单绕组双速感应电机的定子，有 6 个出线端，其中 3 个直接与三相电网相连，其余 3 个则通过电力变换装置与电网相连。前 3 个端子输出的电力，其频率与电网频率一样，后 3 个端子输入或输出的电力其频率相当于转差频率，必须通过电力变换装置（交 / 交循环变流器）变换成与电网相同的频率和电压后再联入电网。这种发电机系统除具有普通双馈发电机系统的优点外，还有一个很大的优点就是电机结构简单可靠，由于没有电刷和滑环．基本上不需要维护。双馈发电机系统由于电力电子变换装置容量较小，很适合用于大型变速恒频风电系统。

三、小型直流发电系统

（一）离网型风力发电系统

通常离网型风力发电机组容量较小，发电容量从几百瓦到几十千瓦的均属于小型风力发电机组。离网型小型风力机的推广应用，为远离电网的农牧民解决了基本的生活用电，改善了农牧民的生活质量。

小型风力机按照发电类型的不同，可分为直流发电机型、交流发电机型。较早时期的小容量风力发电机组一般采用小型直流发电机，在结构上有永磁和励磁两种类型。永磁直流发电机利用永磁铁提供发电机所需的励磁磁通，电励磁直流发电机则是借助在励磁线圈内流过的电流产生磁通来提供发电机所需的励磁磁通。接励磁绕组与电枢绕组连接方式的不同，又可分为他励磁式和并励磁式两种形式。

随着小型风力发电机组的发展，发电机类型逐渐由直流发电机转变为交流发电机。主要包括永磁发电机、硅整流自励交流发电机。永磁发电机转子没有滑环，运转时更安全可靠，电机重量轻、体积小、工艺简便，因此在离网型风力机中被广泛应用，缺点是电压调节性能差。硅整流自励交流发电机通过与滑环接触的电刷与硅整流器的直流输出端相连，从而获得直流励磁电流。

由于风力的随机波动，会导致发电机转速的变化，从而引起发电机出口电压波动。发电机出口电压波动将导致硅整流器输出直流电压及发电机励磁的变化，并造成励磁场的变化，进而又会造成发电机出口电压的波动。因此，为抑制这种的电压波动，稳定输出，保护用电设备及蓄电池，该类型的发电机需要配备相应的励磁调节器。

（二）直流发电系统

直流发电系统大都用于10kW以下的微、小型风力发电装置，与蓄电池储能配合使用。虽然直流发电机可直接产生直流电，但由于直流电机结构复杂、价格贵，而且由于带有整流子和电刷，需要的维护也多，不适于风力机的运行环境。所以，在这种系统中所用的电机主要是交流永磁发电机和无刷自励发电机，经整流器整流后输出直流电。

1. 交流永磁发电机

交流永磁电机的定子结构与一般同步电机相同，转子采用永磁结构。由于没有励磁绕组，不消耗励磁功率，因而有较高的效率。永磁电机转子结构的具体形式很多，按磁路结构的磁化方向，基本上可分为径向式、切向式和轴向式三种类型。采用永磁发电机的微、小型风力发电机组，常省去增速齿轮箱，发电机直接与风力机相连。在这种低速永磁电机中，定子铁耗和机械损耗相对较小，而定子绕组铜耗所占比例较大。为了提高电机效率，主要应降低定子铜耗，因此采用较大的定子槽面积和较大的绕组导体截面，额定电流密度取得较低。

起动阻力矩是用于微、小型风电装置的低速永磁发电机的重要指标之一，它直接影响风力机的起动性能和低速运行性能。为了降低切向式永磁发电机的起动阻力短。必须选择合适的齿数、极数配合，采用每极分数槽设计，分数槽的分母值越大，气隙磁导随转子位置越趋均匀，起动阻力矩也就越小。

永磁发电机的运行性能是不能通过其本身来进行调节的，为了调节其输出功率，必须另加输出控制电路。但这往往与对微、小型风电装置的简单和经济性要求相矛盾，实际使用时应综合考虑。

2. 无刷爪极自励发电机

无刷爪极自励发电机与一般同步电机的区别仅在于它的励磁系统部分。其定子铁芯及电枢绕组与一般同步电机基本相同。

由于爪极发电机的磁路系统是一种并联磁路结构，所有各对极的磁势均来自一套共同的励磁绕组，因此与一般同步发电机相比，励磁绕组所用的材料较省，所需的励磁功率也较小。对于一台爪极电机，在每极磁通及磁路磁密相同的条件下，爪极电机励磁绕组所需的铜线及其所消耗的励磁功率将不到一般同步电机的一半，故具有较高的效率。另外无刷爪极电机与永磁电机一样均系无刷结构，基本上不需要维护。与永磁发电机相比，无刷爪极发电机除机械摩擦力矩外基本上无起动阻力矩。另一个优点是具有很好的调节性能，通过调节励磁可以很方便地控制它的输出特性，并有可能使风力机实现最佳叶尖速比运行，得到最好的运行效率。这种发电机非常适合用于千瓦级的风力发电装置中。

电容自励异步发电机室根据异步发电机在并网运行时电网供给异步发电机励磁电流，对异步感应电机的感应电动势能产生容性电流的特性设计的。在风力驱动异步发电机独立运行时，未得到此容性电流，需在发电机输出端并接电容，从而产生磁场，建立电压。为维持发电机端电压，必须根据负载及风速的变化，调整并接电容的大小。

第四节 供电方式

中大型或大型风力机主要采用并网运行方式，在这种运行方式中主要解决的问题是并网控制和功率调节问题。而大型风力机大多采用直接或渐渐联入电网的方式向外输出电能。下面根据风电系统所采用的并网形式和发电机分别进行介绍。

一、直接并网

直接并网风力机系统如图7-16所示，以定桨距失速或变桨距调节使风力机的风轮以（与同步发电机组合）恒速或接近恒速（与异步发电机组合）运行，发电机发出的电压经变压器升压后直接与电网并联。

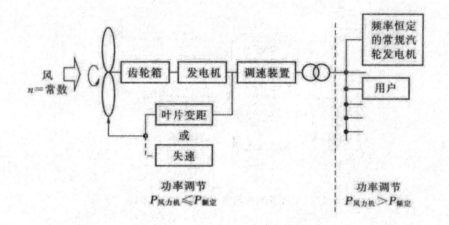

图 7-16　直接并入大电网的风力机系统

采用同步发电机直接并网，发电机既能输出有功功率，又能提供无功功率，且交流频率稳定，电能质量高。但面对风速时大时小的随机变化，发电机对风力机的调速性能要求极为严格。否则，并网时风力机转速稳定性难以达到同步发电机所要求的精度。且联网后若转速控制超标，就会发生无功振荡和失去同步等问题。

异步发电机投入运行时，转子以高于定子旋转磁场的转速旋转。由于存在转差率，因此对机组启调速精度要求不高，不需要同步设备和整步操作，只要转速接近同步速度（即达到 100% ~ 102% 同步转速）时，即可并网，使风力发电机组的运行控制变得简单，并网容易。而且并网后在不超过临界转差率的范围内不会产生振荡和失步。但是 . 异步发电机并网也存在一些特殊问题，如在并网瞬间存在三相短路现象，外部电网将受到 4 ~ 5 倍发电机额定电流的冲击，所以，这种并网方式只有在与大电网并网时，其冲击电流的影响才可以不予考虑。

二、间接并网

（一）同步发电机的并网运行

风力驱动的同步发电机与电网并联运行的电路如图 7-17 所示。除风力机、齿轮箱外，电气系统还包括同步发电机、励磁调节器、断路器等，发电机通过断路器与电网相连。

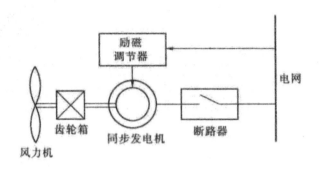

图 7-17　同步发电机与电网并联运行的电路

1. 并网条件

　　同步发电机与电网并联合闸前，为了避免电流冲击和转轴受到突然的扭矩，需要满足一定的并联条件。风力机输出的各相端电压瞬时值要与电网端对应相电压瞬时值完全一致，具体条件为：①波形相同；②频率相同；③幅值相同；④相序相同；⑤相位相同。

　　由于风力机有固定的旋转方向，只要使发电机的输出端与电网各相互相对应，即可保证条件④得到满足。所以在并网过程中主要应检查和满足另外四个条件。而条件①可有发电机设计、制造和安装保证；因此并网时，主要是其他三条的检测和控制，这其中条件②频率相同是必须满足的。

　　风力发电机组的起动和并网过程为：由风向传感器测出风向并使偏航控制器动作，使风力机对准风向；当风速超过切入风速时，桨距控制器调节叶片桨距角使风力机起动；当发电机被风力机带到接近同步速时，励磁调节器动作，向发电机供给励磁，并调节励磁电流使发电机的端电压接近于电网电压；在风力发电机被加速几乎达到同步速时，发电机的电势或端电压的幅值将大致与电网电压相同；它们的频率之间的很小差别将使发电机的端电压和电网电压之间的相位差在 0° ～ 360° 的范围内缓慢变化，检测出断路器两侧的电位差，当其为零或非常小时使断路器合闸并网；合闸后由于自整步作用，只要转子转速接近同步转速就可以使发电机牵入同步，即使发电机与电网保持频率完全相同。以上过程可以通过微机自动检测和操作。

　　这种同步并网方式可使并网时的瞬态电流减至最小，因而风力发电机组和电网受到的冲击也最小。但是要求风力机调速器调节转速使发电机频率与电网频率的偏差达到容许值时方可并网，所以对调速器的要求较高。如果并网时刻控制不当，则有可能产生较大的冲击电流，甚至并网失败。另外，实现上述同步并网所需要的控制系统，一般成本较高，对于小型风力发电机组来说，将会占其全部成本的相当大部分，由于这个原因，同步发电机一般用于较大型的风电机组。

2. 有功功率调节

风力发电机并入电网后，从风力机传入发电机的机械功率 P_m 除一小部分补偿发电机的机械损耗 q_{mec}、铁耗 q_{Fe} 和附加损耗 q_{ad} 外，大部分转化为电磁功率 P_{me}，即

$$P_{me} = P_m - (q_{mer} + q_{Fe} + q_{ad}) \quad (7\text{-}4)$$

电磁功率减去定子绕组的铜损耗 P_{cul} 后就得到发电机输出的有功功率 P，即

$$P = P_{me} - p_{cul} \quad (7\text{-}5)$$

对于一个并联在无穷大电网上的由风力驱动的同步发电机.要增加它的输出电功率，就必须增加来自风力机的输入机械功率。而随着输出功率的增大，当励磁不作调节时，电机的功率角 δ 就必然增大,图 7-18 所示为同步发电机的攻角特性,可以看出，当 δ =90° 时，输出功率达到最大值，这个发生在 $\sin\delta$ =1 时的最大功率叫做失步功率。达到这个功率后，如果风力机输入的机械功率继续增加，则 $\delta > 90°$，电机输出功率下降，无法建立新的平衡。

电机转速将连续上升而失去同步，同步发电机不再能稳定运行，所以这个最大功率又称为发电机的极限功率。如果一台风力发电机运行于额定功率状况，突然一阵剧烈的阵风，有可能导致输出功率超过发电机的极限功率而失步。为避免出现这种情况，一是要很好地设计风轮转子及控制系统使其具有快速桨距调节功能,能对风速的急剧变化迅速作出反应；二是短时间增加励磁电流，这样功率极限也跟着增大了，静态稳定度有所提高；三是选择具有较大过载倍数的电机，即发电机的最大功率与它的额定功率相比有一个较大的裕度。

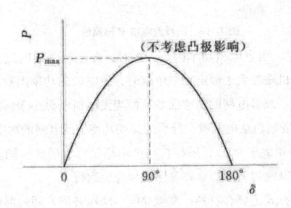

图 7-18　同步发电机的攻角特性

从攻角特性曲线看到的另一个情况是当功率角 δ 成负值时，发电机的输出功率也变成负值。这意味着发电机现在作为电动机运行，功率取自电网，风力机变成了一个巨大的风扇，这种运行情况是应极力避免的。所以当风速降到一个临界值以下时，应使发电机与电网脱开，防止电动运行。

3. 无功功率调节

电网所带的负载大部分为感性的异步电动机和变压器，这些负载需要从电网吸收有功功率和无功功率，如果整个电网提供的无功功率不够，电网的电压将会下降；同时，同步发电机带感性负载时，由于定子电流建立的磁场对电机中的励磁磁场有去磁作用，发电机的输出电压也会下降，因此为了维持发电机的端电压稳定和补偿电网的无功功率，需增大同步发电机的转子励磁电流。同步发电机的无功功率补偿可用其定子电流 I 和励磁电流 I_f 之间的关系曲线来解释。在输出功率 P_3 一定的条件下，同步发电机的定子电流 I 和励磁电流 I_f 之间的曲线也称为 V 形曲线，如图 7-19 所示。

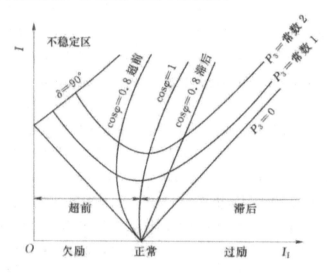

图 7-19　同步发电机 V 形曲线

从图 7-19 可以看出，当发电机功率因数为 1 时，发电机励磁电流为额定值，此时定子电流为最小；当发电机励磁大于额定励磁电流时，发电机的功率因数滞后，发电机向电网输出滞后的无功功率，改善电网的功率因数；而当发电机励磁小于额定励磁电流时，发电机的功率因数超前，发电机从电网吸引滞后的无功功率，使电网的功率因数更低。另外，这时发电机对应的功率角大于 90°，还存在一个不稳定区，因此，同步发电机一般工作在过励状态下，以补偿电网的无功功率和确保机组稳定运行。

感应发电机的并网方式主要有三种：直接并网、降压并网和通过晶闸管软并网。感应发电机的并网条件是：

（1）转子转向应与定子旋转磁场转向一致，即感应发电机的相序应和电网相序相同。

（2）发电机转速应尽可能接近同步速时并网。

1. 直接并网

并网的条件（1）必须满足，否则电机并网后将处于电磁制动状态，在接线时应调整好相序。条件（2）不是非常严格，但愈是接近同步速并网，冲击电流衰减的时间愈快。

当风速达到起动条件时风力机起动，感应发电机被带到同步速附近（一般为98%～100%同步转速）时合闸并网。由于发电机并网时本身无电压，故并网必将伴随一个过渡过程，流过5～6倍额定电流的冲击电流，一般零点几秒后即可转入稳态。感应发电机并网时的转速虽然对过渡过程时间有一定影响，但一般来说问题不大，所以对风力发电机并网合闸时的转速要求不是非常严格，并网比较简单。风力发电机组与大电网并联时，合闸瞬间的冲击电流对发电机及大电网系统的安全运行不会有太大的影响。但对小容量的电网系统，并联瞬间会引起电网电压大幅度下跌，从而影响接在同一电网上的其他电气设备的正常运行，甚至会影响到小电网系统的稳定与安全。为了抑制并网时的冲击电流，可以在感应发电机与三相电网之间串接电抗器，使系统电压不致下跌过大，待并网过渡过程结束后，再将其短接。

2. 降压并网

降压并网时在发电机与电网之间串联电阻或电抗器，或者接入自耦变压器，以降低并网时的冲击电流和电网电压下降的幅度。发电机稳定运行时，将接入的电阻等元件迅速地从电路中切出，以免消耗功率。这种并网方式经济性较差，适用于百千瓦级以上，容量较大的机组。

3. 晶闸管软并网

对于较大型的风力发电机组，目前比较先进的并网方法是采用双向晶闸管控制的软投入法，如图7-20所示。当风力机将发电机带到同步速附近时，发电机输出端的断路器闭合，使发电机经一组双向晶闸管与电网连接，双向晶闸管触发角由180°至0°逐渐打开，双向晶闸管的导通角由0°～180°逐渐增大。通过电流反馈对双向晶闸管导通角的控制，将并网时的冲击电流限制在1.5～2倍额定电流以内，从而得到一个比较平滑的并网过程。瞬态过程结束后，微处理机发出信号，利用一组开关将双向晶闸管短接，从而结束了风力发电机的并网过程，进入正常的发电运行。

晶闸管软并网对晶闸管器件和相应的触发电路提出了严格的要求，即要求器件本身的特性要一致稳定；触发电路工作可靠，控制极触发电压和触发电流一致；开通后晶闸管压降相同。只有这样才能保证每相晶闸管按控制要求逐渐开通，发电机的三相电流才能保证平衡。

在晶闸管软并网的方式中，目前触发电路有移相触发和过零触发两种。其中移相触发的缺点是发电机中每相电流为正负半波的非正弦波，含有较多的奇次谐波分量，对电网造成谐波污染，因此必须加以限制和消除；过零触发是在设定的周期内，逐步改变晶闸管导通的周波数，最后实现全部导通，因此不会产生谐波污染，但电流波动较大。

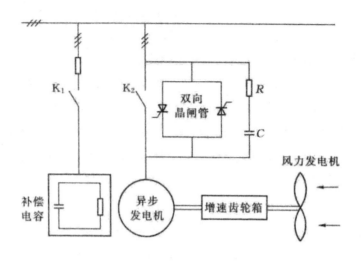

图 7-20 感应发电机的软并网

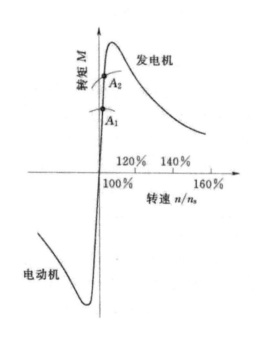

图 7-21 感应发电机的转矩转速特性曲线

4. 并网运行时的功率输出

感应发电机并网运行时，向电网送出的电流的大小及功率因数，取决于转差率 s 及电机的参数，前者与感应发电机负载的大小有关，后者对于设计好的电机是给定数值，因此这些量都不能加以控制或调节。并网后电机运行在其转矩—转速曲线的稳定区，如图 7-21 所示。当风力机传给发电机的机械功率及转矩随风速而增加时，发电机的输出功率及其反转矩也相应增大，原先的转矩平衡点 A_1 沿其运行特性曲线移至转速较前稍高的一个新的

平衡点 A_2，继续稳定运行。但当发电机的输出功率超过其最大转矩所对应的功率时，其反转矩减小，从而导致转速迅速升高，在电网上引起飞车，这是十分危险的。为此必须具有合理可靠的失速桨叶或限速机构，保证风速超过额定风速或阵风时，从风力机输入的机械功率被限制在一个最大值范围内，保证发电机的输出电功率不超过其最大转矩所对应的功率值。

需要指出的是，感应发电机的最大转矩与电网电压的平方成正比，电网电压下降会导致发电机的最大转矩成平方关系下降，因此如电网电压严重下降也会引起转子飞车；相反如电网电压上升过高，会导致发电机励磁电流增加，功率因数下降，并有可能造成电机过载运行。所以对于小容量电网应该配备可靠的过压和欠压保护装置，另一方面要求选用过载能力强（最大转矩为额定转矩 1.8 倍以上）的发电机。

5. 无功功率及其补偿

感应发电机需要落后的无功功率主要是为了励磁的需要，另外也为了供应定子和转子漏磁所消耗的无功功率。单就前一项来说，一般中、大型感应电机，励磁电流约为额定电流的 20% ~ 25%，因而励磁所需的无功功率就达到发电机容量的 20% ~ 25%，再加上第二项，这样感应发电机总共所需的无功功率为发电机容量的 25% ~ 30%。接在电网上的负载，一般来说，其功率因数都是落后的，亦即需要落后的无功功率，而接在电网上的感应发电机也需从电网吸取落后的无功功率，这无疑加重了电网上其他同步发电机提供无功功率的负担，造成不利的影响。所以对配置感应电机的风力发电机，通常要采用电容器进行适当的无功补偿。

三、变速恒频风力发电机的并网运行

变速恒频风电系统的一个重要优点是可以使风力机在很大风速范围内按最佳效率运行。从风力机的运行原理可知，这就要求风力机的转速正比于风速变化并保持一个恒定的最佳叶尖速比，从而使风力机的风能利用系数 G_p 保持最大值不变，风力发电机组输出最大的功率。因此，对变速恒频风力发电系统的要求，除了能够稳定可靠地并网运行之外，最重要的一点就是实现最大功率输出控制。

（一）同步发电机 AC/DC/AC 系统的并网运行

这种系统与电网并联运行的特点是：

第一，由于采用频率变换装置进行输出控制，所以并网时没有电流冲击，对系统几乎没有影响。

第二，因为采用 AC/DC/AC 转换方式，同步发电机的工作频率与电网频率彼此独立，风轮及发电机的转速可以变化，不必担心发生同步发电机直接并网运行时可能出现的失步问题。

第三，由于频率变换装置采用静态自励式逆变器，虽然可以调节无功功率，但有高频电流流向电网。

第四，在风电系统中采用阻抗匹配和功率跟踪反馈来调节输出负荷可使风电机组按最佳效率运行，向电网输送最多的电能。

图 7-22 所示为具有最大功率跟踪的 AC/DC/AC 风电转换系统联网运行方框图，采用系统输出功率作为控制信号，改变晶闸管的触发角，以调整逆变器的工作特性。该系统的反馈控制电路包括如下环节：

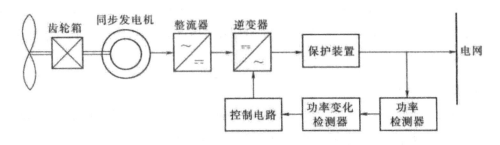

图 7-22　具有最大功率跟踪的 AC/DC/AC 风电系统方框图

第一，功率检测器。在系统输出端连续测出功率，并提供正比于实际功率的输出信号。

第二，功率变化检测器。对功率检测器的输出进行采样和储存，以便和下一个采样相比较。在这个检测器中有一个比较器，它与逻辑电路共同测定后一个功率信号电平并与前一个信号电平比较大小，若新的采样小于先前的数值，逻辑电路就改变状态；如果新的采样大于先前的数值，逻辑电路就保持原来的状态。

第三，控制电路。接受来自逻辑电路的信号并提供一个经常变化的输出信号，当逻辑电路为某一状态时输出增加，而为另一状态时减少。这个控制信号被用来触发逆变器的晶闸管，从而控制输送到电网的功率。上述控制方案的特点是：它不仅要求风力机功率输出最大，而且要求整个串联系统（包括风力机、增速箱、发电机、整流器和逆变器）的总功率输出达到最大。

（二）磁场调制发电机系统的并网运行

磁场调制发电机系统输出电压的频率和相位取决于励磁电流的频率和相位，而与发电机轴的转速及位置无关，这种特点非常适合用于与电网并联运行的风力发电系统。图 7-23 所示为采用磁场调制发电机的风力发电系统的一种控制方案。它的中心思想是测出风速并用它来控制电功率输出，从而使风力机叶尖速度相对于风速保持一个恒定的最佳速比。当风力机转子速度与风速的关系偏离了原先设定的最佳比值时则产生误差信号，这个信号使磁场调制发电机励磁电压产生必要的变化，以调整功率输出，直至符合上述比值为止。图中风速传感器测得的风速信号通过一个滤波电路，目的是使控制系统仅对一段时间的平均风速变化做出响应而不反应短时阵风。

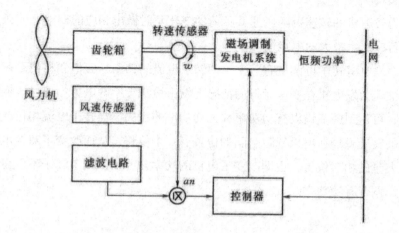

图 7-23　以风速为控制信号的磁场调制发电机系统控制原理方框图

图 7-24 所示为另一种控制方案，其设计思想是以发电机的转速信号代替风速信号（因为风力机在最佳运行状态时，其转速与风速成正比关系，故两种信号具有等价性），并以转速信号的三次方作为系统的控制信号，而以电功率信号作为反馈信号，构成闭环控制系统，实现功率的自动调节。

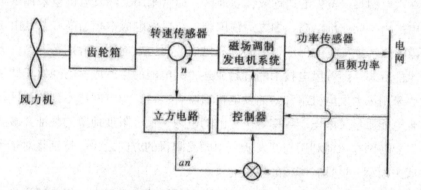

图 7-24　以转速为控制信号的磁场调制发电机系统控制原理方框图

由于磁场调制发电机系统的输出功率随转速而变化，从简化控制系统和提高可靠性的角度出发，也可以采用励磁电压固定不变的开环系统。如果对发电机进行针对性设计，也能得到接近最佳运行状态的结果。

（三）双馈发电机系统的并网运行

双馈发电机定子三相绕组直接与电网相连，转子绕组经 AC/AC 循环变流器联入电网。这种系统并网运行的特点是：

第一，风力机起动后带动发电机至接近同步转速时，由循环变流器控制进行电压匹配、同步和相位控制，以便迅速地并入电网，并网时基本上无电流冲击。对于无初始起动转矩的风力机（如达里厄型风力机），风力发电机组在静止状态下的起动可由双馈电机运行于电动机工况来实现。

第二，风力发电机的转速可随风速及负荷的变化及时做出相应的调整，使风力机以最佳叶尖速比运行，产生最大的电能输出。

第三，双馈发电机转子可调量有三个，即转子电流的频率、幅值和相位。调节转子电流的频率，保证风力发电机在变速运行的情况下发出恒定频率的电力；通过改变转子电流的幅值和相位，可达到调节输出有功功率和无功功率的目的。当转子电流相位改变时，由转子电流产生的转子磁场在电机气隙空间的位置有一个位移，从而改变了双馈电机定子电势与电网电压向量的相对位置，也即改变了电机的功率角，所以调节转子不仅可以调节无功功率，也可以调节有功功率。

第五节　风能与其他能源联合发电系统

一、风力／柴油联合发电系统

目前，在大电网难以覆盖的边远或孤立地区，通常采用柴油发电机组来提供必要的生活和生产用电。由于柴油价格高，加之运输困难，造成发电成本相当高，并且由于交通不便和燃料供应紧张，往往不能保证电力的可靠供应。而边远地区，特别是海岛，大部分拥有较丰富的风能资源，随着风电技术的日趋成熟，其电能的生产成本已经低于柴油发电的成本。因此，采用风力发电机组和柴油发电机组联合运行，为电网达不到的地区提供稳定可靠的、符合电能质量（电压、频率等）标准的电力，最大限度地节约柴油并减少对环境的污染，是世界各国在风能利用与开发研究中颇受瞩目的方向之一。特别是对于电网尚不够普及的发展中国家，更具有广阔的应用前景。

现在世界上正在研究和运行的风力／柴油发电系统的类型很多，但一般说来，整个系统一般包括风力发电机组、柴油发电机组、蓄能装置、控制系统、用户负载及耗能负载等，其基本结构框图如图 7-25 所示。下面重点介绍几种主要型式。

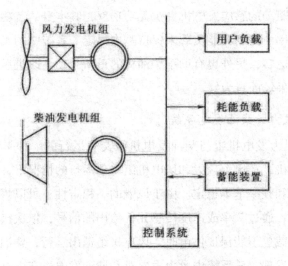

图 7-25　风力／柴油发电机系统的基本结构图

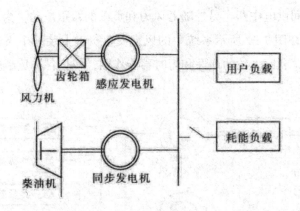

图 7-26　基本型风力／柴油发电系统

1. 基本型风力／柴油发电系统及其改进型式

最简单的风力发电和柴油发电结合方法之一是让风力发电机组和柴油发电机组并联运行，以降低柴油机的平均负载，从而节省燃料。图 7-26 所示为系统的结构示意图，风力驱动的感应发电机和柴油驱动的同步发电机并联运行。该系统中，柴油发电机组不停地工作，即使在负荷较小、风力较强时也在运转，以便为风力发电机提供所需的无功功率。

这种系统的优点为结构简单，可以向负载连续供电。缺点为节油率低，而且为了保证系统的稳定性，通常柴油发电机组的容量要比风电机组大很多，使得节油效果更差。故此系统仅适用于相当稳定的负载。

改进方案是在柴油机和同步发电机之间加一个飞轮和一个电磁离合器。当风力所产生的电能不能满足负荷需求时，风力发电机和柴油发电机并联向负载供电；当风力足够大时，电磁离合器将柴油机与其驱动的同步发电机断开,柴油机停止运行,而同步电机将作为同步调相机运行向风力驱动的感应发电机提供无功功率,其本身的有功损耗则由风力发电机供给。这时系统的频率由控制耗能负载来保持基本恒定。系统中的飞轮有助于柴油机断开后维持同步电机继续运转,另外也有助于柴油机的重新起动。改进后的系统由于柴油机可以停转,因此节油效果较前者为好。

2. 交替运行的风力 / 柴油发电系统

图 7-27 所示为风力发电机组与柴油发电机组交替运行的一种系统型式,其中风力发电机一般为同步发电机,在风力较大和风电机组单独运行的情况下,通过励磁调节和负荷调节来保持输出电压和频率基本稳定。由于风能的不稳定性,可以将负载按其重要程度分类,随着风力的大小,通过频率或速度传感元件给出的信号,依次接通或断开各类负载。在风速很低第一类负载也不能保证供电时,风电机组退出运行,柴油发电机组同时自动起动并投入运行。可以发现,该系统中风力发电机和柴油发电机在电路上无联系,无须解决两者并联运行的一些技术问题,所以总体结构比较简单,但风能可以得到充分利用,柴油发电机组的运转时间也大大减少,因而节油率较高。缺点是在风力发电机和柴油发电机切换过程中会导致短时间供电中断,另外随着风力和负载的双重波动,为了减少柴油机的起动次数,措施之一是在图 7-27 所示系统中的风力发电机轴上装一个飞轮,飞轮装在齿轮箱与同步发电机之间,利用飞轮的惯性和短时蓄能作用,减少各类负载的开关次数。

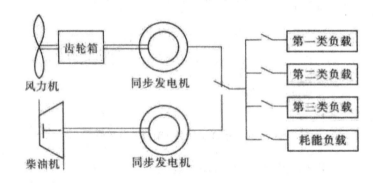

图 7-27 交替运行的风力 / 柴油发电系统

3. 具有蓄电池储能的风力 / 柴油发电系统负载管理 /

图 7-28 所示为一台或多台风力发电机组与柴油发电机组联合运行的方案。在并联运行时,风力驱动的感应发电机由柴油机驱动的同步发电机提供励磁所需的无功功率,风力发电机和柴油发电机共同向负载供电。当风况很好或负载较小,风力发电机组足以提供负载所需的电能时,柴油机通过电磁离合器或超速离合器与同步发电机脱开停转,同步发电机作调相机运行,向风力发电机提供无功功率并进行电压控制,风力机的转速和功率控制采用快速变桨距方式,在风速很小或无风期时,则由柴油发电机组单独供电。

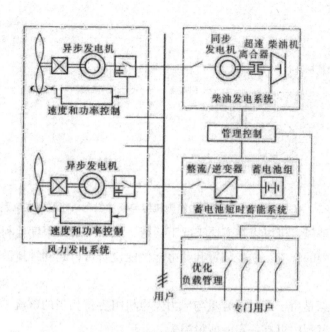

图 7-28 具有蓄电池储能的风力／柴油发电系统

为了避免由于风力和负载的变化导致柴油机频繁起动，该联合系统中配备了小容量蓄电池组，其容量取决于当地风能资源条件和用户要求，一般相当于可按额定功率供电（0.5～1h），同时配置一个可逆的线路整流／逆变器，以便给蓄电池充电或蓄电池向独立电网补充输电。此外，蓄电池还可以减少柴油机的轻载运行，使其绝大部分时间运行在比较合适的功率范围内。

对于容量较大的风力／柴油发电系统，可采用多台风电机组的方案，这样可以减小风电机组总功率输出的波动幅度，同时蓄电池的容量也可以减小。

4.AC/DC/AC 型变速风力发电机组与柴油发电机组联合发电系统

图 7-29 所示为这种风力／柴油发电系统的结构框图。系统中风力机驱动的发电机可以是同步发电机，也可以是感应发电机，经整流和逆变装置与柴油发电机并联运行，实现向负载连续供电。根据风力情况和负载大小，这种系统也可以有三种不同供电方式，即风力发电机单独供电、风力发电机和柴油发电机并联供电、柴油发电机单独供电。

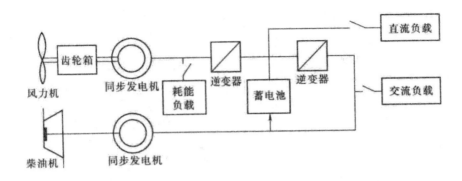

图 7-29　AC/DC/AC 型变速风力发电机组与柴油发电机组联合发电系统

该系统的优点是风力机可以在变速工况下运行，从而可最大限度地利用风能，以节约更多的柴油。系统中的整流、逆变装置和蓄电池储能设备可以起到维持恒频输出和平衡功率的作用。

这种系统的缺点是由于配置了容量与风力发电机组容量相当的整流、逆变设备，造价较高，在电能转换过程中也有一定的能量损失。

5. 磁场调制型变速风力发电机组与柴油发电机组联合发电系统

图 7-30 所示为磁场调制型变速 / 恒频风力发电机与柴油发电机联合运行的系统框图。风力驱动的磁场调制发电机的励磁可以取自柴油发电机的输出，与前面所述的该发电机系统的并网运行相类似，通过励磁变压器将柴油发电机各相输出电压进行适当的相位相加，即可得到一组领先系统输出电压 90° 的三相励磁电压。在这种情况下，风力发电机的输出总是自动与柴油发电机输出同步，不需要专门的控制，不存在失步问题，整个系统控制简单。

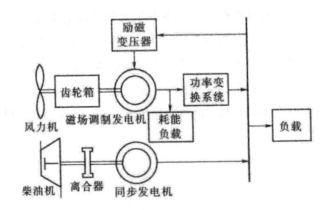

图 7-30　磁场调制型变速 风力发电机组与柴油发电机组联合发电系统

当风况很好，风力机发电量足可提供负载所需的电能时，柴油机通过电磁离合器与其驱动的同步发电机脱开停车，同步机作调相机运行供给磁场调制发电机励磁所需的无功功率，同时控制它的输出电压和频率。

这种系统除了可以获得风力机变速运行增加能量输出外，由于磁场调制发电机从工作原理上保证了其输出与供给其励磁的柴油发电机输出同步，所以并联运行时基本上无须控制，且并联系统非常可靠，即使在风速大幅度变化或柴油发电机转速、电压波动的情况下，仍可以稳定、安全地并联运行。

6. 风力 / 柴油联合发电系统的实用性评价

上面介绍了一些风力 / 柴油发电系统，最佳设计在很大程度上取决于用户的需要和当地的风力资源，一种系统对某种用户可能是最合适的，但不可能对所有地方都是最佳的。一般根据具体的资源及负载情况从以下三方面来考虑和评价系统的实用性。

第一，节油效果。建立风力、柴油发电系统的一个目的就是节约柴油，所以节油率是衡量一个风力 / 柴油发电系统是否先进的重要指标之一。20 世纪 80 年代初的风力 / 柴油发电系统，特别是柴油机必须不停地连续运行的系统，节油率很低。从 80 年代中期起，由于系统中增加了蓄能设施，风能的利用率有了很大的提高，系统的节油率上升，到 90 年代初已达到 40% ~ 55%，目前系统最高节油率达到 70% 以上。

第二，可靠性。对一个节油效果较好的风力 / 柴油发电系统来说，风电容量一般占总系统容量约 50% 以上，风速变化的随机性很大，风电功率变化相当频繁，且幅度很大。在并联运行中，系统能否承受这种频繁的大幅度冲击，达到稳定运行，以提供可靠的电能，是风力 / 柴油联合发电系统是否成功的技术关键。

第三，系统的经济性。经济性是人们极为关注的问题之一，不同的系统模式不能用同一的节油率指标来衡量系统经济性的优劣。除与选择的系统模式有很大关系外，还与风能资源、负载性质与大小、风电机组与柴油机组和蓄电池组的容量比例等有很密切的关系。例如，蓄电池容量过大，虽然提高了风能利用率，减少了柴油机启停次数，但设备费用和运行维护费用增加；反之则风能利用率降低，柴油机常处于低负荷、高耗油率运行工况，同样加大了供电成本。因此，对不同的风力 / 柴油发电系统，应以系统的综合供电成本来评价它的经济性。供电成本低的系统显然是良好的系统。

二、风 / 光联合发电系统

1. 风 / 光互补联合发电的优点

风能、太阳能都是取之不尽用之不竭的清洁能源，但又都是不稳定、不连续的能源，单独用于无电网地区，需要配备相当大的储能设备，或者采取多能互补的办法，以保证基本稳定的供电。风 / 光联合发电即是一种多能互补的发电方式，特别是我国属于季风气候区，一般冬季风大，太阳辐射强度小；夏季风小，太阳辐射强度大，正好可以相互补充利用。

风 / 光联合发电比起单独的风电或光电来有以下优点：

第一，利用风能、太阳能的互补特性，可以获得比较稳定的总输出，系统有较高的供电稳定性和可靠性。

第二，在保证同样供电的情况下，可大大减少储能蓄电池的容量。

第三，对混合发电系统进行合理的设计和匹配，可以基本上由风／光系统供电，很少或基本不用起动备用电源如柴油发电机等，并可获得较好的社会效益和经济效益。

所以综合开发利用风能、太阳能，发展风／光互补联合发电有很好的应用前景，受到很多国家的重视。下面介绍一种比较先进的风／光联合发电系统。

2. AC/DC/AC 型变速风力发电机组与太阳光电

图 7-31 所示为我国建造的 30kW 风／光互补联合发电系统的组成。整个系统包括五台 5kW 风力发电机组，5040kWP 太阳电池阵列，220kW-h 固定型铅酸蓄电池，30kW 三相正弦波逆变器，30kW 备用柴油发电机以及风电、光电控制系统，配电柜和数据采集与处理系统等。

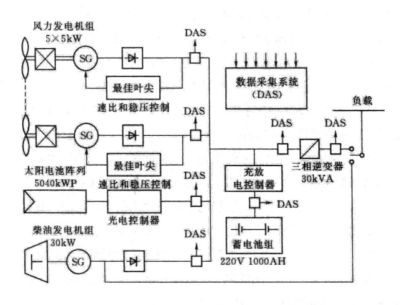

图 7-31　我国 30kW 风／光互补联合发电系统

五台风电机组中的发电机均为无刷自励爪极发电机，机组采取变速运行方式，通过各自的整流器及公用的逆变器向负载供电，在直流环节将多余的电能向蓄电池充电。当蓄电池没有充满且风速在额定风速以下时，风力发电机组采用最佳叶尖速比控制，使风力机在很大的风速范围内以最佳效率运行，从而可最大限度地利用风能；当蓄电池接近充满，电压达到设定的最高充电电压时，风力发电机自动转为稳压控制运行，这样既可使蓄电池继续充电，又保护了蓄电池不致过充。

太阳电池阵列由 5040kWP 单晶硅电池组件组成，分为五个子阵列并联向蓄电池充电，各子阵列的通断采用无触点固态器件控制。在蓄电池接近充满时，通过依次关断部分子阵列保证蓄电池端电压不超过最高设定值，风、光系统在直流环节并联后，通过三相逆变器转换成恒频恒压交流电供给负载。逆变器采用大功率晶体管脉宽调制方案，在蓄电池电压降到设定的过放值时自动关断，保护蓄电池不致过放。在风、光不能满足负载要求且蓄电池已接近过放值时，由备用的柴油发电机组向负载供电，同时向蓄电池补充充电，数据采集和处理系统可实时显示系统各部分的运行状态，并可储存三个月的运行数据。

第六节　风力发电机组的独立运行

风力发电机组独立运行是比较简单的运行方式，但由于风能的不稳定性，为了保证基本的供电需求，必须根据负载的要求采取相应的措施，达到供需平衡。下面介绍风力发电机几种独立运行供电方式。

一、配以蓄电池储能的独立运行方式

这是一种最简单的独立运行方式，如图 7-32 所示。对于 10kW 以下的小型风电机组，特别是 1kW 以下的微型风电机组普遍采用这种方式向用户供电。

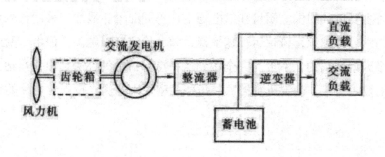

图 7-32　风电机组配以蓄电池储能的独立运行系统

对于 1kW 以下的微型机组一般不加增速器，直接由风力机带动发电机运转，后者一般采用低速交流永磁发电机；1kW 以上的机组大多装有增速器，发电机则有交流永磁发电机、同步或异步自励发电机等。经整流后直接供电给直流负载，并将多余的电能向蓄电池充电。在需要交流供电的情况下，通过逆变器将直流电转换为交流电供给交流负载。风力机在额定风速以下变速运行，超过额定风速后限速运行。

对于容量较大的机组（如 20kW 以上），由于所需的蓄电池容量大，投资高，经济上不是很理想，所以较少采用这种运行方式。

二、采用负载自动调节法的独立运行方式

其输出功率也将随风速的变化而大幅度变化。因此独立运行的关键问题是如何使风力

发电机的输出功率与负载吸收的功率相匹配。为了更多地获取风能，同时也为了使风力发电机组能在安全的转速下运行，需要在不同风速下接入数量不同的负载，这就是本方案基本的控制思想。图 7-33 所示为这种方案的系统框图，系统中风力机驱动同步发电机，其输出电压可通过调节发电机的励磁进行控制，使风力发电机在达到某一最低运行转速后维持输出电压基本不变。风力机的转速可以通过同步发电机的输出频率来反映，因此可以用频率的高低来决定可调负载的投入和切除。

转速控制可以采取最佳叶尖速比控制和恒速控制两种方案。在采用最佳叶尖速比控制方案时，通过调节负载使风力机的转速随风速成线性关系变化，并使风轮的叶尖速度与风速之比保持一个基本恒定的最佳值。在此情况下，风力机的输出功率与转速的三次方成比例，风能得到最大程度的利用。为了保证主要负载的用电及供电频率的恒定，在发电机的输出端增加了整流、逆变装置，并配备少量蓄电池。该蓄电池的存在不仅可以在低风速或无风时提供一定量的用电需求，而且还在一定程度上起缓冲器的作用，以调节和平衡负载的有级切换造成的不尽合理负载匹配。从发电机端直接输出的电能，其频率随转速变化，可用于电热器一类的负载，如电供暖、电加热水等，同时这类负载和泄能负载一起均可作为负载调节之用。在采用恒速控制方案时，可以不需要整流、逆变环节，通过负载控制和风力机的桨距调节维持转速及发电机频率的基本恒定。采用这种方案整个系统投资较少，但风能的利用率及对主要负载的供电质量和供电稳定性不如前者。显然，采用负载调节的运行方式时，负载档次分得越细，风轮运行越平稳，频率稳定度也越高。但由于受经济条件和使用情况这两个因素的制约，不可能完全做到这一点。折中的办法是根据当地的风力资源和负载对供电的需求情况，确定负载档数、每档功率大小及优先投入或切除的顺序。

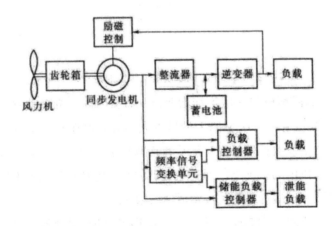

图 7-33　采用负载自动调节法的独立运行系统

此外，还有多台风力发电机组并联运行的独立供电系统。

较大的用户供电，应尽可能采用快速变速和控制功率的变桨距风电机组。这种联合系统除可增加风能利用率外，另一个最大的优点是能在几秒钟内更好地平衡因风力波动而引起的输出功率变化。

第八章 风电场规划与选址

风速与功率成,三次方关系,很小的风速变化会引起较大的功率改变,风速是影响风力机输出功率的重要因素。风速随地域不同而不同,故建立风电场之前,须确定一个风速较高和风能密度较高的场址。年平均风速是衡量风场风能潜力的基本要素。若已知场址的风速和风资源分布,则可进一步地评估风能潜力,如风轮扫风面积内的能量密度多少、有效风速利用时间的百分比、最频繁风速等,这些因素都需考虑。此外,为了确保结构的安全,风场出现异常大风的可能性也必须考虑。

风电场选址直接关系到风力机设计或风力机组选型,预先分析和了解风场的风资源对开发风电场是非常必要的。

第一节 风场数据分析

为了计算出某一风场的风能潜力,须对长期收集到的风特性数据进行正确分析。利用长期从候选场址附近气象站获取的风能数据来做初步估计,并仔细分析这些数据是否能代表该场址的风廓线。除此之外,还应进行短期的实地测量。

这种短期的数据可在模型和软件的帮助下进行分组和分析,以对可获得的能量进行精确地计算。数据按时间间隔进行分组,若估计不同小时内获得的能量,则数据应按小时进行分组。与此类似,数据也可按日、月或年进行分类。

一、平均风速

风谱中很重要的信息是平均风速 v_m , 可简单表示为

$$v_m = \frac{1}{n}\sum_{i=1}^{n} v_i \quad (8\text{-}1)$$

式中

v_i——某次测量的风速,m/s;

n——测得的数据组的数量。

但是,在进行功率计算时,采用式(8-1)得到的速度平均值经常出错。例如,表8-1所示为 1h 内每隔 10min 的风能数据。根据式(8-1),每小时的平均风速为 6.45m/s。取

空气密度为 1.24kg/m³，对应的平均功率是 166.37W/m²。若计算出每一速度对应的功率，然后取功率平均值，结果平均功率为 207W/m，这意味着式（8-1）计算的平均功率低估了实际发出电力的 20%。

表 8-1   1h 内每隔 10min 的风能数据

序号	v/（m·s⁻¹）	v³/m³	P/（W·m²）
1	4.3	793.31	49.29
2	4.7	103.82	64.37
3	8.3	571.79	354.51
4	6.2	238.33	147.76
5	5.9	205.38	127.33
6	9.3	804.36	498.7

在计算风能平均值时，应用速度来衡量功率。因此，平均风速也可以表达为

$$v_m = \left(\frac{1}{n} \sum_{i=1}^{n} v_i^3 \right)^{\frac{1}{3}} \quad （8\text{-}2）$$

如果使用式（8-2），上例中的平均风速为 6.94m/s，对应的功率为 207W/m²，这表明由于速度 - 功率三次方的关系，式（8-2）中的加权平均关系被应用到风能分析中。

二、风速分布

除了一段时间内的平均风速，风速分布也是风资源评估中的关键因素。两台相同的风力机，安装在两个不同的场址，有可能因不同的速度分布而有着完全不同的能量输出。例如，图 8-1 所示为两个场址的风能分布情况。第一个风场一天内的风速恒等于 15m/s；第二个风场前 12h 的风速为 30m/s，余下的时间为 0m/s。这两个风场的日平均风速均为 15m/s。

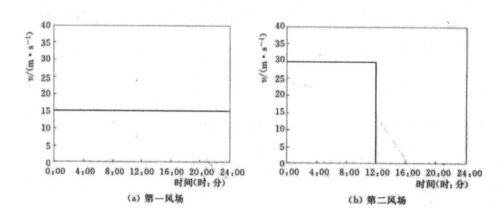

(a) 第一风场   (b) 第二风场

图 8-1   两个风场风的分布比较

假设在这两个风场均安装了拥有如图 8-2 所示功率曲线的风力机。风力机在切入风速 4m/s 时开始发电，在切出风速 25m/s 时停机。在 15m/s 时功率最大为 250kW，15m/s 为额

定风速。

当风力机在图 8-1（a）所示风场工作时，因全天风速为 15m/s，风力机将一直在额定容量下有效地工作，发出 6000kW·h 的电量。然而，在图 8-1（b）所示风场下，风力机 24h 内都处于停机状态，因为一半的风速是 30m/s，风力机为保证设备安全，在风速 25m/s 时已经切出；另一半的风速为 0m/s，风力机无法起动。所举的是假设条件下的极端例子，实际中的风力机往往处于这两种极端情况之间运行。通过案例分析表明，除了平均风速外，风速分布也是风能分析中的一个重要因素。

在给定的风力数据中风速的变化称为标准偏差 σ_v，表示实际速度与平均速度的差值。因此，σ_v 值越低，数据越统一。标准偏差 σ_v 的计算为

$$\sigma_v = \sqrt{\dfrac{\sum\limits_{i=1}^{n}\left(v_i - v_m\right)^2}{n}} \quad (8\text{-}3)$$

为了更好地了解风能数据变化，常用频率分布的形式对风速数据进行分组，这同时也提供了在具体时间范围内某一速度的信息。为了表示频率分布，风速一般被划分成相等的间隔（如 0～1、1～2、2～3 等），并对间隔里记录的风的次数进行计算。表 8-2 所示为某地某个月的风速频率分布。

表 8-2 某地某个月内风速频率分布

序号	速度 /（m·s-1）	小时数	累积小时数
1	0 ～ 1	13	13
2	1 ～ 2	37	50
3	2 ～ 3	50	100
4	3 ～ 4	62	162
5	4 ～ 5	78	240
6	5 ～ 6	87	327
7	6 ～ 7	90	417
8	7 ～ 8	78	495
9	8 ～ 9	65	560
10	9 ～ 10	54	614
11	10 ～ 11	40	654
12	11 ～ 12	30	6894
13	12 ～ 13	22	706
14	13 ～ 14	14	720
15	14 ～ 15	9	729
16	15 ～ 16	6	735
17	16 ～ 17	5	740
18	17 ～ 18	4	744

如果速度以频率分布的形式表示，则平均偏差和标准偏差表示为

$$v_{\mathrm{m}} = \left(\frac{\displaystyle\sum_{i=1}^{n} f_i v_i^3}{\displaystyle\sum_{i=1}^{n} f_i} \right)^{\frac{1}{3}} \quad （8\text{-}4）$$

$$\sigma_v = \sqrt{\frac{\displaystyle\sum_{i=1}^{n} f_i \left(v_i - v_m \right)^2}{\displaystyle\sum_{i=1}^{n} f_i}} \quad （8\text{-}5）$$

式中

f_i——频率；

v_i——对应间隔的中间值。

表 8-2 中的风力数据的平均偏差和标准偏差，分别为 8.34m/s 和 0.81m/s。图 8-3 所示为基于上述数据的频率条形图。累积分布曲线通过标出各个累积时间来表示风速低于最大极限风速，累计分布曲线如图 8-4 所示。

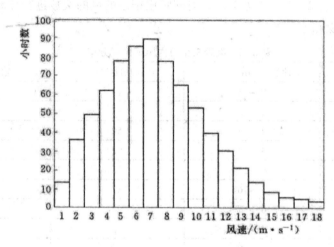

图 8-3　风速分布

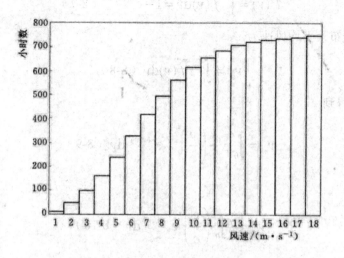

图 8-4　风速累计分布

第二节　风场风速统计模型

如果将图 8-3 所示风速间隔中点的频率和图 8-4 所示累计条形图结合起来，可得到光滑的曲线。有多种概率函数可用于统计实地数据分布。结果表明，威布尔分布和瑞利分布可用来描述风的变化。

一、威布尔分布

（一）威布尔函数

威布尔分布是皮尔逊（Pierson）分布第三类的一个特例。在威布尔分布中，风速的变化用两个函数来表示：①概率密度函数；②累计分布函数。概率密度函数 $f(v)$ 表明时间概率，风速用 v 表示，则

$$f(v) = \frac{k}{c}\left(\frac{v}{c}\right)^{k-1} e^{-(v/c)^k} \quad （8-6）$$

式中

k——威布尔形状因子；

c——比例因子，又称尺度参数。

速度 v 的累计分布函数 $f(v)$ 提供了风速等于或低于 v 的时间（或概率）。因此，累计分布函数 $f(v)$ 是概率密度函数的积分，故

$$F(v) = \int_0^a f(v)\mathrm{d}v = 1 - \mathrm{e}^{-(v/c)^k} \quad （8\text{-}7）$$

根据威布尔分布，平均风速为

$$v_\mathrm{m} = \int_0^\infty vf(v)\mathrm{d}v \quad （8\text{-}8）$$

消去 $f(v)$，得到

$$v_m = \int_0^\infty v\frac{k}{c}\left(\frac{v}{c}\right)^{k-1}\mathrm{e}^{-(v/c)^k}\mathrm{d}v \quad （8\text{-}9）$$

可简化为

$$v_\mathrm{m} = k\int_0^\infty \left(\frac{v}{c}\right)^k \mathrm{e}^{-(v/c)^k}\mathrm{d}v \quad （8\text{-}10）$$

$$x = \left(\frac{v}{c}\right)^k, \mathrm{d}v = \frac{c}{k}x^{(1/k-1)}\mathrm{d}x \quad （8\text{-}11）$$

将式（8-10）中的 $\mathrm{d}v$ 消去，得

$$v_m = c\int_0^\infty \mathrm{e}^{-x}x^{1/k}\mathrm{d}x \quad （8\text{-}12）$$

这是标准伽马函数形式

$$\Gamma n = \int_0^\infty \mathrm{e}^{-x}x^{n-1}\mathrm{d}x \quad （8\text{-}13）$$

因此，根据式（8-12），平均速度可表示为

$$v_\mathrm{m} = c\Gamma\left(1 + \frac{1}{k}\right) \quad （8\text{-}14）$$

根据威布尔分布，风速的标准偏差为

$$\sigma_\mathrm{v} = \left(\mu_2' - v_\mathrm{m}^2\right)^{1/2} \quad （8\text{-}15）$$

这里

$$\mu_2' = \int_0^\infty v^2 f(v)\mathrm{d}v \quad （8\text{-}16）$$

消去 $f(v)$，据式（8-11）得到

$$\mu_2' = c^2\int_0^\infty \mathrm{e}^{-x}x^{2/k}\mathrm{d}x \quad （8\text{-}17）$$

表示为伽马积分的形式为

$$\mu_2' = c^2\Gamma\left(1 + \frac{2}{k}\right) \quad （8\text{-}18）$$

将方程（8-15）中的 μ_2'、v_m 替换掉，得到

$$\sigma_v = c \left[\Gamma\left(1+\frac{2}{k}\right) - \Gamma^2\left(1+\frac{1}{k}\right)^2 \right]^{1/2} \quad (8-19)$$

图 8-5 和图 8-6 所示为根据威布尔分布得出的风况的概率密度和累计分布函数。场址中 k 和 c 的值分别为 2.8 和 6.9。概率密度曲线的峰值表明风况中最常见的风速是 6 m/s。

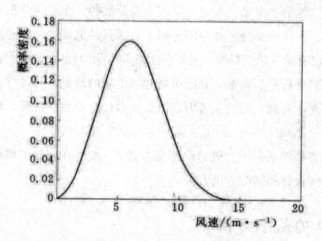

图 8-5 威布尔分布函数

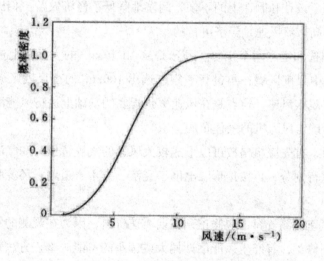

图 8-6 威布尔累积分布函数

二、瑞利分布

风况中瑞利分布的可靠性取决于计算 k 和 c 的精度。为了精确地计算 k 和 c，足够的风能数据和短时间间隔里收集的数据是必不可少的。在许多情况下，这些信息不太容易获得。现有数据是一段时期内平均风速的形式（例如每天、每月或者每年的平均风速）。

第三节　风电场宏观选址

风电场选址对风力机能否达到预期出力起着关键性作用。风能大小受多种自然因素的支配，特别是气候、地形和海陆。风速在空间上是分散的，在时间分布上也是不连续的，故对气候非常敏感。但风能在时间和空间分布上有很强的地域性，欲选择风能密度较高的风场址，除了利用已有的气象资料外，还要利用流体力学原理来研究大气运动规律。所以，首先选择有利的地形进行分析筛选，判断可能建风电场的地点，再进行短期（至少1年）的观测。并结合电网、交通、居民点等因素进行社会经济效益的计算。最后，确定最佳风电场的地址。

风电场场址还直接关系到风力机的设计或选型。一般要在充分了解和评价特定场地的风特性后，再选择或设计相匹配的风力机。

一、选址的基本方法

从风能公式可以看出，增加风轮扫风面积和提高来流风速都可增大所获的风能。但增大扫风面积，带来了设计和制造上的不便，间接地降低了经济效益。相比而言，选择品位较高的风电场来提高来流风速是经济可行的。

选址一般分预选和定点两个步骤。预选是从10万 km² 的大面积上进行分析，筛选出1万 km² 较合适的中尺度区域；再进行考察，选出100km² 的小尺度区域；然后收集气象资料，并设几个点观察风速。定点是在风速资料观测的基础上进行风能潜力的估计，做出可行性评价，最后确定风力机的最佳布局。

大面积分析时，首先应粗略按可以形成较大风速的气候背景，和气流具有加速效应的有利地形的地区进行划分，再按地形、电网、经济、技术、道路、环境和生活等特征进行综合调查。

对于短期的风速观测资料，应修正到长期风速资料，因为在观测的年份，可能是大风年或小风年，若不修正，有产生风能估计偏大或偏小的可能。修正方法采用以经验正交函数展开为基础的多元回归方法。

二、选址的技术标准

第一，风能资源丰富区。反映风能资源的主要指标有年平均风速、有效风能功率密度、有效风能利用小时数和容量系数。这些要素越大，风能则越丰富。根据我国风能资源的实际情况，风能资源丰富区定义为年平均风速为 6m/s 以上，年平均有效风能功率密度大于 300W/m²，风速为 3 ~ 25m/s 的小时数在 5000h 以上的地区。

第二，容量系数较大的地区。风力机容量系数是指一个地点风力机实际能够得到的平均输出功率与风力机额定功率之比。容量系数越大，风力机实际输出功率越大。风电场选在容量系数大于 30% 的地区，有明显的经济效益。

第三，风向稳定地区。表示风向稳定可以利用风玫瑰图，其主导风向频率在 30% 以上的地区可以认为是风向稳定地区。

第四，风速年变化较小地区。我国属于季风气候，冬季风大，夏季风小。但是在我国北部和沿海，由于天气和海陆的关系，风速年变化较小，在最小的月份只有 4 ~ 5m/s。

第五，气象灾害较少地区。在沿海地区，选址要避开台风经常登录的地点和雷暴易发生的地区。

第六，湍流强度小地区。湍流强度是风速随机变化幅度的大小，定义为 10min 内标准风速偏差与评价风速的比值，即

$$I_T = \frac{\sigma}{v} \quad (8\text{-}20)$$

式中

v——10min 平均风速；

σ——10min 内风速对平均风速的标准偏差。

湍流强度是风电场的重要特征指标，是风电场风资源评估的重要内容，直接影响风力发电机组的选型。湍流对风力发电机组性能的影响主要体现在：减少功率输出，增加风力机的疲劳载荷，破坏风力机。湍流强度 I_T 值在 0.10 或以下为强度较小湍流，I_T 值在 0.10 ~ 0.25 为中等程度湍流强度，更高的 I_T 值表明湍流过大。对风电场而言，要求湍流强度 I_T 不超过 0.25。

湍流强度受大气稳定性和地面粗糙度的影响。所以在建风场时，要避开上风向有建筑和障碍物较大的地区。

第四节　风电场微观选址

风电场址选择的优劣，对项目经济可行性起主要作用。决定场址经济潜力的主要因素之一是风能资源特性。在近地层，风在空间上是分散分布的，在时间分布上也是不稳定和不连续的。风速对当地气候十分敏感，同时，风速的大小、品位的高低又受到风场地形、地貌特征的影响，所以要选择风能资源丰富的有利地形进行分析，加以筛选。另外，还要结合地价、工程投资、交通、通信、并网条件、环保要求等因素，进行经济和社会效益的综合评价，最后确定最佳场址。

风力机具体安装位置的选择称为微观选址。作为风电场选址工作的组成部分，需要充分了解和评价特定的场址地形、地貌及风况特征后，再匹配风力机性能进行发电经济效益

和荷载分析计算。

一、风电场微观选址的影响因素

（一）盛行风向

盛行风向是指年吹刮时间最长的风向。可用风向玫瑰图作为标示风向稳定的方法，当主导风向占 30% 以上可认为是比较稳定的。这一参数决定了风力发电机组在风电场中的最佳排列方式，可根据当地的单一盛行风向或多风向，决定风力发电机组是矩阵排布，还是圆形或方形排布。

在平坦地区，风力机的安装布置一般选择与盛行风向垂直，但地形比较复杂的地区，如山区，由于局地环流的影响使流经山区的气流方向改变，即使相邻的两地，风向也往往会有很大的差别，所以风力机的布置要视情况而定，可安装在风速较大而又相对稳定的地方。

（二）地形地貌

地形可以分为平坦地形和复杂地形。平坦地形选址比较简单，通常只考虑地表粗糙度和上游障碍物两个因素。复杂地形分为两类：一类为隆升地形，如山丘、山脊和山崖等；一类为低凹地形，如山谷、盆地、隘口和河谷等。

第一，当气流通过丘陵或山地时，会受到地形影响，在山的向风面下部，风速减弱，且有上升气流；在山的顶部和两侧，流线加密，风速加强；在山的背风面，流线发散，风速急剧减弱，且有下沉气流。由于重力和惯性力作用，山脊的背风面气流往往形成波状流动。

第二，山地影响，山对风速影响的水平距离，在向风面为山高的 5 ~ 10 倍，背风面为山高的 15 倍。山脊越高，坡度越缓，在背风面影响的距离就越远。背风面地形对风速影响的水平距离 L 大致是与山高 h 和山的平均坡度 α 半角余切的乘积成正比，即

$$L = h\cot\frac{\alpha}{2} \quad （8\text{-}21）$$

第三，谷地风速的变化，封闭的谷地风速比平地小。长而平直的谷底，当风沿谷地吹时，其风速比平地强，即产生狭管效应，风速增大。当风垂直谷地吹时，风速亦较平地为小，类似封闭山谷。根据实际观测，封闭谷地 y_1 和峡谷山口 y_2 与平地风速 x 关系式为

$$\left. \begin{aligned} y_1 &= 0.712x + 1.10 \\ y_2 &= 1.16x + 0.42 \end{aligned} \right\} \quad （8\text{-}22）$$

第四，海拔对风速的影响，风速随着离地高度的抬升而增大。山顶风速随海拔的变化为

$$\frac{v}{v_0} = 3.6 - 2.2e^{-0.00113H} \quad （8-23）$$

$$\frac{v}{v_0} = 2 - e^{-0.00113H} \quad （8-24）$$

式中

$\dfrac{v}{v_0}$——山顶与山麓风速比；

H——海拔，m。

（三）地表粗糙度对风速的影响

复杂地形主要考虑地表粗糙度和地形特征的影响，主要因素体现在三个方面：地表粗糙度、地表粗糙度指数及上游障碍物。

1. 地表粗糙度

地表粗糙度是指平均风速减小到零时距地面的高度，是表示地表粗糙程度的重要指标。地表粗糙度越大表明平均风速减小到零的高度越大。

2. 地表粗糙度指数

地表粗糙度指数又称地表摩擦系数、风切变指数，也是表示地表粗糙程度的重要指标，其取值情况见《建筑结构荷载规范》。地表粗糙度还会影响风力机运行的尾流、湍流特性，进而又会对风力机运行安全、技术性能以及下风向风力机可能利用的风速大小带来影响。

3. 上游障碍物

气流流过障碍物，如房屋、树木等，在下游会形成扰动区。在扰动区，风速不但会降低而且还会有很强的湍流，对风力机运行十分不利。因此，在选择风力机安装位置时，必须要避开障碍物下流的扰动区。气流受阻发生变形，这里把其分成以下四个区域：

Ⅰ区为稳定区，即气流不受障碍物干扰的气流，其风速垂直变化呈指数关系。

Ⅱ区为正压区，障碍物迎风面上由于气流的撞击作用而使静压高于大气压力，其风向与来风相反。

Ⅲ区为空气动力阴影区，气流遇上障碍物，在其后部形成扰流现象，即在该阴影区内空气循环流动而与周围大气进行少量交换。

Ⅳ区为尾流区，是以稳定气流速度的95%的等速曲线为边界区域，尾流区的长度约为17H（H为障碍物高度）。所以，选风电场时，应尽量避开障碍物至少17H以上。

（四）湍流作用

湍流是风速、风向的急剧变化造成的，是风通过粗糙地表或障碍物时常产生的小范围急剧脉动，即平常所说的一股一股刮的风。湍流损失通常会造成风力机输出功率减小，并引起风力机振动，造成噪音，风力机的疲劳载荷也随着扰动的增加而增加，影响风力机使用寿命，因此要尽量减少湍流的影响。

湍流强度描述风速随时间和空间变化的程度，能够反映脉动风速的相对强度，是描述湍流运动特性的最重要特征量。湍流强度受大气稳定和地表粗糙度的影响，在建设风电场时应避开上风方向地形起伏和障碍物较大的地区；安装风力机时，应选在相对开阔无遮挡的地方，即以简单平坦的地形为好。在地形复杂的丘陵或山地，为避免湍流的影响，风力机可安装在等风能密度线上或沿山脊的顶峰排列。

在风电场布置风力机时，由于湍流尾流等因素的影响，风力机安装台数并不是越多越好，即风力机安装的间距并非越小越好。通常情况下，受风电场尾流影响后的湍流强度的取值范围在 0.05 ~ 0.2 之间。在复杂地形上建设风电场时，为保障风力机的安全运行，一般只要湍流强度在 0.2 就可满足风力机布置要求。因此，根据湍流强度的最大限值，就可初步拟定风电场微观布置的风力机最小安装间距，减少优化算法搜索的时间。

（五）尾流效应

在风电场中，沿风速方向布置的上游风力机转动产生的尾流，使下游风力机所利用的风速发生变化。当风经过风力机时，由于风轮吸收了部分风能，且转动的风轮会造成湍流动能的增大，因此，风力机后的风速会出现一定程度的突变减少，这就是风力机的尾流效应。尾流造成的能量损失典型值为 10%，一般其范围在 2% ~ 30% 之间。尾流影响的因素主要有地形、机组间距离、风力机的推力特性以及风力机的相对高度等。

二、风电场微观选址的技术步骤

风电场内风力机的排列应以风电场内可获得最大的发电量来考虑。由于征地等的影响，不可能将风力发电机组之间的距离布置足够远。若风电场内多台机组之间的间距太小，则风速沿空气流动方向受阻，机组后将产生较大的湍流和尾流作用，导致下游的风力机发电量减少。同时，由于湍流和尾流的联合作用，还会损坏风力机，降低其使用寿命。因此，风电场微观选址要考虑诸多因素的影响，其选址的过程极其复杂。

在风能资源已确定的情况下，风电场微观布局必须要参考风向及风速分布数据，同时也要考虑风电场长远发展的整体规划、征地、设备引进、运输安装投资费用、道路交通及电网条件等。

在布置风力机时，要综合考虑风电场所在地的主导风向、地形特征、风力发电机组湍流和尾流作用、环境影响等因素，减少众多因素对风力机转动风速的干扰，确定风电机组的最佳安装间距和台数，做好风力机的微观布局工作，这使风能资源得到充分利用，风电场微观布局最优化、整个风电场经济收益最大化的关键。风电机组的安装间距除要保证风电场效益最大化外，还要满足风力机供应商的要求，还有风力机阴影，风力机反射、散射和衍射、电磁波、噪音、视觉等环保限制条件，及对鸟类生活的影响。

　　根据风电场微观选址的主要影响因素，分析得出风电场微观选址的技术步骤为：①确定盛行风向；②地形分类，分为平坦地形和复杂地形；③考虑湍流作用及尾流效应的影响；④确定风力发电机组的最佳安装间距和台数；⑤综合考虑其他影响因素，最终确立风电场的微观布局。

第九章　风电机组的运行与维护

风电机组投入运行后，需要大量的运行和维护。虽然相对传统的能源形式，风电机组的运行维护成本降低到 20%，但也面临着其他传统能源形式不具有的困难，如分布范围广而分散、运行情况复杂不稳定、高空作业多、维护周期长、作业空间狭小、部件尺寸和质量大、更换困难等问题。

本章从实际运行过程中选择了几个具有代表性的问题加以讨论，介绍了风电机组运行过程中最常见的叶轮不平衡、传动链不对中、轴承损坏等故障发生的原因和故障机理以及治理方案，并给出应用实例。最后介绍了风电场监控 SCADA（supervisory control and data acquisition，SCADA）系统的设计及应用。

第一节　风力机运行技术

风力发电机组运行首先需要做到的是安全可靠，在故障发生时能及时进行保护，并确定故障产生的原因；其次，按设计要求高效输出电能；再次对小型风力机要求运行的自动化程度高，对大型机则完全自动控制。

（一）安全性方针

风力机的安全运行要满足以下五点要求：

第一，设计无缺陷。风力机负载要考虑周全而准确；预测的风力机特性符合实际特性；结构合理，强度符合要求；安全和保护系统完善，设计无缺陷。

第二，制造、安装和维护时无缺陷。组装和安装质量良好，维修时能完全排除呈现的问题和隐患。

第三，运行人员严格按照操作规范操作，避免发生可能发生的人为误操作。

第四，传感器等测量设备灵敏度高，精度高，故障率少。

第五，对突发灾难性气象、环境变故有预报，应对措施得当。

（二）安检遵循的原则

在安全系统设计中和运行前安检遵循的原则有：

第一，风力发电机组必须有两套以上的刹车系统，每套系统必须保证机组在安全运行范围内工作。

第二，必须使两套系统具有不同的工作方式，其动力源也应各自不同。

第三，故障发生时，至少一套系统有效动作，使风轮及时停车。

第四，安全系统执行使风轮停车或减速动作时，不允许手动操作，不允许影响安全系统正常工作。

第五，用于对无空气动力刹车的失速型风力机超速时制动的机械刹车，转速测量传感器应设置在风轮轴上。

第六，在空气动力刹车出现故障时，安全系统应有使风轮偏离风向的动作设置。

第七，机舱偏航对风的速度应有一定限制，以避免出现较大陀螺效应力矩。

第八，风力发电机组出现故障停机后，安全系统应确保机组处于静止状态，不再运行并网，待确认故障排除后，方可投入再运行。

第九，对由于电网原因引起的故障停机，控制系统在电网回归正常后，允许风力机自动恢复并网运行。

第十，应有检测电缆缠绕情况的传感器，风力发电机组有自动解除电缆缠绕的功能。

第十一，发生故障时，电器、液压、气动系统的动力源仍应得到保证，以保障安全系统工作的正常投入。

二、制动方式与安全保护项目

风力发电机组的安全保护最终由风力机制动系统这一重要环节来实现。

（一）制动方式

以采用定桨距风轮、叶尖扰流器气动刹车以及两部盘式机械刹车的机组为例，说明制动过程的三种不同情况。

1. 正常停机的制动程序

控制气动刹车的电磁阀失电，释放气动刹车液压缸液压油，叶尖扰流器在离心力作用下滑出。

若机组正处于并网发电状态，须待发电机转速降低至同步转速，发电机主接触器动作使发电机与电网脱离后，第一部机械刹车投入；若发电机未并网，则待风轮转速低于设定值时，及时将第一部机械刹车投入动作。

以上两步动作执行后若转速继续上升，则第二部机械刹车立即投入运行。停机后叶尖扰流器收回。

2. 安全停机程序

从机组的满负荷工作状态刹车时，若叶尖扰流器释放 2s 后发电机转速超速 5%，或 15s 后风轮转速仍未降至设计额定值，视为情况反常，执行安全停机。在叶尖扰流器已释放的基础上第一部、第二部刹车相继投入，停机后叶尖扰流器不收回。

3. 紧急停机

紧急停机指令由控制系统计算机发出。另一条发出指令的通道是独立于控制系统的紧急安全链，是风力发电机组的最后一级保护措施，采用反逻辑设计，将可能对风力发电机组造成致命伤害的故障节点串联成一个回路，一旦其中一个动作，将引起紧急停机反应。一般将如下传感器的信号串联在紧急安全链中：手动紧急停机按钮、控制器看门狗、叶尖扰流器液压缸液压油压力传感器、机械刹车液压缸油压传感器、电缆缠绕传感器、风轮转速传感器、风轮轴振动传感器、控制器24V直流电源失电传感器。

紧急停机步骤如下：所有的继电器、接触器失电；叶尖扰流器和两部机械刹车同时投入，发电机同时与电网脱离。

（二）安全保护项目

1. 超速和振动超标保护

当转速传感器检测到风轮或发电机转速超过其额定转速值的110%时，控制器将给出正常停机指令。位于风轮轴上的振动测量传感器，不但能测出风轮转子的振幅，也以测得的振动主频用作转速传感器测量结果的校验值。振动值超标，风力机发电机将按指令正常停机。

2. 风轮超速紧急停机保护

依据重要保护必须有两套不同系统保全执行的原则，风力发电机组另设有一个完全独立于控制系统、直接作用于液压油路、在风轮超速时引起叶尖扰流器动作的紧急停机系统。其主要执行机构是在叶尖扰流器液压缸与油箱之间并联的一个受压力控制可突然开启的突开阀。由于作用于叶尖扰流器上的离心力与风轮转速的平方成正比，风轮超转速时，叶尖扰流器液压缸中的油压迅速升高，达到设定值时，突开阀打开，压力油短路泄回油箱，叶尖扰流器迅速脱离叶片主体，旋转90°成为气动阻尼板，使机组在控制、转速检测系统或叶尖扰流器油路电池阀失效的情况下得以安全停机。

3. 电网失电保护

一旦风力发电机失去电网来电，控制叶尖扰流器和机械刹车的电磁阀就会立即打开，其各自的液压系统失去压力，使制动系统全部动作，这与执行紧急停机的程序相当。停电后，机舱内和塔架内的照明可以维持15～20min时间。对由于电网停电引起的停机，控制系统将在电网恢复正常供电数分钟后，自动恢复正常运行。

4. 电器保护

首先是系统的雷击保护功能，必须使机组所有部件保持电位平衡，并提供便捷的接地通道以释放雷电，避免高能雷电的积累。由于机舱底座是钢结构，机舱底座通过电缆与塔架连接，塔架与地面控制柜通过电缆与埋入基础内的接地系统相连，这就为机舱内机械提供了基本的接地保护，机舱壳体后部若安装避雷针，高度应在风速风向仪之上；叶片的雷击保护是通过安装在叶尖上的雷电接收器并借助于叶尖气动刹车机构的传导系统实现电荷传输；而从风轮到机舱底座，则是通过电刷和集电环来连接。

其次是发电机的过热、过载以及单相保护；控制器等电器设备的过电压保护；晶闸管和计算机的瞬时过电压屏蔽以及所有传感器输入信号线和通信电缆的屏蔽隔离。

5. 电缆与润滑、液压系统保护

超过容许的电缆缠绕、润滑油温超标及润滑油箱液位过低、液压油温超标及液压油箱液位过低等故障产生时，控制系统执行安全停机。

第二节　风力发电机组的运行状态

风力发电机组总是工作在如下四种状态之一，四种状态的主要特征如下。

1. 运行状态

第一，机械刹车松开。

第二，允许机组并网发电。

第三，机组自动调向。

第四，液压系统保持工作压力。

第五，叶尖阻尼板回收或变桨距系统选择最佳工作状态。

2. 暂停状态

第一，机械刹车松开。

第二，液压泵保持工作压力。

第三，自动调向保持工作状态。

第四，叶尖阻尼板回收或变距系统调整桨叶节距角 90° 方向。

第五，风力发电机组空转。

3. 停机状态

第一，机械刹车松开。

第二，液压系统打开电磁阀使叶尖阻尼板弹出，或变距系统失去压力而实现机械旁路。

第三，液压系统保持工作压力。

第四，调向系统停止工作。

4. 紧急停机状态

第一，机械刹车与气动刹车同时动作。

第二，紧急电路开启，即安全链开启。

第三，计算机所有输出信号无效。

第四，计算机仍在运行和测量所有输入信号。

当紧急停机电路动作时，所有接触器断开，计算机输出信号被旁路，计算机没有能力激活任何机构。

第三节　风电机组叶轮不平衡

风电机组叶轮不平衡是风电机组运行过程中最常见的问题之一。叶轮不平衡主要分为质量不平衡和气动不平衡。气动不平衡是风电机组三个叶片升力和阻力不相同造成的，也就是由风电机组的三个叶片的气动特性不同所致。针对气动不平衡的特点，可以通过调整叶片的安装角度、去除叶片上的附着物、叶背处加失速条等办法平衡气动力来消除气动不平衡。质量不平衡通常由叶片制造误差、叶片安装误差、表面结垢或结冰、内部积水等引起。根据德国 Wind Guard 公司对德国风电机组的调查，有大约 20% 的机组存在着不平衡问题不平衡所产生的后果主要表现为风电机组发生剧烈振动，导致风电机组的可靠性降低，增大风电机组的噪声，缩短风电机组的寿命。

一、风电机组叶轮质量不平衡

本小节主要讨论叶轮质量不平衡问题。

图 9-1 表示了风电机组叶轮质量不平衡模型。由于叶片尺寸大、加工误差、安装不对称等因素，在叶轮上有一不平衡质量。设风电机组的旋转方向为顺时针方向，转速为 Ω，带不平衡质量叶片的初始相位角为 ψ_0。当风电机组运行时，叶片的位置为 $\psi_0 + \Omega t$，不平衡质量中心距旋转轴心距离为 r，质量为大小为 Δm 此时，作用在机组上的离心力为

$$\Delta F = \Delta m r \Omega^2 \quad (9\text{-}1)$$

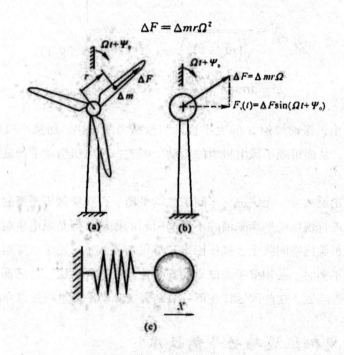

图 9-1　质量不平衡模型武 谈平

把机组简化为如图 9-1（b）所示的模型。因铅垂方向的刚度较大，水平方向的刚度较小，质量不平衡引起的机组振动主要表现在水平方向上。离心力 ΔF 在水平方向上的分力为

$$F_x(t) = \Delta F \sin\left(\Omega t + \Psi_0\right) \quad (9\text{-}2)$$

此力即为机组水平方向振动的激振力，其频率为叶轮转动频率。风电机组的振动可等效为一单自由度、激励为简谐力的受迫振动，模型如图 9-1（c）所示。塔筒的刚度简化为弹簧的刚度。这一模型的运动微分方程为

$$m\ddot{x} + d\dot{x} + sx = F_x(t) \quad (9\text{-}3)$$

式中，m 为机舱及叶轮质量；d 为阻尼系数；s 为弹簧（塔筒）的刚度系数；x 为质量 m 离开平衡位置的位移，即风电机组的水平振动。

方程两边同除 m，可得

$$\ddot{x} + 2\omega_n D\dot{x} + \omega_n^2 x = \frac{F_x(t)}{m} \quad (9\text{-}4)$$

式中，$D = \dfrac{d}{2\sqrt{ms}}$ 称为阻尼比（相对阻尼系数）；$\omega_n = \sqrt{\dfrac{s}{m}}$ 称为系统无阻尼自振频率。式（9-4）的解为

$$x = X\cos(\Omega t - \varphi) \quad (9\text{-}5)$$

其中

$$X = \frac{\dfrac{\Delta F}{m}}{\sqrt{\left(\omega_n^2 - \Omega^2\right)^2 + \left(2\omega_n\Omega D\right)^2}}$$

$$\varphi = \arctan\frac{2\omega_n\Omega D}{\omega_n^2 - \Omega^2}$$

（9-6）

由此可以看出，振动幅值 X 的大小直接与激振力成正比，而减小风电机组不平衡量可以减小激振力，从而可减小风电机组的振动。因此，风电机组动平衡就成为重要的减振措施。

风电机组叶轮尺寸大，无法进行车间工艺动平衡。存在质量不平衡的风电机组，可以通过对风电机组进行现场动平衡来消除不平衡引起的振动。但是风电机组不同于一般的地面设备，存在着机舱内空间狭小、操作困难、难以加载试重、难于重复运行等实际困难，因此，当现场动平衡时，必须要考虑试重的安装位置、安装方法、传感器的安装、远程监测、非稳态测量等问题。这些问题将在下一节结合实际动平衡过程加以介绍。

二、风电机组现场动平衡技术

本小节介绍风电机组现场动平衡方案，包括专门设计的专用平衡带、动平衡系统、动平衡算法。

1. 专用平衡带

风电机组现场动平衡是在高空环境下进行的动平衡。配重所加的位置既要保证动平衡的有效性，又要兼顾操作的方便性，同时配重的质量要容易调整，配重的安装要牢靠以避免配重块脱落。这里以西北工业大学设计的风电机组现场动平衡专用平衡带为例加以说明。

该风电机组专用平衡带由单位带、连接环、锁紧卡扣、卡扣保护套、连接环保护套、锁紧带、配重铁块组成，如图 9-2 所示。单位带长约 1 m，宽为 15。mm，沿着每条单位带，并排有 8 个小袋子，每个袋子里面可放 2 kg 的长方体配重铁块，每条单位带可以单独使用也可以多条连接在一起使用。

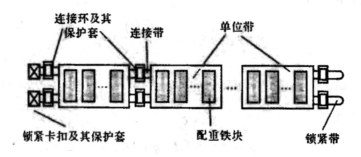

图9-2　平衡带结构示意图

　　当风电机组现场动平衡时，该平衡带将缠绕在叶片根部的位置。因此，平衡带的长度将由叶片根部周长来决定，根据需要，可以通过连接环将多个单位带连接而成。平衡时只需调节单位带上配重铁块的数量，就可以改变配重质量的大小。通过两个锁紧卡扣与两条锁紧带组成的双带锁紧装置来实现平衡带与叶片根部的紧固。为避免平衡时对叶片的损伤，专门设计了保护套，以避免连接环及锁紧卡扣等金属元件直接与叶片接触。

　　由于风电机组机舱外操作困难，因此动平衡时，先用一条引绳绕到叶片根部，然后连接引绳和平衡带，通过引绳将平衡带拉到叶根相应位置。锁紧卡扣包括一个锁紧棘轮装置和一个锁紧带扣。锁紧带扣操作简单，可以快速将平衡带暂时固定在叶根处，这样操作者就很容易用锁紧棘轮来固紧平衡带。同时，双带设计保证了平衡带的可靠性以及拆卸的便捷性。另外，根据平衡实际情况，也可以同时在风电机组叶根处加几条平衡带。

2. 动平衡系统

　　常见的动平衡系统由软件系统和硬件系统两部分组成。硬件系统包括振动传感器、转速传感器、信号调理器、信号采集卡等。

　　传感器是风电机组振动测试中的关键器件。它把风电机组的振动信号转化为

　　电信号，使后续的显示、记录以及数字化分析成为可能。常用的三种振动传感器为位移传感器、速度传感器和加速度传感器。每种传感器都有特定的应用条件和适用范围。工程中测量主轴振动一般采用低频加速度传感器，而测量发电机振动可以选择速度传感器或加速度传感器。另外，对风电机组动平衡而言，转速信号也是一个重要信息。常用的转速传感器为光电传感器或电涡流转速传感器。

　　信号调理器的作用是把测试信号与数据采集卡相匹配，它还能起到放大、滤波、供电（为光电传感器、加速度振动传感器供电）等作用。经过信号调理器后，信号将被调整到采集卡能正常采集的范围内。信号调理器连接电缆是将信号从信号调理器接入采集卡的。

　　数据采集卡是数据采集的主要组成部分。它是外界电信号与计算机之间建立关系的桥梁，主要功能是将传感器测得的模拟电压信号转换成计算机可以处理的数字信号，使信号能被计算机加以处理、显示和存储。

　　图 9-3 表示了信号的传输路径。

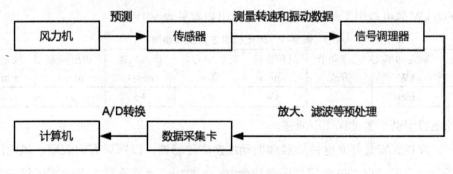

图 9-3　信号传输路径

3. 动平衡算法

目前常用的动平衡方法为影响系数法。所谓影响系数法就是利用线性系统中校正量和振幅变化之间的线性关系，即影响系数来平衡转子的方法。应用影响系数法对转子平衡时，影响系数是通过实验求得的。这些影响系数实际上反映了振型、支承刚度及其他各种影响因素的综合影响。采用这个方法不必事先了解风电机组的动力响应特性，因而具有灵活的特点，尤其与计算机相结合，辅助计算平衡量，使平衡工作趋向自动化。另外，也适合风电机组的现场动平衡。

引起风电机组振动的不平衡主要由叶轮的不平衡造成。对于叶轮动平衡，仅需一个平衡校正面即可实现。

平衡计算步骤；

第一，风电机组初始振动值为 A_0。

第二，在叶轮上加试重 u_T，测得机组振动 $\mathbf{A}_1$，从而可得到影响系数为

$$\alpha = \frac{A_1 - A_0}{u_T} \quad (9\text{-}7)$$

则理想的配重 u 需满足：

$$A_0 + \alpha \cdot u = 0 \quad (9\text{-}8)$$

由式（9-8）可以得到

$$\mathbf{u} = -\boldsymbol{\alpha}^{-1}\mathbf{A}_0 \quad (9\text{-}9)$$

第三，在叶片上安装校正配重"（有可能需要根据矢量合成原理，在两个叶片上安装），重新启动机组。若振动已减小到满意程度，则平衡结束，振动幅值未达到要求，可重复动平衡一次，即可达到满意的结果。

三、风电机组叶轮现场功平衡实例

本节将介绍在内蒙古某风电场和广东某风电场的两次动平衡实例。

1.600 kW 风电机组平衡实例

在 600 kW 风电机组平衡实例中，风电机组参数见表 9-1。

表 9-1　风电机组主要技术参数

描述	额定功率 kW	功率调节 方式	风轮直径 m	轮毂中心高 度 m	切入风速 m·s-1	切出风速 m·s-1	风轮转速 r·min-1
规格	600	时速	43	40	3.5	25	27/18

该风电机组动平衡过程如下所述。

第一，停机，安装好光电传感器和振动加速度传感器。以顺风方向观察，风轮的旋转方向为顺时针方向。以光电传感器反光片为 0°，并按照风轮旋转方向确定风轮三个叶片

的初始相位分别为 25°, 145° 和 265°, 如图 9-4 所示。

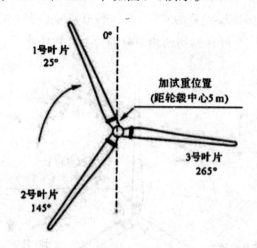

图 9-4 传感器安装位置和风轮叶片初始相位

第二, 运行风电机组, 并测试水平方向振动的幅值和相位。

第三, 再次停机, 在该叶片上距轮毂中心 1 m 处加 10.5 kg 的试重带。

第四, 运行风电机组, 并测试水平方向振动的幅值和相位。

第五, 通过风电机组现场动平衡系统进行平衡计算, 计算结果为在 233.9° 的位置加 8.386 kg 的配重。

第六, 对计算得到的配重结果进行分解, 分解到相邻的两个叶片上。将 233.9° 位置的配重结果分解到 145° 和 265° 的叶片位置, 计算结果为在 145° 和 265° 分别加配重 5 kg 和 9.68 kg。停机, 卸下试重带, 添加配重数据见表 9-2。

表 9-2 配重信息

项目	质量 /kg	半径 /m	相位 / (°)
试重信息	10.5	1	265
理论应加配重	8.386	1	233.9
实际配重 1	5	1	145
实际配重 2	9.5	1	265

第七, 运行风电机组, 检验风电机组振动, 再次测试水平方向振动的幅值和相位。

2. 2MW 风电机组平衡实例

2MW 风电机组平衡实例中, 风电机组参数见表 9-3。

表 9-3 风电机组主要技术参数

描述	额定功率 kW	叶轮直径 m	轮毂中心高度 m	功率调节方式	切入风速 m·s-1	额定转速 r·min-1	叶轮转速范围 r·min-1	叶片根部直径 mm	叶片质量 kg
规格	2000	80	65	液压独立变桨	4	16.7	9-19	2120	6500

风电机组风轮动平衡过程如下所示。

第一，停机，安装好光电传感器和振动传感器。以顺风方向观察，风轮的旋转方向为顺时针方向。以光电传感器反光片为 0°，并且使 0° 与 1 号叶片重合，则按照风轮旋转方向的反方向确定风轮三个叶片的初始相位分别为 1 号叶片 0°，2 号叶片 120°，3 号叶片 240°，如图 9-5 所示。

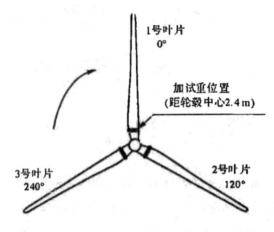

图 9-5　风轮叶片初始相位

第二，风电机组初始运行并测试水平方向的振动幅值和相位。时间大约为 30 min，测试结果作为动平衡的初始运行状态。

第三，再次停机，并将 0° 位置的叶片停在竖直向上的位置。在该叶片上距轮毂中心 2.4 m 处加 147 kg 的试重带。

第四，运行并测试水平方向的振动幅值和相位。

第五，通过风电机组现场动平衡系统进行平衡计算，计算结果为在 80.8° 的位置加 107.2 kg 的配重。

第六，因为只能在风轮三个叶片的角度上施加配重，所以需对影响系数法计算得到的结果进行分解，分解到相邻的叶片上。矢量分解的原理：若平面上两个非零单位向量 a，b 不平行，则任一向量 c 必可由 a，b 唯一表示，即

$$c = xa + yb$$

因为 a 和 b 是单位向量，得到的 x 和 y 就是分解后的向量的长度，即是分解到两叶片的配重大小。这里将 80.8° 位置的配重结果分解到 0° 和 240° 的叶片位置。停机，卸下原试重平衡带，并在 0° 叶片处加 78.2 kg 的配重，120° 叶片处加 122.2 kg 的配重，见表 9-4。

表 9-4　配重信息

项目	质量 /kg	半径 /m	相位 /（°）
试重信息	147	2.4	0
理论应加配重	107.2	2.4	80.8
实际配重 1	18.2	2.4	0
实际配重 2	122.2	2.4	120

第七，开机，重新测试风电机组的振动，对比平衡前、后风电机组振动的变化。

第八，如果振动减少不能满足要求，则需要再次动平衡。

从两次实际平衡案例来看，利用上述的动平衡方法可以快速有效地对风电机组叶轮进行现场动平衡。

第四节 风电机组传动链不对中问题

风电机组的传动链较长，所含部件多，造成不对中的环节很难控制。产生不对中的因素主要包括加工误差、安装误差、部件变形、环境和工况变化、设计不当等。

部件的加工精度是轴系对中的基础。例如，机舱底座上的安装面、支座的标高、轴承座内环轴线和底座的垂直度、齿轮箱输入轴与输出轴的平行度等都有严格的精度要求，在生产和检验过程中应严格控制。但在实际中，加工精度是很难保证的，例如，机舱底座几个安装位置的相对标高无法通过加工来达到很高的精度要求。因此，加工误差难于避免。

对于较长的传动链，轴系的对中一直是个难题。而风电机组的安装要在几十米、甚至上百米高空的机舱中进行，空间狭小，部件尺寸和质量又相对较大，加之机舱晃动，因此，安装中很容易存留较大的不对中。为此，有的制造商在地面把传动系统组装就绪，然后整体吊装。但吊装完成之后，在塔顶仍然需要再次对中。例如，德国 VEM 1.5 MW 发电机要求的不对中度不超过 0.02 mm。

部件变形主要会出现在机舱底座、齿轮箱和发电机的橡胶支承中。机舱底座一般采用焊接或者铸造成型。大部分情况下，要进行时效处理。即使如此，由于尺寸大，残余应力难于完全消除，加之风场环境温度变化较大，在风电机组运行过程中，机舱底座会发生不均匀变形，造成轴系不对中，特别是齿轮箱高速端输出轴与发电机轴不对中。

齿轮箱和发电机的橡胶支承主要用于减振和降噪。虽然看似简单，但其中包含了很复杂的技术。一是要求具有足够的承载能力和抗疲劳特性；二是要有显著的阻尼效果，并且在风电机组整个工作频率范围不衰减；三是产品一致性要好，即每一组橡胶支承的尺寸、刚度和阻尼要严格控制在限定范围内；四是 20 年寿命期内不明显老化。风电机组在各种不同的环境下运行，条件恶劣，要满足这四条技术要求相当困难。实际情况下，橡胶支承很容易发生不均匀变形，特别是支撑发电机的四个橡胶座，很难保证变形一致。这样就会导致发电机和齿轮箱不对中。

另外，叶轮的转矩通过主轴作用在主轴承上后，由于齿轮箱底座刚度较弱，有可能会使其发生较大变形（见图 9-6）。由于湍流、阵风的存在，风电机组叶轮所受的转矩始终随时间变化。叶轮的扭转振动使得齿轮箱输出端和发电机输入端的不对中现象始终存在。这将对齿轮箱和轴承产生严重的不利影响。

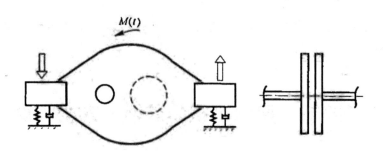

图 9-6　叶轮扭转振动导致的风电机组不对中

由于风切变的存在，导致叶轮始终处于受力不均匀状态，使叶轮受到一个随时间变化的力矩作用。该力矩的存在使风电机组齿轮箱和发动机始终处于垂直方向的不对中状态（见图 9-7）。

在风电机组的设计过程中，应始终贯彻保证轴系良好对中度的技术规范。一是要保证配合精度容易实现，其中包括工艺和检测；二是要尽量避免风电机组运行过程中，对中度恶化；三是预设便于现场检测对中度和现场重新对中的结构措施。目前，一个明显的误区是，只要在发电机和齿轮箱之间使用柔性联轴器就可解决不对中问题。本节将会给出分析结论，柔性联轴器可以减小不对中的影响，但远不足解决不对中问题。

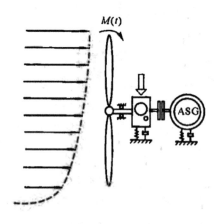

图 9-7　风切变导致的风电机组不对中

上述分析表明，轴系不对中是风电机组突出的常发故障形式。不论是齿轮箱低速端，还是高速端，不对中出现后，轴承和齿轮箱载荷都要增大，会引起部件（例如发电机）或者整机振动，使得轴承和齿轮箱动载加大。根据 ISO 281—1990 的基本寿命公式，可简单地给出数据说明，当动载荷增大 5% 时，寿命将降低约 15%。可见，轴系不对中是须认真加以应对的问题。

一、不对中产生的载荷及其特征

1. 高速端角度不对中

取如图 9-8 所示的模型，分析角度不对中条件下风电机组的附加载荷。

风电机组的主轴和齿轮箱的低速轴之间一般采用刚性连接，而高速端输出轴与发电机采取柔性联轴器连接。

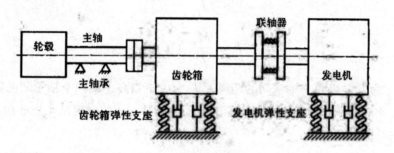

图 9-8　风电机组模型

现假设发电机轴与齿轮箱高速轴存在角度不对中，如图 9-9 所示，两轴间夹角为 β，齿轮箱高速轴转速为 Ω，驱动转矩为 M。在角度不对中条件下，风电机组的附加载荷由驱动转矩 M 和联轴器变形两个因素所造成。

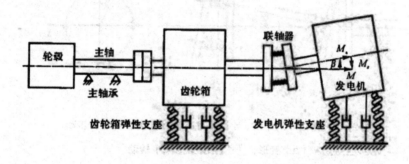

图 9-9　发电机轴与齿轮箱高速轴角度不对中

（1）驱动转矩产生的附加载荷

把驱动转矩 M 向发电机轴线方向和垂直轴线方向投影，可得

$$M_n = M \cos \beta \quad （9\text{-}10）$$

$$M_r = M \sin \beta \quad （9\text{-}11）$$

式中，M_a 为发电机轴线方向的转矩；M_r 为径向力矩。

由此可见，出现不对中之后，驱动转矩 M 产生一个径向力矩 M_r，它不产生功率，而使联轴器发生变形。一般情况下，不对中角度 β 很小，故式（9-11）可近似为

$$M_r = M\beta \quad (9\text{-}12)$$

不对中角度 β 虽然很小，但 M 却很大。因此，M_r 并不是小量。现以 1.5 MW 风电机组为例，假设额定转速为 1 750 r/min，则额定转矩 $M = 8\,189$ $N \cdot$ m。若 $\beta = 1.0°$，则 $M_r = 143$ $N \cdot$ m；若 $\beta = 3.0°$，则 $M_r = 429$ $N \cdot$ m。

径向力矩 M_r 由支承动反力来平衡。发电机和齿轮箱高速轴承动反力分别为

$$F_f = \frac{M_r}{I_f} \quad (9\text{-}13)$$

$$F_c = \frac{M_r}{I_c} \quad (9\text{-}14)$$

式中，I_f 为发电机两个轴承间的距离；I_c 为齿轮箱高速端两个轴承间的距离。若动反力为恒力，则对轴承影响甚微。但实际上，动反力是交变的。现以 4 凸爪和 6 凸爪联轴器为例来进行分析。

图 9-10 表示了角度不对中时，4 凸爪联轴器的受力、变形和转动。假设联轴器转动了角度 $\theta(\theta = \Omega t)$，4 个凸爪所处的周向位置分别为 θ，$\theta + 90°$，$\theta + 180°$ 和 $\theta + 270°$。

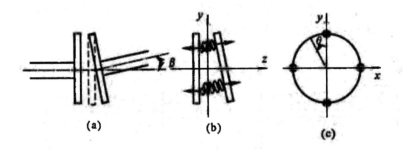

图 9-10　角度不对中时，4 凸爪联轴器的受力、变形和转动

（a）变形；（b）受力；（c）转动

设凸爪中 4 个螺栓所受的力分别为 $F_i(\theta)(i = 1, 2, 3, 4)$。显然，$F_i(\theta)$ 与凸爪所处的周向位置有关，即与联轴器的转动角速度相关 $(\theta = \Omega t)$。假设凸爪既能承受拉力，也能承受压力。于是，可得到如下的力平衡条件：

$$F_1(\theta)R\sin\theta + F_2(\theta)R\sin\left(\theta + \frac{\pi}{2}\right) = M_r \quad (9\text{-}15)$$

式中，R 为联轴器凸爪螺栓所处的圆周半径。

由于 $F_2(\theta) = F_1\left(\theta + \frac{\pi}{2}\right)$，故得

$$F_1(\theta) = F_0 \sin\theta = F_0 \sin\Omega t \quad (9\text{-}16)$$

$$F_0 = \frac{M_r}{R} = \frac{M\beta}{R} \quad (9\text{-}17)$$

螺栓 2、螺栓 3 和螺栓 4 中的力具有相同的函数形式，只是相位分别相差 90°，180° 和 270°。

由此可见，在联轴器旋转一周的过程中，每一个凸爪螺栓中的应力将交变一次。应力的大小与不对中角度 β 和风电机组的驱动转矩 M 成正比。交变的应力会使联轴器损坏。

对于 6 凸爪联轴器，如图 9-11 所示。

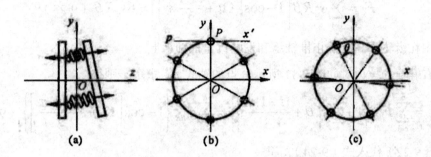

图 9-11　角度不对中时，6 凸爪联轴器的受力与转动

（a）受力；（b）转动前；（c）转动后

力平衡条件为

$$F_1(\theta)R\sin\theta + F_2(\theta)R\sin\left(\theta+\frac{\pi}{3}\right) + F_3(\theta)\sin\left(\theta+\frac{2\pi}{3}\right) = M_r \quad （9\text{-}18）$$

螺栓中的力具有周期性，故有

$$F_2(\theta) = F_1\left(\theta+\frac{\pi}{3}\right), \quad F_3(\theta) = F_1\left(\theta+\frac{2\pi}{3}\right)$$

带入式（9-18），同样可解得

$$F_1(\theta) = F_0\sin\theta = F_0\sin\Omega t \quad （9\text{-}19）$$

$$F_0 = \frac{2M_r}{3R} = \frac{2M\beta}{3R} \quad （9\text{-}20）$$

所得结果与 4 凸爪联轴器相似，但是螺栓中的交变应力幅值减小 33%，由此可看出 6 凸爪联轴器的优势。

实际上，联轴器的凸爪承拉和承压特性可能是不同的。因此，凸爪螺栓中的交变应力将传到发电机和齿轮箱的轴承上。

（2）联轴器变形产生的载荷

出现角度不对中 β 后，除产生上述的附加力矩 M_r 外，还使得联轴器凸爪变形，由此产生交变载荷。现以 6 凸爪联轴器为例来分析。

如图 9-11 所示，凸爪的轴向伸长量为

$$\Delta l = R\beta(1-\cos\theta) = R\beta(1-\cos\Omega t) \quad （9\text{-}21）$$

假设每个凸爪的拉伸刚度为 $s_{ti}(i=1,2,3,\cdots,6)$，则由凸爪伸长引起的拉力为

$$F_{1i} = s_{ii}\Delta l = s_{it}R\beta\left[1-\cos\left(\theta+\frac{i-1}{3}\pi\right)\right] = s_{ti}R\beta\left[1-\cos\left(\Omega t+\frac{i-1}{3}\pi\right)\right] \quad (9\text{-}22)$$

拉力会在凸爪中产生交变应力。

若取联轴器半边法兰盘作为分离体，并考虑到 F 为小量，则轴向力为

$$F_{a} = \sum_{i=1}^{6} s_{ti}R\beta\left[1-\cos\left(\Omega t+\frac{i-1}{3}\pi\right)\right] = 6s_{ti}R\beta \quad (9\text{-}23)$$

它作用在齿轮箱高速端止推轴承和发电机止推轴承上。

把所有螺栓的拉力对如图 9-11 所示 P 点的轴线 px' 求矩，则得

$$M_{t} = \sum_{i=1}^{6} F_{liR}\left\{1-\cos\left[\theta+\frac{(i-1)\pi}{3}\right]\right\} = \sum_{i=1}^{6} F_{liR}\left\{1-\cos\left[\Omega t+\frac{(i-1)\pi}{3}\right]\right\} \quad (9\text{-}24)$$

将式（9-22）代入式（9-24），得

$$M_{t} = \sum_{i=1}^{6} s_{ti}\beta R^{2}\left\{\frac{3}{2}-2\cos\left[\Omega t+\frac{(i-1)\pi}{3}\right]+\frac{1}{2}\cos 2\left[\Omega t+\frac{(i-1)\pi}{3}\right]\right\} = 9s_{ti}\beta R^{2} \quad (9\text{-}25)$$

此力矩也作用在发电机轴承和齿轮箱高速端轴承上。它与不对中角度 β 成正比，同时也与联轴器的弹性力矩 $s_{ti}R^{2}$ 成正比。减小联轴器的弯曲刚度，可减小不对中轴向力 F_{a} 和力矩 M_{t}，同时，在满足传递转矩的条件下，应尽量减小联轴器的直径，使得 $s_{ti}R^{2}$ 尽量小，从而有利于减小不对中轴向力 F_{a} 和力矩 M_{t}。

对于 4 凸爪联轴器，应用相同的分析方法，可以得到由凸爪伸长引起的拉力为

$$F_{1i} = s_{ti}\Delta l = s_{ti}R\beta\left[1-\cos\left(\theta+\frac{(i-1)}{2}\pi\right)\right] = s_{ti}R\beta\left[1-\cos\left(\Omega t+\frac{i-1}{2}\pi\right)\right] \quad (9\text{-}26)$$

同样，会在凸爪中产生交变应力。

轴向力为

$$F_{a} = \sum_{i=1}^{4} s_{ti}R\beta\left[1-\cos\left(\Omega t+\frac{i-1}{2}\pi\right)\right] = 4s_{ti}R\beta \quad (9\text{-}27)$$

它作用在齿轮箱高速端止推轴承和发电机止推轴承上。

把所有螺栓的拉力对过 P 点的轴线 px' 求矩，则得

$$M_{t} = \sum_{i=1}^{4} F_{li}R\left\{1-\cos\left[\theta+\frac{(i-1)\pi}{2}\right]\right\} = \sum_{i=1}^{4} F_{li}R\left\{1-\cos\left[\Omega t+\frac{(i-1)\pi}{2}\right]\right\} \quad (9\text{-}28)$$

将式（9-26）代入式（9-28），得

$$M_{t} = \sum_{i=1}^{4} s_{ti}\beta R^{2}\left\{\frac{3}{2}-2\cos\left[\Omega t+\frac{(i-1)\pi}{2}\right]+\frac{1}{2}\cos 2\left[\Omega t+\frac{(i-1)\pi}{2}\right]\right\} = 6s_{ti}\beta R^{2}$$

（9-29）

由式（9-27）和式（9-29）可以看出，4 凸爪联轴器的受力与力矩表达式形式与 6 凸爪联轴器情况类似。

上述分析结论是在稳态条件下得到的。另外，还假设所有凸爪的刚度均匀对称。实际上，凸爪的刚度与联轴器所传的转矩有关，即

$$s_{ti} = s_{ti}(M) \quad （9\text{-}30）$$

转矩随着风速的变化而变化，因此，作用在轴承上的载荷也发生变化。除此之外，凸爪的刚度是不均匀的，而且此不均匀度很可能随转矩变化而加剧。

现假设 6 凸爪联轴器中 1 号凸爪的刚度与其余 5 个不同，表示为

$$s_{t1} = s_{t0} - \Delta s_{t1} \quad （9\text{-}31）$$

式中，S_{t0} 为 5 个均匀凸爪的平均刚度，即 $s_{to} = \sum_{i=1}^{s} s_{ti}/5$；$\Delta s_{t1}$ 为 1 号凸爪刚度的衰减量（例如局部损坏造成的）。

轴向力为

$$F_s = \sum_{i=1}^{6} s_{t0} R\beta \left[1 - \cos\left(\Omega t + \frac{(i-1)}{3}\pi \right) \right] - \Delta s_{t1} R\beta (1 - \cos\Omega t)$$
$$\left(6 s_{t0} - \Delta s_{t1} \right) R\beta + \Delta s_{t1} R\beta \cos\Omega t \quad （9\text{-}32）$$

力矩为

$$M_t = \sum_{i=1}^{6} s_{t0} \beta R^2 \left[\frac{3}{2} - 2\cos\left(\Omega t + \frac{(i-1)\pi}{3} \right) + \frac{1}{2}\cos 2\left(\Omega t + \frac{(i-1)\pi}{3} \right) \right] -$$
$$\Delta s_{t1} \beta R^2 \left(\frac{3}{2} - 2\cos\Omega t + \frac{1}{2}\cos 2\Omega t \right) = \quad （9\text{-}33）$$
$$\left(9 s_{10} - \frac{3}{2}\Delta s_{t1} \right) \beta R^2 + 2\Delta s_{t1} \beta R^2 \cos\Omega t - \frac{1}{2}\Delta s_{t1} \beta R^2 \cos 2\Omega t$$

对于 4 凸爪联轴器，同样的条件下可以得到：

轴向力为

$$F_a = \sum_{i=1}^{1} s_{t0} R\beta \left[1 - \cos\left(\Omega t + \frac{i-1}{2}\pi \right) \right] - \Delta s_{t1} R\beta (1 - \cos\Omega t) = \quad （9\text{-}34）$$
$$\left(4 s_{t0} - \Delta s_{t1} \right) R\beta + \Delta s_{t1} R\beta \cos\Omega t$$

力矩为

$$M_t = \sum_{i=1}^{4} s_{t0}\beta R^2 \left\{ \frac{3}{2} - 2\cos\left[\Omega t + \frac{(i-1)\pi}{2}\right] + \frac{1}{2}\cos 2\left[\Omega t + \frac{(i-1)\pi}{2}\right] \right\} -$$

$$\Delta s_{t1}\beta R^2\left(\frac{3}{2} - 2\cos\Omega t + \frac{1}{2}\cos 2\Omega t\right) = \qquad (9\text{-}35)$$

$$\left(6s_{t0} - \frac{3}{2}\Delta s_{t1}\right)\beta R^2 + 2\Delta s_{t1}\beta R^2 \cos\Omega t - \frac{1}{2}\Delta s_{t1}\beta R^2 \cos 2\Omega t$$

可见，在轴向力中出现了一倍频载荷，力矩中出现了一倍频和二倍频载荷。其幅值与角度不对中量和凸爪刚度不均匀度成正比。交变的轴向力和力矩会引起发电机以一倍频和二倍频振动。由于齿轮箱支承在橡胶阻尼器上，自振频率远低于发电机转速，因此一倍频和二倍频载荷不会引起齿轮箱较明显的振动。对于发电机振动来说，可近似认为齿轮箱静止不动。若一倍频载荷或者二倍频引起发电机共振，则通过联轴器作用在齿轮箱高速端轴承上的动载荷会进一步加大。因此，当联轴器出厂检验时，应测试联轴器刚度的均匀性。

2，高速端平行不对中

如图 9-12 所示，齿轮箱高速端输出轴与发电机轴出现平行不对中 δ 。联轴器配合的法兰盘之间产生剪力。与角度不对中情况类似，平行不对中产生的剪力也由两部分组成：一部分由联轴器传递的转矩 M 产生；另一部分由联轴器的刚度

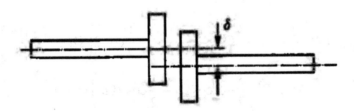

图 9-12　齿轮箱高速端输出轴与发电机轴平行不对中

（1）驱动转矩 M 产生的剪力

假设 4 凸爪联轴器的 4 个凸爪完全一致，即连杆长度、驱动凸爪（联轴器驱动端）和被动凸爪（联轴器被驱动端）间的角度、每一对凸爪连杆机构的几何尺寸和刚度都完全相同，联轴器处于完全对中的状态，传递的转矩为 M ，则驱动端法兰盘上每一个凸爪受到的切向力为

$$F_t = \frac{M}{4R} \qquad (9\text{-}36)$$

式中，R 为安装凸爪的位置半径。当转速 Ω 和转矩 M 不变时，切向力 F_t 也不会变化。凸爪受到的径向力为

$$F_x = F_1 \tan\phi \qquad (9\text{-}37)$$

在完全对中条件下，式中 $\phi = \gamma_0 / 2$ 。其中，γ_0 为驱动凸爪（联轴器驱动端）和被动

凸爪（联轴器被驱动端）间的角度，如图 9-13 所示。

而合力 $F = \sqrt{F_t^2 + F_r^2}$ 始终作用在凸爪连杆的中心线方向。

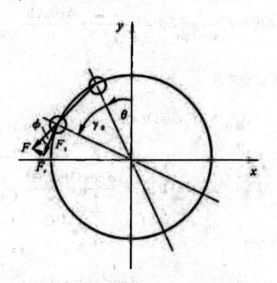

图 9-13　完全对中情况下，联轴器凸爪的受力

当出现平行不对中 δ 时，在不同的角位置 $\theta = \Omega t$，凸爪连杆上的合力 $F = \sqrt{F_t^2 + F_r^2}$ 大小和方向要发生变化，如图 9-14 所示。但切向力 F_t 不变，合力 F 与切向力 F_t 间角度的变化量为

$$\Delta\phi \approx \frac{\delta\cos\Omega t}{L_1} \quad （9\text{-}38）$$

式中，L_1 为连杆的长度。

对式（9-37）关于角度 ϕ 求微分，得

$$\mathrm{d}F_r = F_t \frac{1}{\cos^2\phi}\mathrm{d}\phi \quad （9\text{-}39）$$

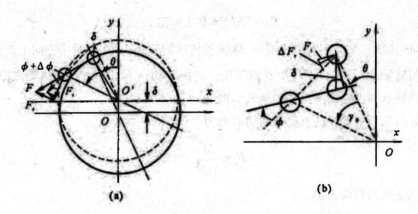

图 9-13　平行不对中情况下，联轴器凸爪的受力和角度关系

（a）受力分析；（b）角度关系

由于角度变化量 $\Delta\phi$ 很小，故可将式（9-38）代入式（9-39），求得径向力的变化量为

$$\Delta F_r = F_t \frac{1}{\cos^2\phi}\Delta\phi \approx F_t \frac{1}{\cos^2\frac{\gamma_0}{2}}\frac{\delta\cos\Omega t}{L_1} \quad （9\text{-}40）$$

在 y 和 x 方向的分量分别为

$$\Delta F_{ry} = \Delta F_r\cos\Omega t = F_t \frac{\delta\cos^2\Omega t}{L_1\cos^2\frac{\gamma_0}{2}} \quad （9\text{-}41）$$

$$\Delta F_{rx} = -\Delta F_r\sin\Omega t = -F_t \frac{\delta\cos\Omega t\sin\Omega t}{L_1\cos^2\frac{\gamma_0}{2}} \quad （9\text{-}42）$$

4 个凸爪产生的合力为

$$\Delta F_y = \sum_{k=1}^{4}\Delta F_{xy}(k) = \sum_{k=1}^{4}F_t \frac{\delta\cos^2\left[\Omega t+(k-1)\frac{\pi}{2}\right]}{L_1\cos^2\frac{\gamma_0}{2}} \quad （9\text{-}43）$$

$$\Delta F_x = \sum_{k=1}^{4}\Delta F_{rx}(k) = -\sum_{k=1}^{4}F_1 \frac{\delta\sin\left[\Omega t+(k-1)\frac{\pi}{2}\right]\cos\left[\Omega t+(k-1)\frac{\pi}{2}\right]}{L_1\cos^2\frac{\gamma_0}{2}} \quad （9\text{-}44）$$

对式（9-43）和式（9-44）求和，并代入式（9-36），结果为

$$\Delta F_y = \sum_{k=1}^{4}\Delta F_{ry}(k) = \frac{2\delta F_t}{L_1\cos^2\frac{\gamma_0}{2}} = \frac{M\delta}{2RL_1\cos^2\frac{\gamma_0}{2}} \quad （9\text{-}45）$$

$$\Delta F_x = 0 \quad （9\text{-}46）$$

式（9-45）说明，平行不对中出现后，联轴器传递的转矩 M 在不对中方向上产生作用力，力的大小与转矩 M 和平行不对中 δ 成正比。转矩波动，不对中力 ΔF_y 也随之波动。此力要由发电机轴承和齿轮箱高速端轴承来承担。

对于 6 凸爪联轴器，凸爪受到的切向力为

$$F_t = \frac{M}{6R} \quad （9\text{-}47）$$

而凸爪受到的径向力仍然为

$$F_r = F_t\tan\phi \quad （9\text{-}48）$$

在此条件下可以得出 6 凸爪产生的合力为

$$\Delta F_y = \sum_{k=1}^{6} \Delta F_{ry}(k) = \sum_{k=1}^{6} F_t \frac{\delta \cos^2\left[\Omega t + (k-1)\dfrac{\pi}{3}\right]}{L_1 \cos^2 \dfrac{\gamma_0}{2}} \quad （9\text{-}49）$$

$$\Delta F_x = \sum_{k=1}^{6} \Delta F_{rx}(k) = -\sum_{k=1}^{6} F_t \frac{\delta \sin\left[\Omega t + (k-1)\dfrac{\pi}{3}\right]\cos\left[\Omega t + (k-1)\dfrac{\pi}{3}\right]}{L_1 \cos^2 \dfrac{\gamma_0}{2}} \quad （9\text{-}50）$$

将式（9-47）代入式（9-49）和式（9-50），并求和可得

$$\Delta F_y = \sum_{k=1}^{6} \Delta F_{ry}(k) = \frac{3\delta F_t}{L_1 \cos^2 \dfrac{\gamma_0}{2}} = \frac{M\delta}{2RL_1 \cos^2 \dfrac{\gamma_0}{2}} \quad （9\text{-}51）$$

$$\Delta F_x = 0 \quad （9\text{-}52）$$

可以看出平行不对中情况下 6 凸爪联轴器产生的合力与 4 凸爪联轴器的结果相同。

另外，由式（9-45）或式（9-51）可见，联轴器的参数对不对中力 ΔF_y，也有影响。在半径 R 和凸爪数目确定之后，$q = L_1 \cos^2 \gamma_0 / 2$ 越大，不对中力 ΔF_y 越小。

$$q = L_1 \cos^2 \frac{\gamma_0}{2} = 2R \sin \vartheta \cos^2 \vartheta \quad （9\text{-}53）$$

式中，$\vartheta = \dfrac{\gamma_0}{2}$

对式（9-53）关于 ϑ 求导，得

$$\frac{\mathrm{d}q}{\mathrm{d}\vartheta} = 2R\left(\cos^2 \vartheta - 2\cos \vartheta \sin^2 \vartheta\right) \quad （9\text{-}54）$$

由此解得最佳 ϑ 值为 $\vartheta = \gamma_0 /2 = \arctan \sqrt{6}/3 \approx 35^\circ$，即 $\gamma_0 = 70^\circ$。

但对于 6 凸爪联轴器，$\gamma_0 < 60°$ 因此，当联轴器设计时，在满足工艺要求的条件下，应使 γ_0 尽量大。还可以使驱动凸爪在驱动法兰盘上的位置半径大于被动凸爪在被动法兰盘上的位置半径，这样会在不改变 γ_0 的情况下，加长连杆长度 L_1，使不对中力减小。

以上假设 6 凸爪刚度完全一致，不对中所产生的力只随转矩的波动而变化，与转速无关。但若刚度存在差异，则式（9-45）、式（9-46）和式（9-51）、式（9-52）不再为常数，而包含一倍频、二倍频甚至更高次倍频动载荷。这取决于 6 凸爪连接差异的形式和量级。

（2）联轴器刚度产生的剪力

凸爪式联轴器的每一个凸爪在不同的角位置承剪刚度不同。仍以 4 凸爪联轴器为例，若 4 个凸爪刚度均匀一致，联轴器法兰盘之间的剪力不随联轴器转动而变化。

实际上，每个凸爪在不同方向的刚度是不同的。可用 4 个刚度系数来表示 4 个方向的不同刚度。

由于不同角位置时凸爪的刚度不同，故当确定联轴器两个法兰盘间的剪力时，须分段计算。为此，把每一个凸爪的刚度用两个方波函数来表达。显然，每一个凸爪的刚度是以 2π 为周期的周期函数，相邻之间的相位为 $\pi/2$。如果 4 个凸爪完全一致，则 4 个凸爪的 4 个刚度系数对应相等。若 4 个凸爪存在差别，则刚度系数有所不同，但描述刚度变化的周期函数的形式不变。

存在平行不对中 δ 时，联轴器两个法兰盘间的剪力为

$$
\begin{aligned}
F_x = &\sum_{k=1}^{4} \delta s^{(k)}\left[\Omega t + (k-1)\frac{\pi}{2}\right]\cos^2\left[\Omega t + (k-1)\frac{\pi}{2}\right] + \\
&\sum_{k=1}^{4} \delta s_1^{(k)}\left[\Omega t + (k-1)\frac{\pi}{2}\right]\sin^2\left[\Omega t + (k-1)\frac{\pi}{2}\right]
\end{aligned}
\tag{9-55}
$$

$$
\begin{aligned}
F_y = &\frac{1}{2}\delta\sum_{k=1}^{4}\left\{s_t^{(k)}\left[\Omega t + (k-1)\frac{\pi}{2}\right] - s_1^{(k)}\left[\Omega t + (k-1)\frac{\pi}{2}\right]\right\} \times \\
&\sin 2\left[\Omega t + (k-1)\frac{\pi}{2}\right]
\end{aligned}
\tag{9-56}
$$

式中，F_x 和 F_y 分别为 x 和 y 方向的剪力。

$$
s_1^{(1)} = s_1^{(2)} = s_1^{(3)} = s_1^{(4)}
$$
$$
s_1^{(1)} = s_t^{(2)} = s_t^{(3)} = s_t^{(4)}
$$

则

$$
F_x = \left(a_1 s_{10} + a_t s_{10}\right)\delta \tag{9-57}
$$

$$
F_y = 0 \tag{9-58}
$$

式中，s_{10} 和 s_{t0} 为平均刚度；a_1 和 a_t 为由式（9-55）计算出的常系数。式（9-57）表明，剪力与角位置 Ωt 无关，但刚度越大，不对中产生的载荷越大。因此，采用柔性联轴器可减小不对中的影响。但 s_{10} 为联轴器凸爪连杆方向的刚度，即在联轴器传递转矩方向上的刚度，在承载条件下，s_{10} 不会太小。因此，不对中产生的载荷相当可观。

对于 6 凸爪联轴器，应用相同的分析方法可以得出，存在平行不对中 δ 时，联轴器两个法兰盘间的剪力为

$$
\begin{aligned}
F_x = &\sum_{k=1}^{6} \delta s_t^{(k)}\left[\Omega t + (k-1)\frac{\pi}{3}\right]\cos^2\left[\Omega t + (k-1)\frac{\pi}{3}\right] + \\
&\sum_{k=1}^{6} \delta s_1^{(k)}\left[\Omega t + (k-1)\frac{\pi}{3}\right]\sin^2\left[\Omega t + (k-1)\frac{\pi}{3}\right]
\end{aligned}
\tag{9-59}
$$

$$F_y = \frac{1}{2}\delta\sum_{k=1}^{4}\left\{s_t^{(k)}\left[\Omega t + (k-1)\frac{\pi}{3}\right] - s_1^{(k)}\left[\Omega t + (k-1)\frac{\pi}{3}\right]\right\} \times$$

$$\sin 2\left[\Omega t + (k-1)\frac{\pi}{3}\right] \tag{9-60}$$

式中，F_x 和 F_y 分别为 x 和 y 方向的剪力。

当 6 个凸爪完全一致时，即

$$s_1^{(1)} = s_1^{(2)} = \cdots = s_1^{(6)}, \quad s_t^{(1)} = s_t^{(2)} = \cdots = s_t^{(6)}$$

则

$$F_x = \left(a_1 s_{10} + a_t s_{t0}\right)\delta \tag{9-61}$$

$$F_y = 0 \tag{9-62}$$

式中，s_{10} 和 s_{t0} 为平均刚度；a_1 和 a_t 为由式（9-59）计算出的常系数。

用弹性套管把两个凸爪联轴器连接在一起，构成复合联轴器，可明显改善联轴器承受不对中度的特性。

齿轮箱和发电机皆支承在弹性橡胶支座上。当风电机组的功率变化时，即风速变化时，传动系统所承受的扭矩也发生相应变化。扭矩变化使得发电机和齿轮箱不对中度也发生变化，不论是不对中角度 β ，还是平行不对中 δ 都是风速的函数，故不对中产生的载荷随着风速波动而变化。因此，当对齿轮箱和轴承进行强度校核时，要计及这种影响。

当 6 个凸爪存在差别时，即 $s_1^{(1)} \neq s_1^{(2)} \neq \cdots \neq s_1^{(6)}$；$s_1^{(1)} \neq s_1^{(2)} \neq \cdots \neq s_1^{(6)}$，不对中产生的力 F_x 和 F_y 不仅与凸爪刚度和平行不对中 δ 有关，而且还取决于联轴器的角位置 Ωt，以联轴器转动周期为周期。

以上单独分析了角度不对中和平行不对中产生的载荷。实际情况下，不对中既包含角度不对中，也包含平行不对中，所产生的载荷自然也包含了两种不对中条件下的载荷。

由上述分析可见，采用柔性联轴器可减小不对中所产生的载荷。但由于联轴器传递的扭矩很大，故不对中造成的动载影响仍然不容忽视。柔性联轴器在风电机组运行的短时过渡状态允许承受较大的不对中，例如，不对中角度可到3°，但长期稳态运行时，不对中角度不应超过因此，风电机组的良好对中非常重要。

二、不对中引起的风电机组振动

以上对不对中所引起的动载荷进行了分析，仅考虑了静态条件。不对中产生的动载荷会引起机组振动，而振动又会影响不对中，从而又使动载荷发生变化。这是一个非线性的耦合过程，需要求解非线性运动方程组。实际上，针对风电机组的结构特点，取分离的线性子结构模型就足以说明不对中所引起的振动现象和特征。

如图 9-28 所示，把不对中时联轴器的动载荷处理成作用在发电机上的激振力 F（Ωt

）和激振力矩 M（Ωt），假设转子是绝对刚性的，并经过理想的质量动平衡。因此，可把转子和壳体整体模拟为刚体，质量为 m_g，惯性矩为 I_g，其中包含联轴器的等效质量和惯性矩。弹性支座在轴向的距离为 I_g，刚度为 s_g，阻尼为 d_g。

发电机整机的运动微分方程为

$$m_e\ddot{x}+\left(\dot{x}+\frac{L_e}{2}\dot{\varphi}\right)d_g+\left(\dot{x}-\frac{L_e}{2}\varphi\right)d_g+\left(x+\frac{L_e}{2}\varphi\right)s_g+\left(x-\frac{L_e}{2}\varphi\right)s_g=F(\Omega t)$$

$$I_g\ddot{\varphi}+\frac{L_g}{2}\left(x+\frac{L_g}{2}\varphi\right)d_g-\frac{L_g}{2}\left(x-\frac{L_g}{2}\varphi\right)d_g+\frac{L_g}{2}\left(x+\frac{L_g}{2}\varphi\right)s_g-$$

$$\frac{L_g}{2}\left(x-\frac{L_g}{2}\varphi\right)s_g=M(\Omega t)$$

合并整理之后得

$$m_g\ddot{x}+2d_g\dot{x}+2s_g x=F(\Omega t) \quad （9-63）$$

$$I_g\ddot{\varphi}+\frac{L_g^2}{2}d_g\dot{\varphi}+\frac{L_g^2}{2}s_g\varphi=M(\Omega t) \quad （9-64）$$

式（9-63）和式（9-64）两边分别同除 m_g 和 I_g，得

$$\ddot{x}+2D_x\omega_x\dot{x}+\omega_x^2 x=\hat{F}(\Omega t) \quad （9-65）$$

$$\ddot{\varphi}+2D_\varphi\omega_\varphi\dot{\varphi}+\omega_\varphi^2\varphi=\hat{M}(\Omega t) \quad （9-66）$$

式中，$D_x=\dfrac{2d_8}{2\sqrt{2s_g m_g}}$，$\omega_x=\sqrt{\dfrac{2s_g}{m_g}}$ 分别为发电机横向振动的阻尼比和自振频率；

$D_\varphi=\dfrac{1}{2}\dfrac{L_R d_R}{\sqrt{2s_g I_g}}$，$\omega_\varphi=\dfrac{L_g}{2}\sqrt{\dfrac{2s_g}{I_B}}$ 分别为发电机摆振的阻尼比和自振频率。

如上所述，不对中产生的动载荷 F（Ωt）和 M（Ωt）为周期交变载荷，故有

$$\hat{F}(\Omega t)=\sum_{k=1}^{N}\left(f_{ck}\cos k\Omega t+f_{sk}\sin k\Omega t\right) \quad （9-67）$$

$$\hat{M}(\Omega t)=\sum_{k=1}^{N}\left(m_{ck}\cos k\Omega t+m_{sk}\sin k\Omega t\right) \quad （9-68）$$

式中，f_{ck}，f_{st}，m_{ck} 和 m_{sk} 分别为激振力 $\hat{F}(\Omega t)$ 和激振力矩 $\hat{M}(\Omega t)$ 的第 k 阶幅值系数；N 为最高阶次数。

带入式（9-65）和式（9-66）并求解后，得到发电机的振动为

$$x(\Omega t)=\sum_{k=1}^{N}\left[x_{ck}\cos\left(k\Omega t+\alpha_k\right)+x_{sk}\sin\left(k\Omega t+\alpha_k\right)\right] \quad （9-69）$$

$$\varphi(\Omega t) = \sum_{k=1}^{N} \left[x_{ck} \cos\left(k\Omega t + \psi_k\right) + x_{sk} \sin\left(k\Omega t + \psi_k\right) \right] \quad (9\text{-}70)$$

其中

$$x_{jk} = \frac{f_{jk}}{\sqrt{\left[\omega_x^2 - (k\Omega)^2\right]^2 + \left(2k\Omega D_x\right)^2}} \quad (j = c, s) \quad (9\text{-}71)$$

$$\tan\alpha_k = \frac{-2k\Omega D}{\omega_x^2 - (k\Omega)^2} \quad (9\text{-}72)$$

$$\varphi_{jk} = \frac{m_{jk}}{\sqrt{\left[\omega_\varphi^2 - (k\Omega)^2\right]^2 + \left(2k\Omega D_\varphi\right)^2}} \quad (j = c, s) \quad (9\text{-}73)$$

$$\tan\psi_k = \frac{-2k\Omega D_\varphi}{\omega_\varphi^2 - (k\Omega)^2} \quad (9\text{-}74)$$

式（9-71）~式（9-74）说明，当某阶激振频率与发电机横向振动自振频率或

摆振自振频率重合时，即 $k\Omega = \omega_x$ 或 $k\Omega = \omega_\varphi$ 时，发电机发生共振。这与一般振动系统的规律是完全一致的。当发电机壳体上测量振动时，联轴器端和自由端的振动相位相反，这是不对中的重要特征。

在风电机组的设计过程中，要特别注意，在运行转速范围内风电机组的自振频率应避开激振频率。若在不得已的情况下，有共振的可能性，必须加装阻尼器，例如橡胶弹性支座。由式（9-71）和式（9-73）可见，阻尼器要能在共振的频率范围提供足够的阻尼，才有减振效果。因此，当设计弹性橡胶阻尼器时，必须考虑适用的频率范围，并要进行实验测定。

对于齿轮箱，同样可取类似于图 9-28 的模型。所求得的振动与式（9-69）和式（9-70）的形式一致。但齿轮箱的自振频率要比发电机低得多，且远低于发电机转速 Ω。因此，不对中激起的齿轮箱振动要比发电机小得多。齿轮箱高速轴的两个轴承固装在齿轮箱壳体上，相对于发电机可视作不作横向运动。不对中产生的载荷及其激起的发电机振动载荷皆作用在两个轴承上。另外，齿轮箱高速轴上两个轴承间的距离要比发电机两个轴承间的距离小得多。如上所述，假设不对中在联轴器处产生剪力 F。由此在齿轮箱轴承上和发电机轴承上产生的作用力分别为

$$F_{L\text{齿}} = -\frac{Fa}{L_{\text{齿}}} \quad (9\text{-}75)$$

$$F_{R\text{齿}} = F + \frac{Fa}{L_{\text{齿}}} \quad (9\text{-}76)$$

$$F_{R发} = \frac{Fa}{L_发} \quad （9\text{-}77）$$

$$F_{L发} = -F - \frac{Fa}{L_发} \quad （9\text{-}78）$$

式中，$F_{L齿}$ 和 $F_{R齿}$ 分别为齿轮箱高速轴左、右轴承上受的力；$F_{L发}$ 和 $F_{R发}$ 分别为发电机左、右轴承上受的力；a 为联轴器中心截面距齿轮箱轴承间的距离；b 为联轴器到发电机轴承间的距离；$L_齿$ 为齿轮箱高速轴左、右轴承间的距离；$L_发$ 发为发电机左、右轴承间的距离。

式（9-75）和式（9-77）相除可得

$$\left| \frac{F_{L齿}}{F_{R发}} \right| = \frac{L_发}{L_齿} \quad （9\text{-}79）$$

以 1.5 MW 风电机组为例，$L_发 \approx 1.5$ m，$L_齿 = 0.3$ m。由此可见，发电机自由端轴承和齿轮箱高速轴自由端轴承上受的力会相差很大。因此，当齿轮箱设计时，应保证高速端轴承的良好润滑，并提供易于检查高速端齿轮和轴承的可行性。

三、风电机组不对中故障诊断实例

前面介绍了齿轮箱和发电机不对中故障的动力学特征，本小节介绍风电机组不对中故障诊断的实例。受国内某风电企业的邀请，对其 1.5 MW 的双馈型风电机组进行了现场测试，以下介绍对三台机组（4 号风机、17 号风机和 19 号风机）的测试及诊断。

1. 测试概况

测试传感器及主要安装位置：选择三个振动测量面，测量面 1 是齿轮箱的输出端，测量面 2 是发电机的驱动端，测量面 3 是发电机的自由端。使用振动速度传感器测量振动信号，灵敏度为 75 mV/（mm·s⁻¹），采用光电传感器测量转速信号。

风电机组的结构，其中，三个测量面表示测试中安装传感器的位置。该风电机组叶轮直径为 77.36 m，切入风速为 3 m/s，额定风速为 11 m/s，切出风速为 25 m/s，叶片额定转速为 17.4 r/min，发电机额定转速为 1 750 r/min，可接受的振动范围：振动速度 ≤4.5 mm/s。联轴器为某型国产 6 凸爪复合联轴器。

2. 测试系统介绍

测试系统由硬件和软件两部分组成，硬件部分包括传感器及连接导线、信号调理及采集器、连接电缆和计算机。

3. 测试与分析

在发电机驱动端水平和垂直方向、齿轮箱输出端水平和垂直方向分别安装振动速度传感器，在风电机组变速过程中测量机组的振动，得到机组的幅频特性。共测量了四台风电机组，结果如表 9-5。

表 9-5 四台风电机组高速端的自振频率

风电机组序号	2 号	14 号	17 号	19 号
水平方向 共振转速 / (r·min⁻¹)	1209	1166	1083	1096
垂直方向 共振转速 / (r·min⁻¹)	1413	1395	1010	

由上述结果可见，共振时，齿轮箱的振动很小，主要表现为发电机的振动。由此说明，在上述理论分析中，把发电机和弹性支座取作独立的分析对象是合适的。四台风电机组的自振频率差异较大，主要是弹性支座的刚度不一致引起的。风电机组的切入转速约为 970 r/min，自振频率落在工作范围之内。当较小的风速时，发电机始终处在共振或邻近共振的状态下工作。这是非常不利的工作状态，会使齿轮箱高速端和发电机轴承动载加大，造成过快损坏。事实上，这些机组运行不到 6 个月（设计寿命 20 年），齿轮箱高速端和发电机轴承已出现故障。

四台风电机组高速端的自振频率虽然负荷很小，但风电机组在共振区运行，表现为发电机转速一倍频振动，幅值很大，发电机驱动端水平方向和自由端水平方向两个测点的振动反相位，见表 9-6。说明激振源来自齿轮箱高速端和发电机轴的不对中。如前所述，不对中超限在风电机组中很容易出现。在运行过程中，应定期检查机组的对中度和弹性支座的老化变形。

表 9-6 三台风电机组发电机驱动端水平位置和发电机自由端水平位置振动相位差

风电机组序号	4 号	17 号	19 号
振动相位差 / (°)	177	173	186

第五节 风电机组轴承的故障诊断

轴承是风电机组最重要的承力及传力部件，负荷高，工作环境恶劣，易于出现故障，并且由于风电机组分布广泛，机舱位置高，轴承一旦出现故障，维护极为困难，严重影响风电机组的可靠性和经济效益。因此，对风电机组轴承进行检测和故障诊断，以及时发现初期故障，避免恶化造成次生损坏，对于风电机组的可靠运行非常重要。

轴承有一个很大的特点，就是其寿命的离散性很大，即用同样的材料、同样的加工工艺、同样的生产设备、同样的工人加工出的一批轴承，其寿命相差很大山七由于轴承的这个特点，在实际使用中，有的轴承已大大超出设计寿命仍然完好地工作，而有的则远未达到设计寿命就出现了各种故障。同时，即使有些轴承出现了微小故障，但并不影响风电机组的正常运行和工作性能，如果能够进一步确定故障不会很快发展，则无须立刻更换。因此，对轴承实施状态监测和故障诊断的同时，需要进一步对故障严重性做出判断。这不但可以防止风电机组工作性能下降，减少或杜绝事故发生，而且还可以最大限度地发挥轴承的工作潜力，节约开支。

判断轴承故障形式的方法有很多，表9-7对比了几种诊断方法的适用性。

表9-7　滚动轴承损伤检测方法及其适用性

检测方法		振动	温度	磨损微粒	声发射	轴承游隙	油膜电阻	光纤法
故障类型	疲劳剥落	○	×	○	○	×	×	○
	裂纹	○	×	△	○	×	×	△
	压痕	○	×	×	×	×	×	○
	磨损	○	△	○	△	○	○	○
	电蚀	○	△	○	△	○	○	△
	擦伤	○	△	○	△	△	○	△
	烧伤	○	○	△	△	×	○	△
	锈蚀	△	×	○	×	×	△	○
	保持架破损	△	×	△	×	×	×	×
	蠕变	△	△	△	△	×	×	△
运动中测定		可	可	可	可	不可	可	可

注：表中符号○—有效，△—可能有效，×—不适合。

在实际工程中得到了广泛应用的是基于轴承振动信号的诊断方法。振动信号分析诊断方法可以分为时域方法和频域方法两大类。这两类方法并不是完全孤立的，在实际应用中，这两类方法可以互相取长补短。

本节将主要介绍基于轴承振动信号的故障特征倍频诊断方法。

一、风电机组轴承故障特征倍频诊断方法

滚动轴承的故障特征频率是目前利用振动信号分析来诊断滚动轴承局部故障的重要依据和标准。滚动轴承的故障特征频率是轴承故障频域诊断最重要的特征参数，同时也是通行的判断标准，以至于绝大多数文献中都直接应用，而不加说明。可以引入轴承故障特征倍频，以替代故障特征频率。轴承故障特征倍频是通过故障特征频率的公式直接推导得到的，它反映出轴承故障与特征倍频间明确的对应关系，便于在变转速情况下表达轴承故障特征。

1. 滚动轴承局部故障特征频率

滚动轴承可能由于润滑不良、载荷过大、材质不当、轴承内落入异物、锈蚀等原因，引起轴承工作表面上的剥落、裂纹、压痕、腐蚀凹坑和胶合等离散型缺陷或局部损伤。当滚动轴承另一工作表面通过某个缺陷点时，就会产生一个微弱的冲击脉冲信号。随着转轴的旋转，工作表面不断与缺陷点接触冲击，从而产生一个周期性的冲击振动信号。缺陷点处于不同的元件工作表面，冲击振动信号的周期间隔即频率是不相同的，这个频率就称为

冲击的间隔频率或滚动轴承的故障特征频率。可以根据轴承的几何参数和其转速计算轴承元件的故障特征频率。对于风电机组，轴承的运转方式一般是外环固定。可用下列公式计算各元件的故障特征频率。

保持架故障特征频率：

$$f_c = \frac{1}{2} f \left(1 - \frac{d}{D} \cos \beta \right) \quad (9\text{-}80)$$

滚动体故障特征频率：

$$f_b = \frac{D}{d} f \left[1 - \left(\frac{d \cos \beta}{D} \right)^2 \right] \quad (9\text{-}81)$$

内环故障特征频率：

$$f_i = \frac{f}{2} \left(1 + \frac{d}{D} \cos \beta \right) Z \quad (9\text{-}82)$$

外环故障特征频率：

$$f_e = \frac{f}{2} \left(1 - \frac{d}{D} \cos \beta \right) Z \quad (9\text{-}83)$$

式中，f 为轴转动频率；d 为滚动体直径；D 为轴承节径；Z 为滚子数；β 为接触角。

诊断轴承故障时，可以依据式（9-80）～式（9-83），计算出某一转速下滚动轴承特征频率 f_c, f_b, f_i 和 f_e。然后，在频域谱上寻找出滚动轴承某一特征频率或与其倍数接近的突出的频率成分，来确定故障的类型。然而，每当转轴转速变化时，都需要重新计算，再在频域谱上重新寻找对应的故障特征信息。可见，当风电机组变转速运行时，直接用滚动轴承特征频率来判断故障不方便，也不便于表征。同时，也不能将不同转速下的故障信息联系起来，因为不同转速下，故障特征频率是不相同的。

2. 滚动轴承局部故障特征倍频

轴承不同元件的局部故障特征频率可以通过轴承简单的运动关系，由轴承的转速、轴承零件的形状、尺寸参数和滚动体个数计算得到。特征倍频由特征频率直接推导得到。

滚动体局部故障特征倍频：

$$F_b = f_b / f = \frac{D}{d} \left[1 - \left(\frac{d \cos \beta}{D} \right)^2 \right] \quad (9\text{-}84)$$

保持架局部故障特征倍频：

$$F_c = f_c / f = \frac{1}{2} \left(1 - \frac{d \cos \beta}{D} \right) = F_e / Z \quad (9\text{-}85)$$

内环滚道局部故障特征倍频：

$$F_i = f_i / f = \frac{Z}{2}\left(1 + \frac{d\cos\beta}{D}\right) \quad (9\text{-}86)$$

外环滚道局部故障特征倍频：

$$F_e = f_e / f = \frac{Z}{2}\left(1 - \frac{d\cos\beta}{D}\right) \quad (9\text{-}87)$$

式中，f_b, f_c, f_i, f_e 分别为滚动体、保持架、内环滚道、外环滚道局部故障特征频率；须为内环转动频率；D 为轴承节径；d 为滚动体直径；β 为接触角；Z 为单列滚动体个数。

对于某一种确定的轴承，滚动体直径 d、节径 D、接触角 β 和滚动体数目 Z 都是已知的参数，因而 F_b, F_c, F_i 和 F_e 都是常数。也就是说，不同类型的局部故障分别对应着一个确定的转频倍数值。将这种关系定义为滚动轴承的故障特征倍频。

用特征倍频代替特征频率来衡量滚动轴承故障特征后，滚动轴承故障特征可以用对应的倍频值来表征。故障特征倍频建立起轴承各特征频率与转频之间的倍频关系，将不同转速条件下的特征频率转化为特征倍频，从而可得到同一量化表达，便于在不同转速下进行比较。

由式（9-84）~式（9-87）可见，需要已知轴承的节径、滚动体直径、接触角以及滚动体个数才能算得上述的特征倍频。

二、风电机组轴承故障特征倍频估计方法

如上所述，故障特征频率可用故障特征倍频来替代，便于在变转速情况下表达所要提取的故障特征。为得到故障特征倍频，必须事先已知轴承的几何参数，即滚动体个数、滚动体直径、接触角和轴承节径。但在实际中，有时无法得到这些参数，给故障诊断带来困难。

为此，有必要建立滚动轴承故障特征倍频估计方法。内环故障特征倍频和外环故障特征倍频分别为 0.6 倍和 0.4 倍的滚动体个数。对 7 个基本类型共 45 个系列 1 274 个轴承型号进行了统计检验，证明给出的估计值对 SKF 球面滚子轴承 22300 系列、SKF 角接触球轴承 7400 系列、SKF 圆锥滚子轴承 30300 系列和 31300 系列、SKF 圆柱滚子轴承 N200 系列、N300 系列和 N400 系列是适用的，内环特征倍频误差在 5% 以内，外环特征倍频在 7.5% 以内。对其他类型的轴承系列误差较大，需要修正。

依据滚动轴承的几何关系，定义 $p = \dfrac{d\cos\beta}{D}Z$（$d$ 以为滚动体直径，D 为轴承节径，β 为接触角，Z 为滚动体个数）为滚动轴承的几何常数。

通过对轴承几何关系的分析和对轴承参数的统计发现，同系列轴承，轴承的几何常数保持不变，即为常数。只需已知轴承类型和滚动体个数，就可得到轴承外环故障、内环故障和滚动体故障的特征倍频，误差范围（与利用标准轴承数据，按照特征倍频公式计算的结果比较）在 2% 以内。

1. 基于倍频因子和滚动体个数的故障特征倍频估计方法

如上所述，在实际中，滚动轴承的几何参数较难获得，其故障倍频不能通过式（9-84）~式（9-87）直接计算得出，而滚动体个数是容易获知的。如果能从滚动体个数估计出故障特征倍频，就可以给轴承故障诊断带来极大的方便。

把式（9-85）和式（9-86）改写成

$$F_i = Za_i \quad (9\text{-}88)$$

$$F_e = Za_e \quad (9\text{-}89)$$

$$a_i = \frac{1}{2}\left(1 + \frac{d\cos\beta}{D}\right) \quad (9\text{-}90)$$

$$a_e = \frac{1}{2}\left(1 - \frac{d\cos\beta}{D}\right) \quad (9\text{-}91)$$

式中，a_i 和 a_e 分别为内环和外环故障倍频因子。

显而易见，$a_i + a_e = 1, a_i - a_e = \dfrac{d\cos\beta}{D}$。

保持架故障特征倍频为

$$F_c = f_c / f = \frac{1}{2}a_e \quad (9\text{-}92)$$

当接触角 β =0° 时，滚动体故障特征倍频为

$$F_b = f_b / f = \frac{1}{a_i - a_e}\left[1 - (a_i - a_e)^2\right] \quad (9\text{-}93)$$

而当接触角 $\beta < 30°$ 时，滚动体故障特征倍频的估计误差不超过14%。

因此，若估计出 a_i 和 a_e，就可得到轴承的故障特征倍频。但从式（9-90）和式（9-91）可见，若 a_i 和 a_e 存在估计误差，则滚动体特征倍频 F_b 的估计误差要大于由式（9-85）和式（9-86）得到的内环和外环特征倍频的误差。

首先利用7个基本类型共45个系列的轴承数据，算出每一个系列所有型号轴承特征倍频因子％和％，以轴承内径为横坐标画出曲线图。对于SKF的轴承系列，利用SKF公司公众网站公布的计算服务程序进行计算。

对所得的每一轴承系列倍频因子 a_i 和 a_e 进行线性拟合，就得到该轴承系列的倍频因子估计值。只需知道轴承类型和滚动体个数，利用估算得到的倍频因子就可得到对应的特征倍频，而不再必须明确知道轴承参数。

基于倍频因子和滚动体个数的故障特征倍频估计方法提高了估计精度，各系列平均估计误差都降到了1.5%以下。

在小内径范围误差大的主要原因是，倍频因子 a_i 和 a_e 与滚动体个数相关联，式（9-88）和式（9-89）表示的几何参数和滚动体个数独立分离的假设不适用。因此，还需建立轴承

小内径范围的特征倍频估计方法。

2. 滚动轴承的几何常数和故障特征倍频估计的几何常数方法

（1）滚动轴承几何本构关系和几何常数

滚动轴承的滚动体在内环和外环之间的滚道中绕轴承几何中心公转，公转半

径指滚动体中心至轴承几何中心的距离，其两倍即为轴承节径 D。图 9-14 所示中 R，即 OA 的长度为轴承公转半径，r 为滚动体半径，O 为轴承几何中心，OB 为滚动体的切线。由图中三角关系，有

$$\sin \theta = \frac{r}{R} = \frac{d}{D}$$

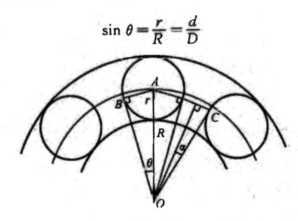

图 9-14　滚动体与滚道的几何关系示意图

表 9-8 列出三个系列轴承滚动体直径与节径之比（即滚节比）随内径和滚动体个数的变化。

表 9-8　三个系列轴承滚动体直径与节径之比随内径和滚动体个数的变化

SKF 61800 系列			SKF 61900 系列			国标 6000 系列		
内径 /mm	$\dfrac{d}{D}$	Z	内径 /mm	$\dfrac{d}{D}$	Z	内径 /mm	$\dfrac{d}{D}$	Z
4	0.2514	7	4	0.2667	6	10	0.2631	7
12	0.1450	12	10	0.2044	9	12	0.2312	8
30	0.0976	17	25	0.1415	13	20	0.2048	9
100	0.0667	27	55	0.1059	17	25	0.1754	10
460	0.0720	25	240	0.0848	21	45	0.1499	12
950	0.0533	30	710	0.0800	20	70	0.1367	13
1700	0.0485	33	1700	0.0690	23	200	0.1255	14

从表中可见，滚动体直径与节径之比很小。对所有 7 类 45 个系列轴承统计的结果表明，滚动体直径与轴承节径之比 d / D 最大为 0.326，代入式（9-94），可得 $\theta \leqslant \arcsin 0.326\ 7 = 0.332\ 8 \approx 19°$，当 $\theta = 0.332\ 8 \approx 19°$ 时，$\sin \theta / \theta = 0.981\ 6$ 由泰勒公式可知，θ 越小，$\sin \theta / \theta$ 比值越接近 1，即 $\sin \theta \approx \theta$。于是式（9-94）对所有滚动轴承变为

$$\theta \approx \frac{d}{D} \quad (9\text{-}95)$$

由图 9-14 所示的几何关系，可得

$$Z\theta + Z\alpha = \pi \quad (9\text{-}96)$$

式中，a 为保持架所产生的节距角。

把式（9-95）代入式（9-96），则有

$$\frac{d}{D}Z + Z_\alpha = \pi \quad (9\text{-}97)$$

假设滚动体前、后相接排列于滚道，即保持架不存在，则有 $a =0°$，于是

$$\frac{d}{D}Z = \pi = 常数 \quad (9\text{-}98)$$

实际中，轴承系列是按照 Z_α 为某一常数来设计的。因此，对于同一系列轴承，式（9-98）可写为

$$\frac{d}{D}Z = \pi - Z\alpha = \pi - C_i = 常数 \quad (9\text{-}99)$$

式中，G_i 为某一轴承系列的节距常数。由此可知，对于同一系列轴承始终有 $(d/D)Z = 常数$。

考虑到同系列轴承的滚动体与滚道接触角 β 亦近似为常数，则进一步有 $\frac{d}{D}Z\cos\beta = 常数$。因此，定义 $p = \frac{d}{D}Z\cos\beta$ 为滚动轴承的几何常数。它包含了轴承的几何本构关系。表 9-9 列出了 SKF 61800 和 23200 轴承系列的几何常数。

表 9-9　SKF 61800 和 23200 轴承系列的几何常数

轴承系列	内径范围 /mm	几何常数 p
61800	4 ~ 1700	1.7509
23200	90 ~ 480	2.5192

（2）故障特征倍频估计的几何常数方法

根据上述分析，可很容易算得每一系列轴承的几何常数 p。由几何常数 p 可直接得到如下轴承故障特征倍频。

滚动体局部故障特征倍频：

$$F_b = \frac{Z}{p} - \frac{p}{Z} \quad (9\text{-}100)$$

内环滚道局部故障特征倍频：

$$F_i = \frac{1}{2}(Z + p) \quad (9\text{-}101)$$

外环滚道局部故障特征倍频：

$$F_e = \frac{1}{2}(Z - p) \quad （9\text{-}102）$$

保持架局部故障特征倍频：

$$F_c = F_s / Z \quad （9\text{-}103）$$

由式（9-102）和式（9-103）可见，滚动体个数 Z 为正整数，始终是精确值，且总是远大于轴承几何常数久而倍频估计公式中，Z 和 p 为和差关系，当时，$Z \gg p$ 时，p 的误差对估计值的影响很小。因此，基于几何常数的倍频估计方法精度要高得多。

三、风电机组轴承故障诊断实例

前文介绍了风电机组轴承故障特征倍频诊断方法，本节将介绍该方法的实际应用。在实际测试中对多台某型 1.5 MW 的双馈型风电机组进行了现场测试，并发现其中部分风力机存在轴承损伤情况，限于篇幅，本节只介绍 22 号风力机的测试及诊断结果。

1. 测试概况

下面主要对风电机组的齿轮箱振动信号和发电机振动信号进行测试分析。

测试传感器及主要安装位置：本次振动测试选择三个测量面，测量面 1 是齿轮箱的输出端，测量面 2 是发电机的驱动端，测量面 3 是发电机的自由端。使用加速度传感器测量振动信号，灵敏度为 100 mV/g，采用光电传感器测量转速信号。

风电机组的结构简图如图 9-15 所示。其中，三个测试面表示了测试中安装传感器的位置。该风电机组叶轮直径为 77.36 m，切入风速为 3 m/s，额定风速为 11 m/s，切出风速为 25 m/s，叶片额定转速为 17.4 r/min，发电机额定转速为 1 750 r/min。

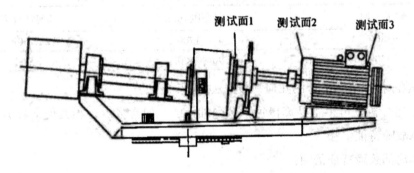

图 9-15　风电机组结构简图

2. 测试系统介绍

测试系统由硬件和软件两部分组成，硬件部分包括传感器及连接导线、信号调理器及其连接电缆、数据采集卡和计算机。

3. 轴承故障特征倍频

此次测试的风电机组中使用的轴承型号分别为 NJ2325EC, 31328X/DF 和 6332MC3, 因为未能得到这几种型号轴承的具体参数, 所以在分析过程中使用了 SKF 公司的 NJ2324ECM.31328XJ2/DF 和 6332M 三种轴承参数替代实际参数。由于这三种 SKF 轴承的基本参数和测试的风电机组实际使用的轴承参数一致, 可以认为其故障特征倍频相近。计算结果见表 9-10。

表 9-10　齿轮箱轴承故障特征倍频

轴承位置	轴承型号	故障特征倍频			
		保持架	内圈	外圈	滚动体
高速输出轴 （圆柱滚子轴承）	NJ2324EC（原装）				
	NJ2324ECM （相近型号）	0.401	7.79	5.21	4.85
高速输出轴 （圆锥滚子轴承）	31328X/DF（原装）				
	31328XJ2/DF （相近型号）	0.422	9.25	6.75	5.46

第六节　风电场监控与数据采集系统

在现代风电场中, 装机数量和规模都比较大, 一般至少有 30 台风电机组, 有的甚至超过百台。如何对各风电机组状态进行有效监视和控制, 对整个风场安全、可靠、经济地运行至关重要。近些年, 监控和数据采集（supervisory control and data acquisition, SCADA）系统逐步得到了广泛的应用。针对风电场运行的要求, SCADA 系统一般具有以下特点。

1. 远距离通信能力强

风电场的选址与地理条件和气候条件密切相关, 因此大部分的风电场都处于偏远地区, 各个风电场之间的距离较远, 风电场内部风电机组分布很分散, 监控中心至其所监控的风电场的距离有时候达到几百、上千米。为此, SCADA 系统首先要满足远距离通信的要求, 以便快捷地对各风电场运行状况进行监控, 实现与风电场间的远距离数据通信, 保证多风场的统一管理、运营及维护。

2. 信息实时性强

随着风力发电等可再生能源发电量的不断增加, 风电对整个电网的影响越来越大。风电具有地域分散和功率波动大的特点。在这种情况下, 电力系统必须根据实时数据来计算或预测风电场的影响因素, 从而提高电网调度和控制的准确性, 这进一步增强了对风电场数据远程调度的实时性要求。

3. 系统可靠性高

SCADA 系统所采集、传送的数据及相应的监控命令对保证电力系统正常运行至关重要。因此，要求远程通信系统必须可靠。

4. 数据库功能强

SCADA 系统的数据库需要承载每台风电机组 20 年运行期间所有的状态数据和维护信息，这是一种数字化的宝贵经验。因此，数据库的设计是 SCADA 系统设计中最重要的部分，要求储存量大，具有数据统计、分析、扩充和继承等功能。

一、风电场 SCADA 系统简介

SCADA 系统是以计算机为基础的生产过程控制与调度自动化系统，可以对现场的运行设备进行监视和控制，以实现数据采集、设备控制、测量、参数调节、事故报警以及数据库积累等功能。旳。因此，SCADA 系统不完全等同于控制系统，而是比控制系统更高一层次的监控系统。

在风力发电系统中应用SCADA，可以保证系统信息完整、正确掌握风电系统运行状态、加快生产和维护决策、提高生产效率、帮助快速诊断出系统故障ｍ」。根据风电场的具体情况和需求，SCADA 系统也具有不同的功能。但大部分风电场 SCADA 系统都应具有以下功能：

第一，安全运行监视及事件报警；

第二，系统控制和调节；

第三，数据采集和处理；

第四，运行参数统计记录和生产管理；

第五，系统自诊断和冗余切换；

第六，总体发电量和输送电量；

第七，损耗电量平衡分析；

第八，利用实时数据计算和预测风力发电出力的总体趋势；

第九，正确安排发电计划等。

常见的风电场 SCADA 系统主要有以下三部分：

第一，机组监控部分：布置在每台风电机组塔筒的控制柜内。每台风电机组的就地控制能够对此台风电机组的运行状态进行监控，并对其产生的数据进行采集。

第二，风场监控部分：一般在大型风电场采用。风场的工作人员能够随时控制和了解风电场内部风电机组的运行和操作。

第三，远程监控部分：根据需要布置在不同地点的远程监控。远程监控可以同时对多个风电场进行监控。

对于风电场监控中心的设计有两种模式：一种模式是在风电场中设置中央监控站，监控站内计算机与风电机组监控网络连接，以监控和实时调度风电场总体运行及对每台风电机组运行状况进行监控和视情维护；另一种模式是风电机组监控网络与互联网连接，将风电机组的实时运行数据和各种参数通过互联网送至远距离的监控中心，由远程监控中心实施监控、调度和维护。

第一种风电场监控模式的优点是，可以让风电场的工作人员能够随时了解和控制风电场内所有风电机组的运行和操作，而且全部数据都存储在风电场本地，容易建立运行、维护、管理与数据之间的物理关联，有利于风场的安全运营。但缺点是，多个风电场之间的交互和共享存在障碍，与风电机组制造商及部件制造商不易建立信息直达路径。第二种模式则适用于在某一区域内对多个风电场的风电机组统一监控、调度和维护，利于统一管理和对不同风电场、不同机型进行评估，便于为风电预报和场网交互提供支持。这样就可以对多个风场使用相同的运营团队，节省人力资源和设备成本，风场投资方还可以将风场运营托管给专业团队，以节省团队建设和培养费用。但这种模式容易造成数据与运维脱节，不易保证多源、远距离数据传输的可靠性。这两种模式可以独立使用，但常常是两者相结合。在大型风电场中采用风电场本地监控模式，同时开放远程监控端口，用于电网公司的远程交互通信，也可用于电力公司的远程管理、分析和专家系统的远程故障诊断。

不论采用什么样的监控模式，都需包含一个数据库。SCADA 系统必须配置一个数据库或者与数据库链接。风电机组的运行寿命为 20 年。在此期间，可能要对风电机组以及整个风电场进行多次维护和损坏件更换，同时管理人员和管理系统也可能多次变更。数据库既要记录风电机组和风电场的运行状态信息，还应及时记录维护和管理信息，保证历史数据的回放和趋势分析，同时不断积累常态谱和故障模式，支持故障诊断；另外，不断总结、积累维护和管理经验，提高运维质量和管理水平。所有信息和活动应全部按照数据库的格式记录入库，以形成数字化的经验。数字化经验具有继承性、累加性、共享性和普适性。因此，在 SCADA 系统设计中设计一个功能强大的数据库系统是重中之重。

二、风电场 SCADA 系统的结构与数据

1. 风电场 SCADA 系统通信标准

目前 SCADA 系统主要使用的技术标准为 IEC 61400—25。该标准适用于风电场的监控系统，并不涉及厂家专有的监控和数据采集技术。该标准主要用于统一风电场组件、风电场、电力部门三者之间的通信系统。没有涉及组件内部通信的原因是，目前大多数组件的 SCADA 系统是厂商专用的。另外，对物理层设备也没有提出要求。

IEC 61400—25 标准于 2006 年 12 月由国际电工委员会（IEC）公布。该标准是 IEC 61850 标准在风力发电领域内的延伸，为风电场的监控提供了一个统一的通信基础，旨在实现不同监控级别之间、不同供应商的设备之间自由通信。

IEC 61400—25 主要包括六部分：

第一，IEC 61400—25—1：标准概述部分。该部分包括对整个系列标准的介绍以及原理和模型的概述。

第二，IEC 61400—25—2：信息模型标准部分。该部分包括风电场信息模型的建模方法和逻辑节点、公用数据类的介绍。

第三，IEC 61400—25—3：信息交换模型标准。该部分包括信息交换的功能模型和抽象通信服务接口的描述。

第四，IEC 61400—25—4：面向通信协议的映射标准。该部分包括映射通信协议描述和映射方法介绍。

第五，IEC 61400—25—5：一致性测试。这部分建立在 IEC 61850—10 的基础上，详细介绍性能测试的标准技术，定义了通信一致性测试的原则、流程和测试用例。

第六，IEC 61400—25—6：用于环境监测的逻辑节点类和数据类。

2. 结构与数据传输

如上所述，常用的 SCADA 系统有三部分。下面将分别对这三部分的结构和使用的数据传输技术加以简单地介绍。

（1）机组监控系统

如图 9-16 所示为常见的风电机组 SCADA 系统内部硬件结构示意图。图中主体部分为风电机组塔基内的控制柜，其中可编程逻辑控制器（PLC）主要负责风电机组运行状态的监控及根据程序发出相应控制信号给 I/O 端口，同时负责各种数据和参数的实时获取。因塔基至机舱之间距离较远，PLC 通过光缆与风电机组机舱相连，以保证数据及控制信号的安全快速传输。

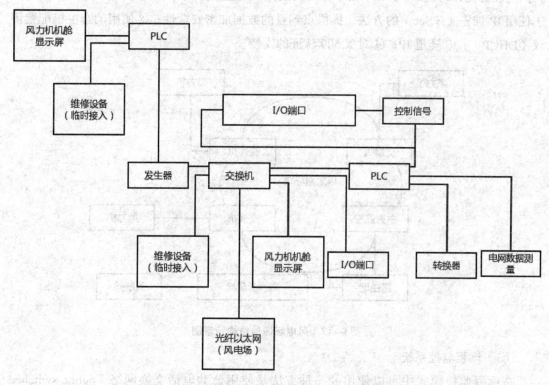

图 9-16 风电机组 SCADA 系统内部硬件结构示意图

（2）风场监控系统

风场的中央监控常采用的方法有异步串行通信和以太网通信。

所谓串行通信，是用一条信号线传输一种数据。常用的串行通信技术标准有 EIA—232C 又称 RS—232）、EIA—422（又称 RS—422）和 EIA—485C 又称 RS—485）。因为这种通信方式的特点是通信协议简单，能满足一定的传输速率，设备成本低。但是 EIA-232 的传输距离只有 15 m；EIA—422 的传输距离虽大幅增加到 1 000 m，但是传送速率会随着传输距离大幅下降；EIA—485 相比较 EIA—422 主要的改进只是可以实现多点双向通信。由此可见，串行通信技术只适用于较远距离的情况。

以太网（Ethernet）是一种计算机局域网组网技术，也是当前应用最普遍的局域网技术。IEEE 制定的 IEEE 802.3 标准给出了以太网的技术标准。在新的万兆以太网标准（至少 100 m 的距离上以 10Gb/s 传输）中，最大传输距离超过 40 km，而且以太网很方便与广域网连接。

由于大型风电场内部的设备数量多，数据信息量大，通信距离远，传输速率要求高，所以大型风电场中，各风电机组与风电场监控中心应采用以太网相连接，以保证风电场内部的集中监控和数据传输。

如图 9-17 所示为采用以太网技术的风电场内部 SCADA 系统通信示意图。其中，与互联网的连接由路由器和调制解调器实现。选择路由器是因为具有性价比高、配置及设置灵活且性能优异的优点。同时，为了保证安全性，该连接方式可以采用以下几方面的处理：①使用 IP 加密（IPSec）的方法，提供点到点的数据加密安全性；②使用动态主机配置协议（DHCP）；③隧道 IP；④对 X.509 认证的支持。

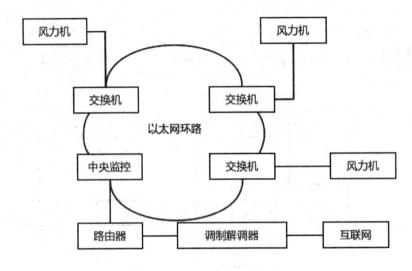

图 9-17　风电场通信结构示意图

（3）远程监控系统

在远程监控模式中可以使用的一种方法是使用公共电话交换网络（public switched telephone network，PSTN），即使用日常生活中常用的电话网实现数据交换，但是数据传输质量及传输速度相对较差。

采用基于 GPRS/CDMA 技术的移动通信系统可以实现无线数据交换。这种传输方式是利用现有的移动通信网络。该技术具有成本低、部署简单、连接点无限制等优点，但是依赖无线通信网络覆盖的范围，并且存在传输速率、稳定性较低和带宽受限的问题，在更新为 3G 通信技术后，可以一定程度解决这些问题。这种远程监控模式比较适合海上风电场。

随着网络的普及和网络技术的快速发展，互联网已经成为工业通信中不可替代的工具，利用现有的互联网来满足现代化风电场远距离通信的要求，实现基于互联网的 SCADA 系统构架是最便捷也是性价比最高的方法。

为了系统的协调，基于 Internet 的 SCADA 系统还应具备以下特点：世界范围的平台；所有风电场的网络通信必须具有同一标准；通信协议和标准必须具有普适性；数据之间自动交换为服务器对服务器的通信。

为了保证系统的安全性，基于互联网的 SCADA 系统常采用 VPN 隧道技术实现节点间的互联。

通过 VPN 技术，用户不再需要拥有实际的长途数据线路，而是依靠互联网服务提供商（ISP）和其他网络服务提供商（NSP），在互联网公众网中建立专用的数据传输通道，构成一个逻辑网络，它不是真的专用网络，但却能够实现专用网络的功能。由于 VPN 是在 Internet 上临时建立的安全专用虚拟网络，无须租用专线，在运行资金支出上，除购买

VPN 设备外，只需向 ISP 支付一定的上网费用，降低了建造和运行成本。只要能接入互联网的地方，就能接入到 VPN，系统具有很大的灵活性和可扩充性。同时，VPN 也完全能够保证系统的安全性。目前，VPN 主要采用隧道（tunneling）技术、加解密（encryption and decryption）技术、密钥管理（key management）技术、使用者与设备身份认证（authentication）技术来保障风电场、电力公司及用户的数据和技术的安全性。

采用基于互联网的 SCADA 方案具有以下优点：可以实现全国范围（甚至全世界范围）内风电场的集中监控和数据传输、可视化的在线数据获取；远程控制、调节和上级调度的控制、调节；系统自动报告操作和诊断数据提供给数据库服务器；通过 VPN 获得安全连接通道；防火墙阻止除 IPSec 之外的所有互联网协议；允许多用户进入；为了保证数据的安全性，应具有"多数用户有读的权限，只有少数用户具有写的权限"；采用可扩展置标语言（XML）/简单对象访问协议（SOAP）；与互联网之间的连接通常通过服务器路由。

3. 数据库的设计

在 SCADA 系统中的数据库应具有以下功能：包括所有操作、诊断、测量及结构数据；允许具有不同权限的多用户访问；接收风电机组每天的运行数据；自动接收风电机组的诊断数据；实现客户的在线可视化，同时可通过特定访问端口实现运行数据的访问；参数和数据的统计记录及生产管理，正确安排发电计划，进行趋势预测。

图 9-18 所示为风力发电系统数据库的数据输入、输出结构简图。图 9-19 所示为风力发电系统数据库联络简图。

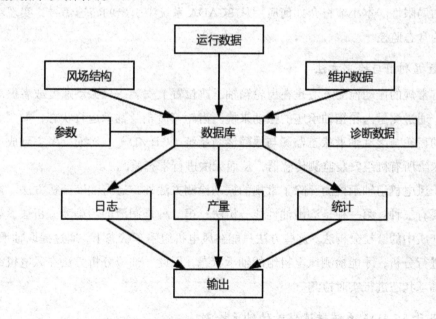

图 9-18　风力发电系统数据库的数据输入、输出结构简图

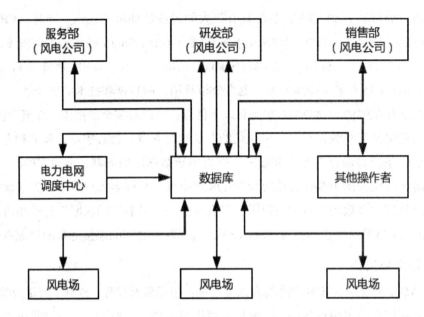

图 9-19　风力发电系统数据库信息联络简图

三、基于 SCADA 系统的轴承故障检测

目前，风电机组轴承故障检测多采用振动检测方法和油液分析法，但是这两种方法都有一定的局限性。本小节将介如何应用从 SCADA 系统中引出的转速信号，实现对风电机组轴承的常态监控。

1. 数据利用与检测方法

现有常规的振动检测方法是在齿轮箱轴承座位置上安装一只振动速度或者振动加速度传感器，通过测量齿轮箱轴承座的振动来检测齿轮箱齿轮及轴承运行状态，如西北工业大学研发的齿轮与滚动轴承状态监测与故障诊断系统（GBMD）。然而，考虑到成本，风电机组并未给所有机组安装监测传感器，从而无法进行常态监测。

对于风电机组轴承检测，除了常规的振动检测方法外，还有油液分析方法。油液分析方法主要有三种：第一种是润滑油性能分析法；第二种是润滑油污染度分析法；第三种是润滑油介质中的磨粒分析法。这些方法只能在风电机组停车状态下，通过提取轴承润滑油，并对其进行分析，才能检测风电机组的轴承状态。因此，油液分析方法在风电机组工作时无法对轴承状态进行实时检测。

2. 基于 SCADA 系统转速信号的轴承检测

风电机组的主轴转速和发电机转速是风电机组 SCADA 系统的关键信号，在风电机组整个运行过程均被监测。目前，并网的风电机组大多使用光栅测量方法检测机组主轴及发电机转速。该方法具有采样率高、实时性好、测量精度高等优点，其输出的转速信号能敏感反映转子的扭转振动特性。

（1）实施步骤实施步骤流程图如图 9-20 所示。

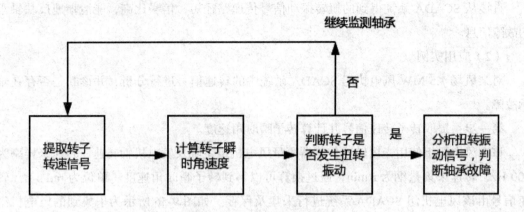

图 9-20　实施步骤流程图

第一步：提取转子转速信号并计算转子瞬时角速度。

主轴及发电机转速是风电机组 SCADA 系统常态监测变量。因此，可以很容易导出主轴及发电机转速信号，通过换算可以得到转子的瞬时角速度 Ω_i。

第二步：判断转子是否发生扭转振动。

通过所获得的转子瞬时角速度 Ω_i 判断转子是否发生扭转振动。

若

$$\Omega_1 = \Omega_2 = \Omega_3 = \cdots = \Omega_{N-1} = \Omega_N = \Omega_0 \quad (9\text{-}104)$$

则证明转子没有发生扭转振动。其中，N 为转子一个周期内转速采集的次数；Ω_0 为转子在稳态工作时的稳定角速度。N 的数目由转速测量系统的采样率及转速决定，即

$$N = F_s / F_N \quad (9\text{-}105)$$

式中，F_s 为转速测量系统的采样率；F_N 为稳定运行时的转速频率。

通过式（9-106）可以获得转子在稳态工作时的转频。

转子以角速度 Ω_0 稳定运转时的转频 F_N 为

$$F_N = \frac{\Omega_0}{2\pi} \quad (9\text{-}106)$$

若转子瞬时角速度 Ω_i 不为常数 Ω_0，而是绕着稳态角速度值 Ω_0 波动，则表明，风电机组转子发生扭转振动。

当转子没有发生扭转振动，重复第一步至第二步，对轴承继续检测；当转子发生扭转振动，则进入第三步。

第三步：分析扭转振动信号，若包含轴承故障特征倍频，则说明轴承已出现故障。

在该方案中，当风电机组在稳态工作时，若风电机组转子不发生扭转振动，利用 SCADA 系统获得的转子瞬时角速度为常数；若风电机组轴系发生扭转振动，则得到的转

子瞬时角速度为绕该常数波动的信号，对该波动信号进行分析，若包含轴承故障特征倍频成分，则说明轴承已发生故障。

直接从 SCADA 系统得到的扭转振动信号传递路径短，信噪比高，能清晰地反映轴承的故障信息。

（2）应用实例

对某风场 1.5 MW 风电机组 SCADA 系统中的转速信号进行分析，并诊断是否存在轴承故障。

第一步：提取转子转速信号并计算转子瞬时角速度。

该型风电机组使用光栅转速传感器测量风电机组主轴及发电机轴转速，转速采样率为 500 Hz，转速采集量纲为 r/min，通过换算可以得到转子瞬时角速度（单位为 rad/s）。转速信号由该风电机组 SCADA 系统进行采集及保存。如图 9-56 所示为采集到的风电机组发电机转轴瞬时角速度时域波形图。

第二步：判断转子是否发生扭转振动。

本例中，Ω_0 =183.069 rad/s，转子在该角速度下稳定运转的转速频率 F_N =29.136 Hz，每周期采集点数 N =17.16≈17。

第三步：分析扭转振动信号，判断轴承故障。

为判定轴承的状态，首先确定轴承的故障特征倍频，见表 9-11。

表 9-11　轴承故障特征倍频

参数值	转动频时率 F_N / Hz	滚动体直径 d /mm	接触角 α / （°）	轴承节径 D /mm	滚动体个数 Z
	29.136	25.4	0	125	8
轴承故障特征倍频	滚动轴承外环局部故障特征倍频 F_e	滚动轴承滚动体局部故障特征倍频 F_b	滚动轴承内环局部故障特征倍频 F_i		滚动轴承保持架故障 F_c 特征倍频
	92.856	137.464	140.232		17.528

第七节　陆上风电场运行维护措施

国内已建成陆上风电场，其设备维护、日常检查及经常性维护的具体内容，风力发电机组易损部件、风电场运行中的主要问题与采取的措施具体有如下内容。

一、风力机的定期检修维护

定期的维护保养可以让设备保持最佳状态，延长风力机的使用寿命。定期检修维护工作的主要内容有：风力机连接件之间的螺栓例行检查（包括电气连接），各传动部件之间的润滑和各项功能测试。

　　风力机在正常运行时，各连接部件的螺栓长期运行在各种振动的合力中，极易松动，为避免松动后局部螺栓受力不均被剪切，必须定期对其进行螺栓力矩的检查。在环境温度低于-5℃时，应使其力矩下降到额定力矩的80%进行紧固，并在温度高于-5℃后进行复查。对螺栓的紧固检查一般安排在无风或风小的夏季，以避开风力机的高出力季节。

　　风力机的润滑系统主要有稀油润滑（或称矿物油润滑）和干油润滑（或称润滑脂润滑）两种方式。风力机的齿轮箱和偏航减速齿轮箱采用的是稀油润滑方式，其维护方法是补加和采样化验，若化验结果表明该润滑油已无法再使用，则进行更换。干油润滑部件有发电机轴承、偏航轴承、偏航齿等。这些部件由于运行温度较高，极易变质，导致轴承磨损，定期维护时，必须每次都对其进行补加。另外，发电机轴承的补加剂量一定要按要求数量加入，不可过多，防止太多后挤入电机绕组，使电机烧坏。

　　定期维护的功能测试主要有过速测试、紧急停机测试、液压系统各元件定值测试、振动开关测试、扭缆开关测试。还可以对控制器的极限定值进行一些常规测试。

　　定期维护除以上三大项以外，还要检查液压油位，各传感器有无损坏，传感器的电源是否可靠工作等方面。

　　推荐定期维护的主要项目有：风力机转动部的轴承每隔3个月应注一次润滑油或脂，最长不能超过6个月，机场内的发电机等最长时间不能超过1年，视风力机运行情况而定；增速器内的润滑、冷却油每月都应检查一次是否漏油、缺油，一年应更换一次，至多不能超过两年；有刷励磁的发电机每周都应检查一次炭刷、滑环是否打火烧出坑，应检查、维修或更换；制动器的刹车片每月都应检查一次，调整间隙，确保制动刹车；液压系统每月应检查一次是否漏油；所有坚固件每月应检查一次是否松动，坚固件的松动往往会造成大的事故和损失；发电机输出用集电环和炭刷每月应检查一次是否接触良好，用电缆直接输出的也应检查是否打结，以防止解绕失灵而机械停机开关未起动，而造成电缆过缠绕。

　　单机使用的风力机整流给蓄电池充电，再经蓄电池DC/AC逆变器逆变或AC/AC逆变，应每天都检查一次蓄电池的充、放电情况及联锁开关是否正常，以防蓄电池过充、放电而报废，并对逆变器也进行检查，以防交流频率发生变化，可能对用电器造成损害。每天都应检查电控系统是否正常。

　　对微机控制的风力机应按上述各条进行日常维护，应尽量减少故障停机修理，以提高风力机的利用率。风力机也要靠日常维护保护良好状态才能正常运行，达到20～30年以上的使用寿命。

二、日常排故维护

　　风力机在运行当中，也会出现一些工作人员必须到现场去处理的故障，这样可同时进行以下常规维护。

首先要仔细观察。风力机内的安全平台和梯子是否牢固，有无连接螺栓松动，控制柜内有无糊味，电缆线有无位移，夹板是否松动，扭矩传感器拉环是否磨损破裂，偏航齿轮的润滑是否干枯变质，偏航齿轮箱、液压油及齿轮箱油位是否正常，液压站的表计压力是否正常，转动部件与旋转部件之间有无磨损，看各油管接头有无渗漏，齿轮油及液压油的滤清器的指示是否在正常位置等。

其次是听，听控制柜里是否有放电的声音，有声音就可能是有接线端子松动，或接触不良，须仔细检查，听偏航时的声音是否正常，有无干磨的声响，听发电机轴承有无异响，听齿轮箱有无异响，听闸盘与闸垫之间有无异响，听叶片的切风声音是否正常。

最后清理干净工作现场，并将液压站各元件及管接头擦净，以便于今后观察有无泄漏情况。

第八节　风力机易损部件

风电场的易损部件主要包括叶片、齿轮箱、发电机、控制系统、电器及液压系统等。

1. 叶片

当前海上风电场风力机一般都是三叶片结构，也是风力机制造商目前的主流选择。与可替换轮毂结合在一起的两叶片风力机，由于其转子运行速度比较高的优势，也将会流行起来，从可靠性来看，两叶片风力机的主要优势是减少了零部件的数量，降低了轮毂结构的复杂性，并且转子速度更容易被提升起来。

2. 齿轮箱

陆地风力机制造商，著名的 Enercon 和 Lagerwey 公司，专长生产直驱式风力发电机，不使用齿轮箱。目前主流风力机制造商生产的海上风力机主要是齿轮驱动。齿轮箱被普遍认为是风力机故障以及维修监控的主要设备，因而直驱式风力发电机将是未来发展的方向。

3. 发电机

异步发电机比同步发电机需要的维护要少。为了保护异步发电机免受海洋环境的破坏，用整体绝缘套对发电机进行包裹，使其内部免受海洋高盐分和高湿度环境的腐蚀。陆地风力发电机利用空气冷却，海洋用风力发电机则不建议使用空冷，封闭系统的水冷或气——气热交换可以保护风力机免遭海洋恶劣环境的侵蚀。

4. 控制系统

据统计，控制系统故障占总故障的 50%。尽量不要在偏航阻尼、叶片控制以及制动系统中使用多问题的液压系统。电路控制是首选，利用电路控制可以避免液压系统由于漏油可能带来的其他部件故障，以及潜在的火灾。

一、叶轮故障原理

（一）风力机叶片表面粗糙度

风力机叶片的长期旋转导致叶片表面会产生积灰和粘有昆虫尸体，从而造成风力机叶片表面变得粗糙；油漆破裂、坏洞以及结冰均会造成叶片表面损坏，表面粗糙度增加。粗糙度增加破坏了叶片表面有利的空气动力场，从而降低风力机的电力输出。特别从长远效应观察，此影响是不可忽视的。因此，必须对风力机的电力输出特性进行在线监测。

1. 空气动力场不对称

对于变桨距风力机，组装误差会导致叶片攻角不一致，造成空气动力场不对称。制造误差以及运行中造成的永久变形，也会导致空气动力场的不平衡。空气动力场的不对称导致叶轮产生振动，增加了风力机故障概率。

叶片空气动力决定于攻角和叶型，空气动力场的不平衡造成每个叶片的推力严重失调。

叶轮每旋转一周，产生两种振动：一种是沿着风轮轴向的轴向振动；另一种为围绕塔柱的扭转振动。在叶片的推力下导致机舱和塔柱的弯曲，从而导致产生振动。当某一叶片处于垂直向上方向时，其产生轴向振动最大；当叶片处于水平方向时，其产生的扭转振动最大。对于三叶片风力机而言，每旋转一周叶片有三次处于垂直向上的方向，因此轴向振动的频率为三倍频。对于扭转振动而言，每旋转一周同样有三次处于水平方向，因而其振动频率也为三倍频。从机舱顶部观察，逆时针旋转时，叶片对塔架产生最大扭矩时位于左侧水平方向时。而在右侧时，则会产生最大的反作用扭矩。

二、传动机构

引起轴产生故障的主要原因为：在超设计负荷下工作；扭矩超负荷；材料、加工问题；在输送和组装的过程中损坏；由于转子的不对称导致弯曲现象；连接部件的轴偏心轴承和支撑部件组装有误。

上述因素都会导致传动机构损坏或者不平衡。可通过两个垂直布置的电涡流传感器对轴振动进行监测，提供轴心轨迹和位移的信息，此故障的特征频率为2倍频。对轴承进行2倍频信息状态监测，也可用来评估轴振动中2倍频谱的频幅和相角。采用上述方法来对1倍频信号进行分析，可发现轴质量不平衡故障。

第九节　风力机故障分析

一、叶片故障分析

风力机叶片的故障可从运行年限、运转声音、装机地点等方面着手分析和诊断。

（一）风力机叶片逐年受损情况

风力机正常运行情况下，叶片会在不同年限出现下列相应受损状况。两年，胶衣出现磨损、脱落现象，甚至很出现小砂眼和裂纹。

三年，叶片出现大量砂眼，叶脊迎风面尤为严重，风力机运行时产生阻力，事故隐患开始显示。

四年，胶衣脱落至极限，叶脊可能出现通腔砂眼，横向细纹及裂纹出现，运行阻力增加，叶片防雷指数降低。

五年，是叶片损坏事故高发年限，叶片外固定材料已被风沙磨损至极限，叶片粘合缝已露出。叶片如同在无外衣的状态下运转，横向裂纹加深延长。这种状态下，风力机的每次停车子振所发生的弯扭力都可能使叶片内粘合处开裂，并在横向裂纹处折断。通腔砂眼在雨季造成叶片内进水，湿度加大，防雷指数降低，雷击事故增加。

六年，某些沿海风力机叶片已磨损至极限，叶片迎风面完全是深浅不均匀的砂眼，阻力增加，发电量下降。此时叶片外固合材料已完全磨尽，只是依靠自身的内固合在险象中运转，随时都可能产生事故。

（二）声音辨别叶片受损技巧

一般柔性叶片运行两年后，刚性叶片运行三年后，如果叶片叶尖处出现砂眼、软胎、开裂、叶尖磨平现象，三叶片运转时声音是一致的。叶片转动至地面角度时，所发出的是唰唰声音。如果出现呼呼之声和哨声，证明有单支叶片已经出现受损现象，需要停车检查叶尖部位和整体叶片的迎风角面，观察叶刃自上而下是否有横纹现象。总之，三个叶片同时出现隐患的概率极低，从运转声音上最易判断是否存在事故隐患。

（三）沿海和干旱地区叶片

沙漠地区的风力机叶片比沿海地区的清洁，原因是叶片迎风面形成马面和砂眼后，沿海地区的叶片麻面砂眼内存留的是空气中的污物和蚊虫，所以沿海地区的叶片迎风面容易污染。而沙漠地区由于无污染，蚊虫较少，砂眼内的污物很难形成，所以视觉中要比沿海地区清洁。其次，沿海地区的叶片砂眼污物是靠湿度和雨水自身清洗，而沙漠中的砂眼内污物是吹沙打磨，视觉上截然不同，叶片迎风面的洁净并非表明叶片完好无损。

实践证明，沙漠中叶片胶衣脱落、麻面、砂眼的形成比沿海地区至少提早一到两年。隐患形成后的加重速度是沿海地区的几倍。叶片、叶尖开裂的年限比沿海地区提前两年。在沙漠地区判断风力机叶片是否有隐患，可以通过运行时的杂音大小判别，若有呼哨声应引起注意。

二、齿轮箱故障分析

齿轮箱常见故障有齿轮损伤、轴承损坏、断轴、油温高和油渗漏等。

（一）齿轮损伤

齿轮损伤的影响因素很多，包括选材、设计计算、加工、热处理、安装调试、润滑和使用维修等。常见的齿轮损伤有断齿和齿面损伤两类。

第一，断齿。断齿常由细微裂纹逐步扩展而成。根据裂纹扩展的情况和断齿原因，断齿可分为过载折断、疲劳折断以及随机断裂等。

过载折断总是由于作用在轮齿上的应力超过其极限应力，导致裂纹迅速扩展，常见的原因有突然冲击超载、轴承损坏、轴弯曲或较大硬物挤入啮合区等。断齿断口有呈放射状花样的裂纹扩展区，有时断口处有平整塑性变形，断口处常可拼合。仔细检查可看到材质的缺陷，齿面精度太差，轮齿根未作精细处理等。在设计中应采取必要的措施，充分考虑预防过载因素。安装时防止箱体变形，防止硬质异物进入箱体内等。

疲劳折断发生的根本原因是轮齿在过高的交变应力重复作用下，从危险截面的疲劳源起始的疲劳裂纹不断扩展，使轮齿剩余截面上的应力超过其极限应力，造成瞬时折断。产生的原因是设计载荷估计不足、材料选用不当、齿轮精度过低、热处理裂纹、磨削烧伤、齿根应力集中等。故在设计时，要充分考虑传动的动载荷谱，优选齿轮参数，正确选用材料和齿轮精度，充分保证加工精度，消除应力集中因素等。

随机断裂的原因通常是材料缺陷，点蚀、剥落或其他应力集中造成的距离应力过大，或较大的硬质异物落入啮合区。

第二，齿面疲劳。齿面疲劳是在过大的接触剪应力和应力循环次数作用下，轮齿表面或其表层下面产生疲劳裂纹并进一步扩展而造成的齿面损伤。其表现形式有早期点蚀、破坏性点蚀、齿面剥落和表面压碎等。特别是破坏性点蚀，常在齿轮啮合线部位出现，并不断扩展，使齿面严重损伤，磨损加大，最终导致断齿失效。正确进行齿轮强度设计，选择好材质，保证热处理质量，选择合适的精度配合，提高安装精度，改善润滑条件等，是解决齿面疲劳的根本措施。

第三，胶合。胶合是相啮合齿面在啮合处的边界膜受到破坏，导致接触齿面金属熔焊而撕落齿面上金属的现象。很可能是由于润滑条件不好或有干涉引起。适当改善润滑条件和及时排除干涉起因，调整传动件的参数，清除局部载荷集中，可减轻或消除胶合现象。

（二）轴承损坏

轴承是齿轮箱中最重要的零部件，它的失效会引起齿轮箱灾难性的破坏。轴承在运转过程中，套圈与滚动体表面之间经受交变负荷的反复作用。由于安装、润滑、维护等方面的原因而产生点蚀、裂纹、表面剥落等缺陷，使轴承失效，从而使齿轮箱体产生损坏。

据统计，在影响轴承失效的众多因素中，属于安装方面的因数占 16%，属于污染方面的原因也占 16%，而属于润滑和疲劳方面的因素占 34%。使用中 70% 以上的轴承达不到预定寿命。因而，重视轴承的设计选型，充分保证润滑条件，按照规范进行安装调试，加强对轴承运转的监控是非常必要的。通常在齿轮箱体设置了轴承温控报警点，对轴承异常高温进行监控。同一箱体上不同轴承之间的温差一般也不超过 15P，要随时随弛检查润滑油的变化，发现异常立即停机处理。

（三）断轴

断轴也是齿轮箱常见的重大故障之一。原因为轴在制造中没有消除应力集中因素，在过载或交变应力的作用下，超出了材料的疲劳极限所致。对轴上易产生的应力集中因素要给予高度重视，特别是在不同轴径过渡区要有圆滑的圆弧连接。此处的光洁度要求较高，也不允许有切削刀具刃尖的痕迹。设计时，轴的强度应足够，轴上的键槽、花键等结构也不能过分降低轴的强度。保证相关零件的刚度，防止轴的变形，也是提高轴的可靠性的相应措施。

（四）油温高

齿轮箱油温最高不应超过 80℃，不同轴承之间的温差不得超过 15℃。一般的齿轮箱都设置有油冷却器和加热器，当油温低于 10℃时，加热器会自动投入，对油池进行加热；当油温高于 65℃时，油路会自动进入冷却器，经冷却降温后再进入润滑油路。如齿轮箱出现异常高温现象，则要仔细观察，判断发生故障的原因。首先要检查润滑油供应是否充分，特别是在各主要润滑点处，必须要有足够的油液润滑和冷却。再次要检查各传动零部件有无卡滞现象。还要检查机组的振动情况，前后连接是否有松动等。

三、发电机故障分析

发电机故障原因和排除方法有如下几种：

第一，风轮转速明显降低或不转。主要原因及排除方法有：发电机轴承润滑不良或卡滞，应加注润滑油或更换轴承；风轮叶片变形，应校正或更换风轮叶片；制动带与制动盘之间间隙过小，应调整；发电机轴断裂或磁块脱落，应更换发电机转子，嵌入新磁块，消除碎磁块；风轮调向复位失灵，应排除异物，消除卡滞，拧紧尾翼松动处。

第二，剧烈振动或异响。主要原因及排除方法有：塔架地脚螺栓或拉线松动、松脱，应予紧固，调整塔架保持竖直位置；风轮静不平衡，可用涂漆法使其静平衡。

第三，电压偏低或不稳。主要原因及排除方法有：整流二极管断路，应更换；发电机与控制器之间线路中断，应接通；发电机线圈断路，应重新接线或更换胶圈；连接蓄电池的线路中断，应清除氧化物，拧紧接线卡，接通其他断路处。

四、风力机偏航系统故障分析

（一）偏航误差

当转子不垂直风向时，风电机存在偏航误差。偏航误差意味着能量只有很少一部分可以在转子区域流动。如果只发生这种情况，偏航控制将是控制向风电机转子电力输入的极佳方式。但是，转子靠近风源的部分受到的力比其他部分要大。一方面，这意味着转子倾向于自动对风偏转；另一方面，这意味着叶片在转子每一次转动时，都会沿着受力方向前后弯曲。存在偏航误差的风力机与垂直于风向偏航的风电机相比，将承受更大的疲劳负载。

（二）偏航机构

几乎所有水平轴的风力机都会强迫偏航，即使用一个带有电动机和齿轮箱的机构来保持风力机对风偏转。偏航机构由电子控制来激发。

（三）电缆扭曲计数器

电缆用来将电流从风力机运载到塔下。但是当风力机偶然沿一个方向偏转太长时间时，电缆将越来越扭曲。因此风力机配备电缆扭曲计数器，用于提醒操作员应该将电缆解开。风力机还配备有限位硬开关，在电缆扭曲到设定角度时，一般为720°，直接控制风力机解电缆。

偏航电机过负荷故障原因有：机械上有电机输出轴及键块磨损导致过负荷；偏航滑靴间隙的变化引起过负荷；偏航大齿盘断齿发生偏航电机过负荷；在电气上引起过负荷的原因有软偏模块损坏、软偏触发板损坏、偏航接触器损坏、偏航电磁刹车工作不正常等。

五、塔架故障分析及塔筒防腐

风力机的塔基除了支撑风力机的重量外，还要承受吹向风力机和塔架的风压，以及风力机运行中的动载荷。它的刚度和风力机的振动有密切关系，特别对大、中型风力机的影响更大。

风力机运行中动载荷是风力机在起动和停机过程中，叶片频率对塔架的激振。工程上要求激振频率应避开塔架固有频率的5%以上。

当激振频率在塔架固有频率的30% ~ 140%时，要考虑以下动态因子风力机运行后塔筒脱漆的现象普遍存在。原因是制造过程中除锈不彻底，喷漆过程中温差、湿度较大等因素。塔筒运行后的维护补漆采用物理除锈法和化学除锈法相结合的技术．除锈后的塔筒不存留任何锈点。一个未除净的锈点在塔筒内外温差较大时，气胀收缩会使内外塔筒漆产生裂纹，裂纹暴露在空气中并形成氧化面，氧化面与防腐漆脱离、起鼓、脱落。

底漆的补刷、温差和湿度是决定施工质量的关键。塔筒表面锈点是否除净是直接影响底漆与金属面黏结力强弱的关键。在补刷防腐漆的施工程序上，要根据原有漆面喷涂程序阶梯式补漆，使补刷面与原漆面形成交叉，有效提高连接能力。

参考文献

[1]（日）大井喜久夫，大井操，三轮广明，松浦博和. 力学原来这么有趣—本拿起就放不下的力学启蒙书 [M]. 北京：现代出版社 .2016.

[2]（法）梅勒妮·佩雷斯，（法）爱丽丝·维多热利著. 玩科学之家庭实验室建成计划 [M]. 北京：中央广播电视大学出版社 .2016.

[3]（英）安妮·鲁尼著；吕竞男译. 科学大探索书系机械之最 [M]. 长沙：湖南少年儿童出版社 .2016.

[4] 徐惠芬编著. 十万个为什么科技探索军事百科 [M]. 上海：上海科学普及出版社 .2016.

[5] 焦娅敏. 能源科技史教程 [M]. 上海：复旦大学出版社 .2016.

[6] 刘晓菲主编. 全世界孩子最爱问的为什么超值全彩白金版 [M]. 北京：中国华侨出版社 .2016.

[7] 乔楚主编. 彩色图解十万个为什么 [M]. 北京：中国华侨出版社 .2016.

[8] 王雪峰著. 新梦溪笔谈关于科学技术人文的诸多奇思异想 [M]. 哈尔滨：哈尔滨工业大学出版社 .2016.

[9] 李星野编著. 小学生越玩越长知识的 500 个科学小游戏 [M]. 北京：北京理工大学出版社 .2016.

[10] 国家知识产权局专利复审委员会编. 专利复审和无效审查决定汇编 2008 光电第 1 卷 [M]. 北京：知识产权出版社 .2016.

[11] 蔡新编. 垂直轴风力机 [M]. 北京：中国水利水电出版社 .2016.

[12]Schaffarczyk. 风力机空气动力学 [M]. 北京：机械工业出版社 .2016.

[13] 蔡新，高强，潘盼，郭兴文编. 风力发电工程技术丛书垂直风力机 [M]. 北京：中国水利水电出版社 .2016.

[14] 赵振宙，王同光，郑源编. 风力发电工程技术丛书风力机原理 [M]. 北京：中国水利水电出版社 .2016.

[15] 胡昊著. 风力机叶片气动噪声特性与降噪方法研究 [M]. 北京：中国水利水电出版社 .2016.

[16] 焦继荣编著. 节能环保点靓美丽乡村 [M]. 兰州：甘肃人民出版社 .2016.

[17] 胡媛媛编. 经典童话十万个为什么云阅读注音版 [M]. 武汉：湖北美术出版社 .2016.

[18] 国家知识产权局专利复审委员会编. 专利复审和无效审查决定汇编 2008 光电第 2

卷 [M]. 北京：知识产权出版社 .2016.

[19] 向伟著 . 流体机械 [M]. 西安：西安电子科技大学出版社 .2016.

[20]（意）弗兰卡维塔利卡佩罗著绘 . 儿童穿越时空百科全书出发吧，小皮！ [M]. 长沙：湖南少年儿童出版社 .2016.

[21] 单丽君著 . 风力机设计与仿真实例 [M]. 北京：科学出版社 .2017.

[22] 乔印虎著 . 压电板壳风力机叶片设计与振动控制研究 [M]. 合肥：合肥工业大学出版社 .2017.

[23] 李岩，王绍龙，冯放 . 风力发电工程技术丛书风力机结冰与防除冰技术 [M]. 北京：中国水利水电出版社 .2017.

[24] 风力涡轮机控制与监测 [M]. 北京：中国三峡出版社 .2017.

[25] 陈进著 . 风力机翼型及叶片优化设计理论英文版 [M]. 北京：科学出版社 .2017.

[26] 关新著 . 风电原理与应用技术 [M]. 北京：中国水利水电出版社 .2017.

[27] 张海兵，徐茜茜 . 机器人特工训练营搭建指南下 B[M]. 北京：清华大学出版社 .2017.

[28] 姜雪伟著 .Unity 3D 实战核心技术详解 [M]. 北京：电子工业出版社 .2017.

[29] 中国水力发电工程学会 . 中国水力发电年鉴第 20 卷 [M]. 北京：中国电力出版社 .2017.

[30] 张玉良，朱祖超著 . 离心泵非稳定工况流动特性 [M]. 北京：机械工业出版社 .2017.

[31] 关新著 . 风力机传动系统流固热耦合及可靠性研究 [M]. 沈阳：辽宁科学技术出版社 .2018.

[32] 张振华译 . 风力机技术及其设计 [M]. 北京：机械工业出版社 .2018.

[33] 单丽君著 . 风力机设计与仿真实例 [M]. 北京：科学出版社 .2018.

[34] 王同光等著 . 风力机叶片结构设计 [M]. 北京：科学出版社 .2018.

[35] 姜海波，李艳茹，赵云鹏著 . 理想风力机理论与应用英文版 [M]. 北京：科学出版社 .2018.

[36] 张军利著 . 双馈风力发电机组控制技术 [M]. 西安：西北工业大学出版社 .2018.

[37] 薛迎成，彭思敏编著 . 风力发电机组原理与应用 [M]. 北京：中国电力出版社 .2018.

[38] 中国华能集团公司编 . 风力发电场技术监督标准汇编 [M]. 北京：中国电力出版社 .2018.

[39] 欧阳金鑫，熊小伏 . 双馈风力发电系统电磁暂态分析 [M]. 北京：科学出版社 .2018.

[40] 龙源电力集团股份有限公司 . 风力发电职业教育培训大纲 [M]. 北京：中国电力出版社 .2018.

[41]（西）罗宁苏，（西）尤兰达·维达尔，（墨）里奥纳多·阿科主编 . 风电机组控制与监测 [M]. 北京：中国三峡出版社 .2018.

[42] 电力行业电力用油，气分析检验人员考核委员会，西安热工研究院有限公司 . 电力用油、气分析检验人员系列培训教材电力用油分析监督与维护 [M]. 北京：中国电力出

版社 .2018.

[43]（英）克里斯·奥克斯编著；赵拟桢译 . 探索世界机械少儿版 [M]. 上海：上海科学技术出版社 .2018.

[44] 中国轴承工业协会著 . 高端轴承技术路线图 [M]. 北京：中国科学技术出版社 .2018.

[45]（英）兰詹·文帕（Ranjan Vepa）著 . 新能源发电过程的动态建模、仿真和控制 [M]. 北京：机械工业出版社 .2018.

[46] 冯志鹏著 . 机械系统复杂非平稳信号分析方法原理及故障诊断 [M]. 北京：科学出版社 .2018.

[47] 周勤勇编著 . 新能源广域消纳电网支撑技术 [M]. 北京：中国电力出版社 .2018.

[48] 韩俊，牛卢璐 . 漫话能源 [M]. 北京：科学技术文献出版社 .2018.

[49] 代元军 .S 系列翼型风力机近尾迹区域声辐射规律研究 [D]. 呼和浩特：内蒙古工业大学，2013.

[50] 代元军等 .V 型叶尖对风力机振动特性影响的实验研究 [J]. 工程热物理学报，2018，39（11）：2439-2443

[51] 代元军等 .V 型叶尖结构对风力机叶尖区域气动噪声影响的实验研究 [J]，太阳能学报，2017（2）：472-4773.

[52]Dai Yuanjun et al.EXPERIMENTAL STUDY ON THE DISTRIBUTION LAW OF THE WIND TURBINE NOISE SOURCE WHICH IS HARMFUL TO THE HEALTH OF HUMAN BODY[J]，Basic&Clinical Pharmacology&Toxicology，2016，118（S1）：3-17

[53]Dai Yuanjun et al.Identification and Analysis of the Source of High Frequency Aerodynamic Noise from the Blade Tip Region of Wind Turbines[J]，Acta Technica 2016，61（3）213-2235.

[54] 代元军等 . 不同叶尖小翼风力机在不同地区输出功率的分析与比较 [J]. 太阳能学报 .2012，33（3）：425-431

[55] 代元军等 . 风力机近尾迹区域气动噪声分布和传播规律的实验研究 [J]. 四川大学学报（工程科学版）.2013.45（5）：1-6

[56]Dai Yuanjun et al.Experimental Study of Aerodynamic Characteristics for Horizontal Axis Wind Turbine and Performance Evaluation，Research Journal of Applied Sciences，Engineering and Technology[J].2012，4（14）：2227-2230

[57] 代元军等 . 风力机近尾迹叶尖区域气动噪声变化规律的试验研究 [J]. 工程热物理学报，2014，35（1）：70-73

[58] 代元军等 .S 系列新翼型风力机叶尖近尾迹区域流场数值计算与分析 [J]. 太阳能学报，2014，35（2）：83-88

[59] 代元军等 . 不同叶尖小翼对风力机叶尖尾迹区域噪声影响的实验研究 [J].2015，36（4）：775-779

[60] 代元军等 . 风力机近尾迹叶尖区域气动噪声变化规律的数值研究 [J]. 太阳能学报，2015，36（2）：336-341（EI：20151600764813 收录）

[61]Dai Yuanjun et al.Numerical Research on the Change Regularity of S Series Airfoil Tip Vortex，Applid Mechanics and Materials[J].2013，401-403：379-382

[62]Dai Yuanjun et al.Determination of characteristic wind speed for wind power under conditions of low cost and constant power[C].2010 International Conference on Mechanic Automation and Control Engineering.Wuhan，China，2010：4054-4057

[63]Dai Yuanjun et al.Optimal design of characteristic wind speed for small horizontal axis wind turbine and experimental research[C].2011 International Conference on Electric Information and Control Engineering.2011：5150-5153

[64] 汪建文等 . 风力机叶尖加小翼动力放大特性试验研究 [J]. 工程热物理学报 .2008，29（1）：46-48

[65] 汪建文等 . 谱分析法测量叶尖小翼对风轮旋转时固有频率的影响 [J]. 工程热物理学报 .2007，28（5）：784-786

[66] 阎超等 . 翼型的气动最优化设计方法和反设计方法 [J]. 空气动力学学报 .1999，17（1）：60-67

[67] 黄勇等 . 基于伴随方程的翼型数值优化设计方法研究 [J]. 空气动力学学报，1999，17（4）：413-422

[68] 陈家权等 . 襟翼对风力机叶片翼型气动特性影响的数值模拟 [J]. 风机技术，2008，11（6）：14-16

[69] 张湘东等 . 大型水平轴风力机叶片气动性能优化 [J]. 计算机辅助工程 .2009，18（1）：48-51

[70] 王旭东等 . 风力机叶片翼型型线集成设计理论研究 [J]. 中国机械工程 .2009，20（2）：211-228

[71] 叶枝全等 . 风力机的新翼型气动性能的试验研究 [J]. 太阳能学报 .2002，23（2）：548-554

[72] 韩忠华等 .Kirchhoff 方法在旋翼前飞噪声预测中的应用研究 [J]. 空气动力学学报 .2004，22（2）：47-51

[73] 马亮等 . 基于 Kirchhoff 方法的跨音速螺旋桨的气动声学计算 [J]. 航空动力学报，1999，14（3）：285-288

[74] 曹人靖等 . 基于时域积分的水平轴风力机风轮噪声预测理论及应用 [J]. 太阳能学报 .2002，23（6）：738-742

[75] 李应龙等 . 基于半经验公式的水平轴风力机气动噪声预测 [J]. 能源技术 .2010，31（3）：152-158

[76] 程昊等 . 振动体声学灵敏度分析的边界元法 [J]. 机械工程学报 .2007，44（7）：

45-51

[77] 李慧剑等.轧机油膜轴承微动损伤机理和多极边界元法 [J]. 机械工程学报 .2007，43（1）：95-99

[78] 邓晓湖等.大型水平轴风力机噪声的测量 [J]. 能源工程 .2010，2：49-52

[79] 汪建文等.小型风力机风轮叶尖近尾迹区域声辐射测试与分析 [J]. 沈阳工业大学学报 .2010，32（1）：27-31

[80] 王军利等.用改进非结构动网格方法模拟跨音速非定常绕流 [J]. 空军工程大学学报（自然科学版）.2009，10（3）：10-14

[81] 李自应等.云南风能可开发地区风速的韦布尔分布参数及风能特征值研究 [J]. 太阳能学报 .1998，19（3）：248-253

[82] 张海平等.风力机特征风速的推导 [J]. 云南工业大学学报 .1997，13（1）：77-78

[83]GB/T 19068.3-2003.离网型风力发电机组第 3 部分：风洞试验方法 [S]. 北京：中国标准出版社，2003

[84]GB/T190682.2-2003.离网型风力发电机组第 2 部分：试验方法 [S]. 北京：中国标准出版社，2003

[85]GB/T 6882-2008.声学声压法测定噪声源声功率级 [S]. 北京：中国标准出版社，2008

[86] 陈建江.风机噪声测量中声场条件的探讨 [J]. 流体机械 .1985（6）：50-53